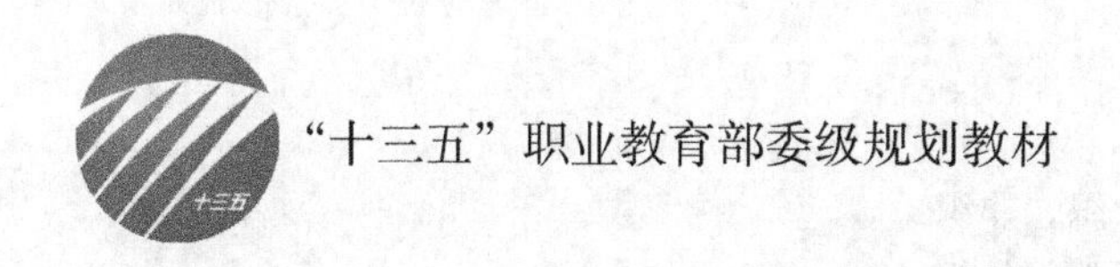

纺织染概论

（第3版）

刘　森　杨璧玲　主编
陈国强　李竹君　主审

中国纺织出版社

内容提要

本书较全面、简明地介绍了纺纱、机织、针织、非织造及染整技术的基本原理与生产工艺过程，纺织纤维及纺织产品的类型和特征、检验方法与品质评定、产品的应用等；扼要地叙述了纺织业的发展历史、现状和内涵特征，并对纺织技术的发展前景作了展望。修订中，新增了非织造技术的原理与生产工艺的介绍，并更新、补充了新型纺织纤维及纺纱、机织、针织、染整等的最新技术、织物结构与性能等内容。

本书可作为纺织高职高专院校非纺织专业的教学用书，也可供纺织企业技术人员及社会上有需要的读者阅读和参考，使他们对整个纺织行业相关知识有较全面、概括的了解。

图书在版编目(CIP)数据

纺织染概论 / 刘森，杨璧玲主编 . --3 版 . -- 北京：中国纺织出版社，2017.3（2023.1 重印）

"十三五"职业教育部委级规划教材

ISBN 978-7-5180-3285-3

Ⅰ . ①纺…　Ⅱ . ①刘… ②杨…　Ⅲ . ①纺织－高等职业教育－教材②染整－高等职业教育－教材　Ⅳ . ① TS1

中国版本图书馆 CIP 数据核字（2017）第 025625 号

策划编辑：秦丹红　　责任编辑：朱利锋　　责任校对：寇晨晨
责任设计：何　建　　责任印制：何　建

中国纺织出版社出版发行
地址：北京市朝阳区百子湾东里A407号楼　邮政编码：100124
销售电话：010—67004422　传真：010—87155801
http：//www.c-textilep.com
中国纺织出版社天猫旗舰店
官方微博 http：//weibo.com/2119887771
北京虎彩文化传播有限公司印刷　各地新华书店经销
2004年2月第1版　2008年6月第2版　2017年3月第3版
2023年1月第 17 次印刷
开本：787 × 1092　1/16　印张：13.75
字数：277千字　定价：48.00元

第 3 版前言

在高职教育对教材职业性与实用性的要求下，我们对《纺织染概论（第2版）》进行了修订。《纺织染概论（第2版）》于2008年6月出版，至今已经使用了近十年。近年来，纺织技术的发展相当迅速，一些过时的技术已被行业淘汰，新的技术与产品不断涌现，因此，上一版的教材已跟不上当前教学中对“实用性”的要求。

在《纺织染概论（第3版）》里，我们对一些落后的纺织技术和陈旧的数据等内容进行了更新或删减，对现代纺纱技术、机织技术、针织技术、染整技术的内容进行了更简明而紧凑的整理，并补充更新、介绍了最新的生产技术与工艺。同时，随着当前纺织新兴行业非织造行业的发展与产品应用范围的不断扩大，本书适时新编了非织造技术相关教学内容，以满足教学需求与读者需求。整本书围绕现代纺、织（包括机织、针织、非织造）、染及其产品进行系统阐述与介绍，为使读者更方便了解各章重点，保留各章知识点和练习题栏目并更新了相应内容。

本书由广东职业技术学院与佛山高明盈夏纺织有限公司合作编写。参与编写的人员有广东职业技术学院刘森、杨璧玲、吴佳林、董旭烨、张务建，成都纺织高等专科学校罗建红。其中，第一章由刘森、罗建红编写，第二章、第三章由吴佳林、刘森编写，第四章、第八章由董旭烨编写，第五章、第七章由张务建编写，第六章由杨璧玲编写；全书由刘森、杨璧玲统稿，佛山高明盈夏纺织有限公司陈国强、广东职业技术学院李竹君主审。

本书在编写过程中，得到了佛山高明盈夏纺织有限公司汤运强董事长及其团队的大力支持，在此表示衷心的感谢！

由于编者水平有限，书中错误和不足之处在所难免，敬请专家和广大读者批评指正。

编　者

2016年10月

第 2 版前言

《纺织染概论》第1版于2004年2月第1次印刷，之后又重印了四次。为了更符合高职教材职业性与实用性的要求，我们在第1版的基础上进行了第2版的编写，重点介绍了近几年纺织新材料、新产品和新技术。

本书在第1版的基础上新增了光盘影像内容，以便形象、直观地展示设备及其机构原理，便于教学；同时提出了指导性教学建议，并增加了各章知识点和练习题。第2版的教材在内容与编排方式上更注重突出纺织新技术与纺织新产品，如第三章纺纱技术部分将新型纺纱技术单独作为一节来介绍，第四章新增了织机发展趋势部分内容。另外，第三章纺纱技术部分由第1版的分棉、毛、麻、丝四系统介绍改为按照工厂生产工艺流程来编排节次介绍，使内容更具系统性与实用性。

本书由广东纺织职业技术学院、浙江纺织职业技术学院、常州纺织服装职业技术学院组织编写。主编为刘森，具体章节的编者：第一章、第八章由刘森编写，第二章由杨乐芳编写，第三章由沈细周编写，第四章由叶可如编写，第五章由张卫红编写，第六章由蒋艳凤编写，第七章由刘宏喜编写，光盘影像由朱江波、陈广编辑。最后由广东纺织职业技术学院刘森统稿，各章节内容具体增删由刘森把关。教材由五邑大学狄剑锋教授主审。

由于编者水平有限，书中错误和不足之处在所难免，热诚希望读者批评指正。

编　者

2008年4月

第1版前言

本书的内容是根据纺织类专业教材和相关纺织类丛书、专著和科普读物改编的，也有部分内容是编者们近年来在教学、科研活动中的经验总结。

纺织技术近年来发展迅速，生产规模庞大，从业人员众多，纺织业依然是国民经济的重要支柱产业。纺织行业的专业类别较多，而从业人员只能在其中一个专业中工作，不同专业相互之间往往了解不多，可是许多方面却需要互相启发或需要触类旁通。本书就是帮助读者较系统地了解纺织业的基本知识，对从事与纺织有关工作的人员有所帮助。

《纺织染概论》的编写，是由于纺织院校目前使用的相关教材陈旧落后，急需补充具有新内容的新教材。同时，纺织科普读物甚少，本书亦可作为科普读物。

本书由广东纺织职业技术学院、浙江纺织职业技术学院、常州纺织服装职业技术学院组织具有副高级以上技术职称的教师编写。具体章节的编者：第一章为刘森，第二章为杨乐芳，第三章为沈细周，第四章为王建平，第五章为张卫红，第六章为蒋艳凤，第七章为刘宏喜(第一、二节)、袁近(第三、四节)，第八章为张小帆，最后由广东纺织职业技术学院刘森统稿。

由于编者水平有限，书中错误和不足之处在所难免，热诚希望读者批评指正。

编　者

2003年12月

课程设置指导

课程名称： 纺织染概论
适用专业： 非纺织类专业
总学时： 54
理论教学时数： 48
实验（实践）教学时数： 6

课程性质： 本课程是非纺织类专业学生学习纺织基本知识的专业选修课程。

课程目的：

1. 了解纺织业的管理、发展历史、现状和前景。

2. 了解纺纱、机织、针织、非织造、染整技术的基本原理和生产工艺过程。

3. 了解纺织材料及纺织产品的类型与特征。

4. 了解纺织新产品与新技术。

课程教学基本要求： 教学环节包括课堂教学、现场教学、实验教学、作业和考试。通过各教学环节重点培养学生对理论知识的认识和运用能力。

1. 课堂教学：理论讲授，采用启发、引导的方式进行教学，使学生了解纺织业的发展历史和现状，纺织技术的基本原理等相关专业内容。

2. 实践教学：本课程中可安排 2 学时纺织面料认识实训，4 学时现场教学，安排学生到纺织企业生产一线，通过现场讲解工艺流程，提高同学们理论联系实际的能力。

3. 课外作业：每章给出若干思考题，尽量系统反映该章的知识点，布置适量书面作业。

4. 考试：采用笔试方式，题型一般包括名词解释、填空题、判断题、简答题。

课程设置指导

教学学时分配：

章数	讲 授 内 容	学时分配	
		理论教学	实验（实践）教学
第一章	纺织工业总论	4	
第二章	纺织纤维	4	2
第三章	纺纱技术	6	2
第四章	机织技术	6	2
第五章	针织技术	8	
第六章	非织造布技术	8	
第七章	染整技术	8	
第八章	纺织产品	4	
合计		48	6
总计		54	

目录

第一章　纺织工业总论

本章知识点

1. 广义和狭义的纺织业的定义。

2. 狭义纺织业的分类。

第一节　纺织业的发展简史

一、纺织业的溯源

人类最早的服饰是草叶、兽皮。远在新石器时代，就开始了利用葛麻、树皮等韧皮纤维纺纱织布。并由此发展出编缀、截切、缝缀等原始的纺织技术。

早期的纺织业是人们以手工借助一些简单的工具器械进行纺纱织布的，是“手工纺织”的历史阶段。手工纺织历史阶段一直延续了四五千年。当中，在四千七百多年以前，中国已经能用手工的方法织造出比较精细的锦缎丝绸。在商代，我国不仅已有一般织造技术，而且有了简单的提花织造技术；至春秋战国时期，已能织出比较复杂的纹锦；从汉代开始，我国的丝绸织品大量地从陆路或海路向欧亚诸国输出，开创了历史上著名的“丝绸之路”，我国由此而被世界称之为“丝绸之国”。以棉作为纺织原料发源于我国南部和西南地区。三国时期，种植棉花开始遍及珠江、闽江流域。南宋，我国著名的棉纺织革新家黄道婆，从长江下游松江地区来到南海，学习当地人民加工棉花和棉纺织技术，并把棉纺织技术带回到长江下游及中原地区，进行创造性的改革，为我国棉纺织业的发展作出了贡献，被誉为纺织业的“始祖”。

宋朝时期，棉花在中原及长江流域开始大量种植，使纺织业得到了迅速的发展。纺织工具也有了较大改进，出现了真正意义上的简易“纺织机械”。在生产技术、产品艺术设计、纺织原料等方面有了质的飞跃，为机器纺织业的兴起奠定了基础。

在18世纪中叶前后的英国，一系列纺织机械相继被发明，并在生产中加以应用。1733年，约翰凯发明了一种能使纬纱快速来回穿越经纱的飞梭，首先改进了织布技术。1765年，纺纱工人詹姆斯哈格里夫斯发明了以他女儿的名字命名的纺纱机——珍妮纺纱机。1789年，牧师埃德蒙卡特赖特发明了蒸汽驱动的动力织机。到19世纪20年代，这种动力织机在棉纺织工业中基本上取代了手工织布。新式的动力纺纱机和织布机的发明及在生产中的应用，从根本上改进了原来的手工生产方式，极大地提高了纺织生产的效率。

纺织生产的大工业化，反过来又促进了纺织机器更多的革新与创造。1825年英国R.罗伯茨制成动力走锭纺纱机，经不断改进，逐渐被推广使用。1828 年更先进的环锭纺纱机问世，并逐渐得到广泛使用，到 20 世纪 60 年代几乎完全取代了走锭纺纱机。翼锭和环锭的发明，使加捻和卷绕两个动作可以同时连续进行，这比走锭纺纱机上加捻和卷绕交替进行提高了生产率。但是加捻和卷绕工作是由同一套机构（翼锭或环锭）完成的，这就限制了成纱卷装的尺寸。卷装尺寸与机器运转速度之间产生了矛盾，要解决这个问题，只有把加捻和卷绕分开，各由专门机构来进行。20 世纪中叶，各种新型纺纱方法相继产生，如自由端加捻的转杯纺纱、静电纺纱、涡流纺纱、包缠加捻的喷气纺纱、假捻并股的自捻纺纱等。

二、世界纺织工业发展简史

第一次工业革命以后，纺织工业首先登上历史舞台。第一次世界大战前英国的棉纺工业发展到一个高峰，纺织工业的出口额占世界纺织贸易总额的 58% 以上，几乎垄断了全球的棉纺织产品市场。第一次世界大战后的 1924 年，英国棉纺锭数达到创记录的 6330 万锭，织机 79.2 万台，毛纺业也具全球的霸主地位，纺织品给该国流入了巨额资金。当时中国纺织工业落后英国 100 年，19 世纪中后期东南沿海开始出现机器纺织缫丝厂。经过一段时间的发展，到 1895 年中国已经有纺织厂 79 家，纱锭 17.5 万台，织布机 1800 台和员工 5 万人。

第二次世界大战后，美国、日本、西德、意大利等国如法炮制，大力发展纺织工业，这是纺织工业生产重心的第一次转移。美国凭着棉花资源的优势，大力发展棉纺业，棉纺锭数达 3600 万锭，同时凭着工业和技术优势，大力发展机械制造专业和化纤工业。20 世纪 50 年代美国纺织品生产技术和纺织机械水平处于世界领先地位，在化纤工业上开启了工业化生产的先河。1956 年日本的纺织工业产值占到国内工业生产总值的一半以上，出口占全国出口总额的 34.4%。1976 年以前的 30 年间，日本花费了大量的资金从国外引进 130 多项纺机先进技术，并投入巨额研究开发资金生产纺织机械并用于出口，使日本纺织机械水平大幅度提高。到 1976 年，其生产的纺织机械出口占 79.7%。西德依靠其发达的机械加工业和化学工业，大力发展纺织机械业和染料工业，对本国的纺织工业生产设备的现代化也十分重视，不断更新纺织生产设备，很快成为纺织品和纺织机械出口大国，至今德国的纺机出口仍保持国际领先地位。意大利凭着本国在欧洲地区劳动力低廉的优势，重点发展毛纺、棉纺、服装工业，从 20 世纪 70 年代起很快成为欧洲的纺织、服装工业中心。

20 世纪 70 年代后，纺织工业生产重心转移到韩国、中国香港、中国台湾、印度等地。中国在 20 世纪 80 年代紧跟其后，迅速崛起，1994 年中国纺织品和服装出口总额列居世界首位，这是纺织工业生产重心的第二次转移。纺织工业为这些国家和地区经济的发展同样起了重大的推动作用。20 世纪 90 年代以来，发达国家纺织界的科技人员为改变纺织工业劳动密集状况而不懈努力，并取得了一些进展。各国都努力把尖端技术应用到纺织上来，使纺织生产面貌不断发生改变，纺织产品除了供御寒、装饰之外，还越来越多地具有各种特殊功能，如卫生保健、安全防护、舒适易护理、娱乐欣赏等。纺织品也不不仅是服饰用料，而是更多地渗透到各项工程，如交通、航天、国防、农牧渔业、医疗卫生、建筑结构、文化旅游等各个领域中去。未来的纺织生产将逐步转变成技术密集型的生产，其特点是原料超真化、设备智能化、工艺集约化、产品功能化、环境优美化、营运信息化。

实际上，在经历了二次纺织产业转移后，产业转移输出国并没有完全退出纺织业，他们不断开发并垄断高附加值产品，而输入国则占据了低附加值的生产环节。具体来说，最终会表现为发达国家专注于产业链的两端：前端的原材料开发和后端的深加工和市场渠道。而发展中国家占据了附加值较低、技术含量相对较低的产业链中端。产业调整的最终目的在于追求更高的利润率，发达国家自己不断开发并垄断高附加值产品，一些技术相对落后的低附加值产品的生产就转移到了不发达国家。在产业价值链内，存在着利润从产品的制造环节转向销售环节、从价值链的中间环节分别转向上、下游环节的趋势。

2011 年以来，尽管国际需求疲软，国内生产要素成本持续攀升，我国纺织服装出口依然保持了较快增长，占全球纺织服装出口份额逐年提高，纺织品占比份额增速快于服装。据 WTO 统计，2011 年至 2013 年，全球纺织服装出口分别为 7118 亿美元、7066 亿美元、7661 亿美元。我国纺织服装出口分别为 2479 亿美元、2549 亿美元、2840 亿美元，占全球出口比重分别为 34.82%、36%、37.07%，年均提高 1 个多百分点。其中，2011 年至 2013 年，我国服装出口分别为 1537 亿美元、1596 亿美元、1774 亿美元，占全球服装出口比重分别为 36.8%、37.8%、38.5%；我国纺织品出口分别为 944 亿美元、954 亿美元、1065 亿美元，占全球纺织品出口比重分别为 32.1%、33.6%、34.8%。2014 年，我国纺织品服装出口额累计为 2984.26 亿美元，同比增长 5.08%。其中，纺织品出口额累计为 1121.41 亿美元，同比增长 4.86%；服装出口额累计为 1862.85 亿美元，同比增加 5.22%。2015 年我国纺织品服装出口累计 2838.49 亿美元，同比下降 4.9%，全年整体出口的降速快于全国外贸出口下降 1.4% 的水平。

三、中国纺织工业发展简史

我国的近代纺织业可以认为是从 1840 年鸦片战争爆发后开始的。由于帝国主义势力的侵入，外国资本主义利用我国廉价原料和劳动力，在我国土地上开设机器纺织工厂，大量倾销“洋纱”、“洋布”，获取巨额利润。随着外国资本的输入，我国原有的手工生产方式受到刺激。1873 年，广东商人陈启源在南海创办了继昌隆缫丝厂，成为我国“第一家机器缫丝厂”，开始了我国机器纺织工业时代；1876 年，清朝陕甘总督左宗棠在兰州开办了甘肃织呢局；1890 年，清朝洋务派代表李鸿章在上海开办了织布局，输入人力织机 500 台，成为我国的第一家棉纺织工厂。到 1895 年，全国共有纺纱机 17.5 万锭，织布机 1800 台。这之后，民族资本家纷纷开办纺织工厂，掀起纺织业建设的第一个高潮。1905 ~ 1908 年，爆发了大规模的“抑制洋资洋货运动”，使得我国的纱布畅销，纱厂利润猛增，于是又掀起纺织业建设的第二次高潮。在近代中国历史上的这两次建设高潮，几乎都发生在长江三角洲与珠江三角洲的沿海地区内。从 1873 年在广东建设第一家机器纺织工厂起，到 1913 年第一次世界大战前的 40 年时间里，我国机器纺织工业发展到纺纱机 48.4 万锭，织机 2016 台。至此，我国的机器纺织工业获得了初步的发展。

从 1914 年第一次世界大战爆发至 1931 年，帝国主义国家忙于战争，暂时放松了对我国的经济侵略，民族工业由此获得空前发展。纺纱规模达到 245 万锭，织机发展到 17000 台。这 25 年时间被称为民族资本纺织工业发展的黄金时期。

抗日战争时期，有大量的纺织机械被损坏，我国纺织工业受到严重打击。1945 年 12 月，成立了中国纺织建设公司，开始统一管理中国的纺织工业。至 1947 年，全国共有纺纱机 492 万锭，织机 6.6 万台。

1949 年新中国成立以后，为尽快解决人们的穿衣问题，国家实行了重点发展纺织行业的政策，我国的纺织工业也就进入了一个前所未有的大发展时期。1970 年开始，我国实行天然纤维和化学纤维并举、大力发展化学纤维的方针政策，把发展纺织业的重点逐步转移向化学纤维，化纤工业有了长足的发展。

进入 20 世纪 80 年代，我国实行改革开放政策，国民经济保持持续高速增长，社会发展突飞猛进，纺织工业也处于高速扩张与高速发展阶段。到 1990 年前后，纺织工业一度出现供过于求的形势，导致出现产品积压，市场竞争激烈，企业经营困难，影响和制约了纺织工业的发展。所以，20 世纪 90 年代中后期，国家作出了一系列重大战略决策：大力发展纺织原料，突出抓好化纤和化纤原料基地建设，加快开发新型纺织材料；以纺织面料开发为突破口，发展高附加值的“高精深”纺织品，带动纺织工业的全面发展；加快发展差别化纤维、高技术纤维和生物质纤维技术及产业化；采用先进适用技术改造提升传统工艺、装备和生产自动化控制水平，扩大产品的差别化比重，实现常规化纤产品的优质化。“十二五”末，化学纤维占纤维加工总量的比重达到 76%，化学纤维差别化率由 2010 年的 46% 提高到 60% 以上。近几年，我国主要纺织纤维生产情况见表 1–1。

表1–1　我国纺织纤维生产或总消耗量　　单位：万吨

年份	化学纤维	棉花	绵羊毛	丝	苎麻
2010	3089.7	616.52	39.68	9.62	18.94
2011	3390.07	659.80	39.31	9.87	15.84
2012	3837.37	683.59	40.01	10.30	13.02
2013	4160.28	629.89	41.11	13.71	12.00
2014	4389.75	617.83	41.95	16.73	11.60
2015	5037.7	560.5	—	—	—

纺织工业是传统产业，在我国有较好的基础，特别是改革开放以来，纺织工业生产不仅规模迅速扩大，而且在加工深度和品种上都有较大变化，形成了纤维、纺纱、织造、染整、服装以及最终制成品的门类齐全的产业体系，具有上、中、下游结合配套的生产能力，向深加工发展的条件良好。

目前，我国纺织工业虽已奠定了相当的基础，成为世界纺织大国，但是，我们还不是纺织强国，还应当看到：我国人口多，纺织品的平均消费水平还比较低；我国纺织品的出口额在世界纺织品总贸易额中，虽然占有较大比例，但产品档次较低，我国的纺织科技水平与世界先进水平比较还有一定的差距等。这就要求我们纺织工业部门的从业人员发扬爱国主义精神，努力工作，开创纺织工业的新局面，加速实现纺织工业的现代化。

第二节　纺织业的内涵与特征

纺织业的发展历史，可以说与社会的文明史同步。因为在人类历史上，纺织生产几乎是和农业同时开始的，纺织生产的出现，标志着人类脱离了茹毛饮血的原始状态，进入了文明社会。人类有文明史，从一开始便和纺织生产紧密地联系在一起。

一、纺织业的基本含义

“衣者，依也”。人类的生存和发展离不开纺织，纺织业是国民经济的一个重要产业。纺织业的内涵可以从狭义和广义两个层次加以理解。

1. **狭义的纺织业**　是指用天然纤维和化学纤维加工成各种纱、丝、绳、织物及其色染制品的工业。根据所加工的原料或生产加工方法的不同，可以把狭义纺织业分为若干类型。

（1）按所加工原料性质不同，可分为棉纺织工业、麻纺织工业、丝纺织工业、毛纺织工业、化学纤维纺织工业等。

（2）按生产工艺不同，可分为纺纱工业、织布工业、印染工业、针织工业、纺织品纺制工业等。

2. **广义的纺织业**　除包含狭义的纺织业内容外，还包括服装工业。此外，纺织机械制造业（包括纺织器材、纺织仪器设备制造业）、纺织助剂材料生产、纺织贸易等也属于纺织业的范畴。

二、纺织业的特征

纺织业是历史最为悠久的产业，也曾是世界工业革命的摇篮。在近代历史上，第一次产业革命就是从纺织行业开始的，并从此开创了工业化时代。今天，尽管纺织业的生产科技发展水平发生了翻天覆地的变化，但是它始终是与人类社会的发展历史、与世界科技革命和随之而来的产业革命浪潮相一致的。纵观纺织业的发展历史与现状，我们可以总结出纺织业具有以下特征。

1. **纺织业是永续型产业**　纺织业已有数千年的发展历史。可以认为纺织业的出现与发展是与人类社会的文明发展史同步的。因为在人类历史上，纺织生产几乎是和农业同时开始的，纺织生产的出现，标志着人类脱离了“茹毛饮血”的原始状态，进入了文明社会。人类有文明史，从一开始便和纺织生产紧密地联系在一起。衣着，是人类永恒的最基本的生活需要，人类对纺织产品的需求与人类社会的进步与发展紧密相连。随着社会的进步、人口的增长、人们生活水平的提高，对纺织品的消费需求必须增加；消费水平的提高是促进纺织业继续发展的内在动力。据统计，世界人口和世界纤维消费量的年增长率分别为1%～2%和2%～3%，这表明，纺织品的消费需求是随社会的发展而逐步增加的。

纺织业不是“夕阳产业”。我们可以预见将来，不管世界上有多少尖端的高新技术出现，也不管纺织业在个别国家或地区可能会衰退，甚至消失，但就总体而言，纺织业将继续保持作为一门“永恒的产业”或一门“不可替代的重要产业”而长期存在。而作为“夕阳产业”的，只是那些在社会需求中比重不断下降，同时由于生产率低下、在市场丧失竞争优势、正处于不断衰落过程的产业。

2. **纺织业是世界工业发展史上的先导产业** 先导产业通常是指能够较多地吸收先进技术，代表产业发展方向，为保持长期增长而需要超前发展，并对其他产业的发展具有较强带动作用的产业。

在世界工业的发展历史中，纺织机械引起对动力的需求，蒸汽机应运而生。作为第一次工业革命中最早实行机械化生产的纺织业，它的产生和发展带动了冶金、机械、化工、交通运输等到产业的发展，成为工业化浪潮中的先导产业。在我国，纺织业也是最先发祥的产业，并一直扮演着重要角色。只是由于历史和体制的原因，我国纺织工业的先导作用长期被掩盖。但纺织业在我国的先导作用还是实际存在的，如为我国工业化积累资金、出口创汇、扩大就业、繁荣市场、发展经济等方面，纺织业都作出了巨大贡献，特别是中国改革开放的前20年，纺织业取得了突飞猛进的发展，年平均增长速度高达13%，为关联产业的发展，特别是后联较紧密的产业发展，起到重要的先导作用。

3. **纺织业是二元结构型产业** 纺织业的二元结构主要表现在：它既是劳动密集型产业，又是资金型和技术密集型产业；既是传统产业，又是现代产业。另外还表现在纺织原材料的二元性、生产技术的二元性以及生产设备的二元性。

纺织业在目前和今后的一定时期内，在原材料方面，都存在有天然纤维和化学纤维的二元结构；在纺织技术方面，有传统加工技术和现代电子信息技术的二元结构，如纺织专用CAD（计算机辅助设计系统）等现代纺织技术在广泛应用；在纺织机械方面，有传统纺纱机和气流纺纱机的二元结构，还有有梭织机和无梭织机的二元结构。从工业化的发展过程来讲，纺织业既是传统型产业，与小生产方式联系在一起；同时又是现代化产业，因为其又与现代化的大机器生产联系在一起。二元结构在纺织业的体现，是纺织业进步和升级的象征，是纺织产业发展的一般规律。

4. **纺织业是与人们生活息息相关的产业** 衣食住行，以衣为首。衣着是人类的基本生活需要，这点在社会尚不发达时期或在工业化初期，衣着或纺织品显得尤其重要。可以说，纺织业在国民经济和人们生活中扮演着十分重要的角色，是关系国计民生的重要产业。

三、纺织业的地位

纺织业是我国国民经济传统的支柱产业。纺织工业与钢铁、汽车、船舶、石化、轻工、有色金属、装备制造业、电子信息以及物流业等产业一起，是我国的主要产业构成。2009年，国务院发布的《纺织工业调整和振兴规划》将纺织业明确定位为“国民经济的传统支柱产业和重要的民生产业，也是国际竞争力优势明显的产业”。

进入21世纪，纺织业仍将是国民经济中举足轻重的支柱型产业。其在满足人们衣着消费、吸纳劳动力就业、增加出口创汇、积累建设资金以及相关产业配套等方面，都将发挥重要作用，也充分发挥了纺织业在我国工业化进程中的先导作用。

1. **纺织业已发展成为我国国民经济中不可缺少的重要产业** 我国是世界最大的纺织品服装生产国、出口国与消费国，纤维加工总量超过世界一半，纺织品服装出口总额占世界1/3以上。我国纺织产业发展迅猛，地位举足轻重，究其动力来源，主要是得力于三大传统优势即成本优势、发展优势、市场优势。

“十二五”期间，规模以上纺织企业实现工业增加值、主营业务收入年均增长预计在9%左右，实现利润总额年均增长预计为12.0%。主要经济指标在全国工业系统中均处于较好水平。全国纺织品服装出口额年均增长6.6%。在近20年，我国纺织工业以平均年增长13%的速度高速发展。纺织业的高速增长与发展，为我国的社会经济发展作出了重要贡献。

2. **纺织业是能带动较多关联产业发展的先导产业** 纺织业是世界工业发展史上率先走上社会化大生产道路的先导产业，并且它始终是第二产业的先导产业。原因是该产业具有较强的市场扩张能力，发展规模与发展速度通常超过其他产业，而且其产值在国民生产总值中占据较大的比重。另外，作为第一次工业革命中最早实行机械化生产的纺织业，它的产生和发展带动了冶金、机械、化工、交通运输等产业的发展，成为工业化浪潮中的先导产业。在我国，纺织业是工业化发展进程中最先发祥的产业，并一直扮演着重要角色。

3. **我国纺织业的技术装备仍处于世界的中低水平** 尽管中国是世界纺织服装生产和出口大国，是世界上最大的棉花、蚕丝、羊绒生产国，也是羊毛、羊绒、亚麻、兔毛等资源的重要生产国；毛纺织、化纤、呢绒产量已达世界第一。但是，我国近代纺织业的工业化进程几乎比欧洲晚了一个世纪。与纺织发达国家或地区相比，中国纺织业仍处于中低水平。这里主要表现在原材料的开发能力、生产技术设备和后整理与世界先进水平有差距；纺织品的生产工艺与花色设计也难以赶上世界潮流。

目前，我国纺织业仍以劳动密集型的加工产业为主要特征，需要迅速更新设备，吸纳高新技术，实现产业结构调整升级。根据专业技术市场的发展变化，发挥纺织业在中国经济发展中的先导作用和传统支柱产业的地位作用，实现与世界纺织业同步发展。

第三节 纺织技术及其发展趋势

一、纺织技术

纺织工程的任务是以纺织纤维为原料，经过各类纺织加工过程，生产形形色色的纺织最终产品。根据生产加工与产品流通的过程（图1-1），纺织工业主要包括纺织原料的生产、纺纱、

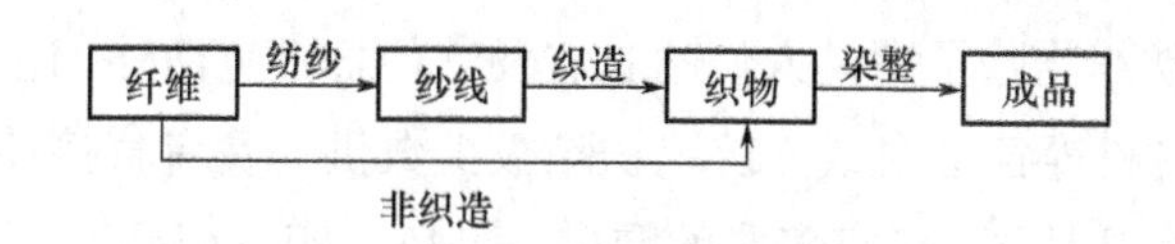

图1-1 纺织生产加工与产品流通过程简图

织造、染整（非织造产品主要为后整理）等重要环节，并形成纺织产品流向服装用、装饰用、产业用三大终端应用。

因此，纺织工程主要涉及以下几方面的核心知识与技术。

1. **纺织纤维** 纺织纤维是构成纺织品的最小、最基本的单元，也是最主要的纺织材料（一般将用以加工制成纺织品的纺织原料、纺织半成品以及成品统称为纺织材料，包括各种纤维、纱线、织物等）。纺织纤维通常按纤维的来源分为天然纤维和化学纤维两大类。凡是自然界原有的，或从经人工培植的植物中、人工饲养的动物中获得的纺织纤维称为天然纤维。根据它的生物属性又可分为植物纤维、动物纤维和矿物纤维。凡用天然的或合成的高聚物为原料，主要经过化学方法加工制造出来的纺织纤维称为化学纤维，简称化纤。按原料、加工方法和组成成分的不同，化学纤维又可分为再生纤维、合成纤维和无机纤维。

2. **纺纱技术** 纺纱技术就是以各种纺织纤维，通过纤维的集合、牵伸、加捻而纺成纱线，以供织造使用。把纺织纤维制成纱线的过程称为纺纱工程。因采用的纤维种类不同，其生产设备、生产流程也有所不同，从而分为棉纺、毛纺、麻纺和绢纺四大专门的纺纱工程。由棉、毛、麻等天然短纤维或由废丝切成的丝短纤维和化纤短纤维，要经过开松、梳理、集合成条带状，再经牵伸加捻纺成纱线，称为短纤纱。

3. **机织技术** 由相互垂直排列的经纱系统和纬纱系统，在织机上按照一定的组织规律交织而成的纺织制品，称为机织物。由纺纱工程而得的纱或线织制成机织物的过程，称为机织工程。

在整个机织工程中，包括了经、纬纱系统的准备工作和经、纬纱系统的织造两大部分。在织机上，经纱系统从机后的织轴上送出，经后梁、停经片、综丝和钢筘，与纬纱系统交织形成织物，由卷取辊牵引，经导辊而卷绕到卷布辊上。而机织物在织造过程中，包括了开口（将经纱分为上下两层，形成梭口）、引纬（把纬纱引入梭口）、打纬（将纬纱推向织口）、送经和卷取（织轴送出经纱，织物卷离形成区）五大运动的作用。

4. **针织技术** 针织是利用织针把纱线弯成线圈，然后将线圈相互串套而成为针织物的一门工艺技术。根据编织方法的不同，针织生产可分为纬编和经编两大类，针织物也相应地分为纬编针织物和经编针织物两大类。纬编针织物和经编针织物由于结构不同，在特性和用途等方面也有一些差异。

5. **非织造技术** 非织造布是一种不需要纺纱织布而形成的织物，是将纺织短纤维或者长丝进行定向或随机排列，形成纤网结构，然后采用机械、热黏或化学等方法加固而成。非织造技术直接利用高聚物切片、短纤维或长丝通过各种纤网成形方法和固结技术形成具有柔软、透气和平面结构的新型纤维制品。非织造产品可应用与航空航天、环保治理、农业技术、医疗保健及人们日常生活等众多领域。

6. **染整技术** 纺织物除了满足人们的衣着及其他日常生活外，还大量地用于工农业生产、国防、医药、装饰材料等各个领域。纺织物除极少数供消费者直接使用外，绝大多数都要经过染整加工，制成美观大方、丰富多彩的漂白、染色、印花用品。

纺织物染整加工是纺织物生产的重要工序，它可以改善纺织物的外观和服用性能，或赋予纺织物某些特殊功能，从而提高纺织物的附加价值，美化人们的生活，满足各行业对纺织品不同性能和功能的要求。当前纺织物发展的总趋势是向精加工、深加工、高档次、多样化、时新化、装饰化、功能化等方向发展，并以增加纺织物的附加价值和档次、功能为提高经济效益的手段。

7. **纺织产品**　纺织产品是人们日常生活的必需品，种类繁多，用途广泛。人们头上、身上、手上、脚上穿戴的都离不开纺织品。现代纺织产品不但外护人们肢体，而且还可以内补脏腑。既能上飞重霄，又能下铺地面。有的薄如蝉翼，有的轻如鸿毛，坚者超过铁石，柔者胜似橡胶。把这众多的纺织品区以门类则是纱线类、绳带类、机织物、针织物、非织造布、编织物等。

本书重点按照上述核心知识与技术展开介绍和讨论。

二、纺织技术的发展趋势

从纺织业的发展历史上看，纺织工业开创了世界的大工业化时代。未来纺织工程技术的发展也必将与世界科技革命和随之而来的信息技术革命相一致，以更快的速度向前发展。在近代二百多年的纺织科技发展历史中，纺织工程技术的发展经历了四次伟大的变革：第一次变革是18世纪中叶，主要标志是纺织生产工具的革命，如纺纱机、动力织机的诞生等；第二次变革是在19世纪中叶，主要标志是电力在纺织工业中的广泛应用；第三次变革是20世纪初，主要标志是化学纤维的发展；第四次变革是在20世纪中叶，主要标志是以计算机技术带头的电子技术、生物工程、光纤通信、海洋开发、空间技术、激光技术、新材料技术和新能源技术的广泛应用，使整个纺织科技领域发生了翻天覆地的变化。20世纪80年代以来，由于电子技术和计算机技术的广泛应用，国际纺织技术向优质、高产、自动化、连续化方向迅速发展。依靠电子信息技术改造传统的纺织工业，必将使纺织生产力发展迈上一个新的台阶。到2015年，主要纺织机械产品30%以上达到同期国际先进技术水平，其中纺纱机械、化纤机械等主要产品达50%以上。“十二五”规划期间，纺织行业紧密围绕纺织工业结构调整和产业升级，加快各类高端纺织装备的研发制造和产业化，包括：高新技术纤维成套工艺技术装备，功能性差别化纤维成套工艺技术装备，全流程智能型纺织自动化生产线，高性能纺纱和织造设备，产业用预成型智能织造装备，新型非织造布成套装备，绿色环保低碳纺织机械产品，高端纺织技术装备专用基础件等。提升传统纺织机械的生产效率和自动控制水平，增强产品可靠性。加强纺织机械企业的技术改造，提高“两化”融合水平，促进纺织机械企业的工艺技术进步和提高机床数控化率。

1. **纺织纤维的发展趋势**　纺织工业是加工工业，纺织产品的质量、品种、生产效率、产品成本、市场竞争力在很大程度上取决于纤维原料的质量和品种。随着全球化纤生产进一步向中国转移，中国已经成为世界最大的化纤生产国。中国化纤产量占据全球总量的60%以上。我国化纤工业持续快速发展，综合竞争力明显提高，全面完成了规划的各项目标任务，有力推动和支撑了纺织工业和相关产业的发展，在世界化纤产业中的地位与作用进一步提升。

随着化学纤维产品性能提高及使用量的增加，对棉、毛、麻、丝等传统天然纤维进行了不同的改性加工，提高了纤维的性能，并且开发了彩色棉、罗布麻、大麻、竹原纤、树皮等新的天然纤维。不同纤维原料经过混合、复合、变形、纺织及后整理加工，取长补短，生产出品类繁多的纺织新产品。随着纤维品种的不断发展，多种纤维原料的混纺、交织已成为纺织品生产和纺织染整工艺技术的发展趋势。

（1）天然纤维。天然纤维是由自然界直接取得的纤维，包括植物纤维、动物纤维和矿物纤维。

①植物纤维。包括由植物种籽上获得的纤维，如棉、木棉等；由植物果实上获得的纤维，如椰子纤维等；由植物茎杆韧皮中获得的纤维，如苎麻、亚麻、黄麻、槿麻、大麻、苘麻、罗布麻等；由植茎杆鞘壳中获得的纤维，如棕榈鬃等；由植物叶中获得的纤维，如剑麻、蕉麻、凤梨麻（菠萝麻）等。这些纤维的主要组成物质是纤维素，又称天然纤维素纤维。

②动物纤维。包括由动物披被的毛发中取得的纤维，羊毛、山羊绒、骆驼绒、兔毛、牦牛毛、骆马毛等；由昆虫腺分泌物取得的纤维，如桑蚕丝、柞蚕丝、蓖麻蚕丝、木薯蚕丝等。这些纤维主要组成物质都是蛋白质，又称天然蛋白纤维。

③矿物纤维。包括各类石棉，如温石棉、青石棉、蛇纹石棉等。这些纤维的主要组成物质都是无机的金属硅酸盐类，又称天然无机纤维。

由于生物技术的广泛应用，天然纤维的新品种不断出现，如彩色棉花、可纺竹纤维以及改性蛋白纤维等，它对纺织工业的发展赋予了新的活力。就天然纤维在纺织产品的应用而言，它属于“绿色”纺织品范畴，是纺织材料发展方向之一。

（2）化学纤维。化学纤维是指由人工加工制造而成的纤维状物体，它包括有机纤维和无机纤维，有机纤维又包括再生纤维和合成纤维。

①再生纤维。由天然聚合物或失去纺织加工价值的纤维原料，经人工溶解或熔融再抽丝制成的纤维。包括再生纤维素纤维，如黏胶纤维、铜氨纤维、醋酯纤维等；蛋白质纤维，包括各种天然蛋白质产品经提纯、溶解、抽丝制成的纤维，如牛奶蛋白纤维、大豆蛋白纤维等；人造特种有机化合物纤维，如甲壳素纤维、海藻胶纤维等。

②合成纤维。由天然小分子化合物经人工合成有机聚合物后，再溶解或熔融成液体后抽成的纤维。它们又可按组成物质区分为聚酯纤维（涤纶）、聚酰胺纤维（锦纶）、聚丙烯腈纤维（腈纶）等。

目前，化学纤维已成为国际纺织生产中的主体原料，化学纤维的品质、性能已取得了重大进展，它更能体现纺织生产技术的发展水平，也符合社会经济发展的需要。化学纤维的仿真技术、功能整理技术、纺织品产业应用技术成为纺织品开发研究的新课题，并且已经取得突破性进展。

2. **纺纱技术的发展趋势** 纺织新技术新工艺的推广应用是纺织工业实现现代化的重要手段。一些全新的纺纱技术如无锭纺纱、气流纺纱、自动络纱等的采用，使纺织工业的生产效率、产品质量、劳动强度与劳动环境等得到很大的改善。例如，环锭纺纱机被广泛采用以来，经过不断的研究改进，现已达到相当的水平。而且所纺出的纱线原料适应性强，适纺品种广泛，成纱结构紧密，强力较高。因此，环锭纺纱在现今纺纱方法中仍占有很重要的地位。但因为加捻卷绕的主要机件钢丝圈速度进一步提高将造成大量断头，这就限制了锭速进一步提高，影响了环锭纺纱机产量的增长，因而促进了对新型纺纱方法的研究。如无锭纺纱、转杯纺纱等新型纺纱方法的加捻与卷绕机构分开，取消了锭子、钢丝圈等加捻机件，从而开创了纺纱技术的新纪元。

新型纺纱的主要特点是产量高、卷装容量大、工艺流程短。

3. **织造技术的发展趋势**　20 世纪 80 年代以来，纺织机电一体化成为促进纺织工业发展的主要力量，直接推动了纺织技术向生产过程自动化迈进，实现纺织业由劳动密集型向技术密集型转变。例如，从 19 世纪中期起，领先的织机设计者就开始抛弃传统的梭子引纬原理，试制直接从固定安装的大卷装筒子上抽取纬纱，不用梭子和纬管而采用其他引纬器件把纬度纱引入梭口的织机，我们将这种不用笨重的梭子的织机称为无梭织机，它主要包括喷气、喷水、剑杆、片梭四种类型的织机。20 世纪中期以来，已出现多梭口织机，这种织机采用多个梭口，同时引入多根纬纱，从而实现了连续引纬、连续开口、连续打纬的工艺路线。我们把这些织机统称为新型织机。

新型织机的发展速度很快，几乎每年都有新机型推出。新型织造方法主要体现在引纬方式的改进，可以说新型引纬方式的发展记载了新型织机初期发展的历史。如使用喷气引纬的喷气织机、使用水流引纬的喷水织机、使用剑杆引纬的剑杆织机，还片梭织机、多相织机等。这些新型织机在织造技术的发展中起了主流作用，它们代表了织造技术的发展趋势和发展方向。

（1）无梭织机替代有梭织机是世界织机发展的总体趋势。有梭织机具有噪音大、车速低、生产率不高、织机质量差、机物料消耗多、工人劳动强度大、用工多、安全性不好等缺点，而新型织机所使用的载纬器或载纬介质不仅体积小，而且重量轻，从而为采用小开口高度、短打纬动程的织造工艺创造了条件。而采用轻小的载纬器件、小开口、短打纬又为实现阔幅、高速、低噪音、节省机物料消耗创造了条件，这正是新型织机得以迅速发展的内在原因。

（2）机电一体化是织机发展的必然趋势。所谓机电一体化，是指机械、微电子和信息技术为实现机器整体最优化而进行的有机融合。从国际纺织机械展览会参展情况看，各类织机以普遍应用电子技术，如电子测长储纬、电子送经、电子卷取、电子提花开口、故障电子显示等；计算机也已普遍应用于纺织中，如喷气织机的气量自动适应系统、故障自我诊断系统、产量等自行统计系统、花纹图案和织造工艺参数设定的专家设计控制系统等；机械手在织机中也有应用，如纬纱断自停处理系统。织机实现机电一体化，至少有下面几个方面的优点。

①拓宽了织机的功能。机电一体化使织机具有记忆、存储、计算、数据处理的功能，可以实行织机自我测试、自我报警，提高了自动化程度，改善了劳动条件，降低了工人的劳动强度。

②增强了织机的灵活性和应变能力。在不改变或少改变机机械结构的条件下，只需改变电路板或程序，即可改变织造工艺和产品品种，增加了对市场变化的快速应变能力。

③提高了织机的可靠性。采用大规模集成电路，减少了电子器件的外围连接，降低了故障率。再加上故障自我诊断处理功能等，提高了织机运行的可靠性。

④创造了现代化管理的条件。由于机电一体化具有数据处理功能，为实现现代化管理提

供了准确和及时的数据。再加上单织机计算机与上级计算机联网，便可实现分级监控和管理，组成具有相当规模的现代化控制管理系统。

（3）连续引纬前景十分广阔。多梭口织机同喷气、喷水、片梭、剑杆等无梭织机的引纬原理有很大差异，多梭口织机摒弃了后者的断续引纬原理，实现了连续化的引纬，从而开创了一条低速高产之路。尽管尚缺乏大规模工业化生产的经验，但它具有十分广阔的应用前景。

4. *针织技术的发展趋势* 从1589年第一台手动式粗针距袜机发明以来，针织机械在400多年间，经历了从无到有、从简单到复杂、从单一机种到近代各种针织机种的雏形的缓慢发展过程。

针织工业是纺织行业中起步比较晚的行业。针织由家庭手工编织转入正式工业化生产是在近百年内实现的，特别是20世纪50年代以后针织工业的发展速度更为惊人。针织工业的飞速发展表现在以下几个方面：

（1）针织设备的进步。20世纪50年代末，特别是60年代以后，化学纤维工业的飞速发展促进了针织机械的飞速发展，国际上出现了各种非常先进的新型圆纬机、经编机、横机和袜机。70年代以后，在各种针织设备上开始引用近代科学技术的成就，如强气流、光电和微电子技术等。进入80年代，计算机、气流等现代科技成果在针织设备上得到了迅速广泛的应用。因而针织企业目前大都拥有外形精美、制造精密且织造能力和提花能力较强的针织设备。

随着现代科技成就的综合应用，针织设备将向着机构高级化、操作简单化的方向迈进，包括提升针织装备智能化水平、提升生产和管理智能化水平。在针织装备中引入信息技术，通过嵌入传感器、软件控制系统、人机交互系统及其他信息元器件，利用先进制造技术，形成信息技术与针织设备的数字化、智能化融合，开发具备数字通信、感知、分析、推理、决策和控制功能的智能化针织设备，加强智能设备的推广应用，涉及针织织造生产过程、针织染整生产过程、针织成衣生产过程等全生产流程。

（2）新原料的使用。化学纤维工业的发展，各种新型纤维和新花式纱线的涌现，为针织新产品的开发提供了丰富的原料，也为针织工业的发展开辟了广阔的天地。

（3）印染后整理新技术的应用。化学整理新助剂的问世和印染后整理新技术的开发，丰富了针织品的花色品种，美化了针织物外观，而且进一步改善了针织物的力学性能和服用性能，极大地提高了织物质量，赋予了针织物各种特殊的功能。同一种坯布经不同的染色、印花、整理可生产千百种具有截然不同外观的织物。针织物的整理过程越完整，其性能就越好。

（4）针织物产量、品种的增加。针织工业的迅猛发展突出地表现在其产量、质量、花色品种等方面。据国家统计局统计数据显示，我国针织服装产量从2005年的76.64亿件增长至2013年的131.77亿件。2013年我国针织服装行业产量居前三位的省份为广东省290810.5万件、江苏省218435.4万件、浙江省212724.2万件，分别占针织服装行业全国总产量比重为22.07%、16.58%、16.14%，三地合计占全国比重为54.79%。2015年，全国规模以上针织企业户数为5739户，其主营业务收入为7172.58亿元，与2011年相比累计增长24.42%，年均复合增长率为5.61%；利润总额为398.36亿元，比2011年增长38.25%，年均复合增长率为

8.43%。

从品种方面看，现代的针织品不仅冲破了传统的袜子、内衣、手套三类产品的范围，还超越了衣饰用的范畴，扩展到室内装饰、工农业制品、医疗用品等多个方面。

从针织服装产品的发展趋势看，已经由毛、麻、棉、丝、化纤针织服装发展到天丝、莫代尔、竹纤维、木纤维、大豆蛋白纤维、功能纤维等多元针织原料并存的时代，穿着季节也已发展到内衣外套并存，一年四季皆宜的时代。

针织工业有着广阔的发展前景，针织新技术、新产品将不断涌现，针织设备将向更合理、更有效的方向发展。随着现代科技的发展，针织工业将产生新的飞跃。

5. **染整技术的发展趋势**　染整行业是一个竞争很强、技术含量较高、附加价值较大的行业。进入 21 世纪以来，随着经济一体化进程的加快以及微电子技术、信息技术、化工技术等与染整技术相关的技术发展，染整行业更加向着资金密集型、技术密集型发展。在今后相当长的一段时间内，染整技术同时会向着小批量、多品种、短周期、快交货以及应变市场、生态平衡、绿色环保、节能降耗、增加功能、提高档次、成本控制的方向发展。

（1）无水或少水的染整加工技术。地球上可利用的淡水仅占总水量的 0.6%，而印染是用水量很大的行业，约占整个纺织行业的 80%，每生产 10000m 印染布，耗水量约为 250 ~ 400m^3。用水量大，则染料、助剂、蒸汽、电力等能量的消耗就大，同时造成印染废水的排放量就大。所以要大力开发应用以下染整技术。

①合并工艺。缩短工艺流程的工艺，如短流程前处理工艺、染色—整理—浴法工艺等。

②低浴比染整技术。如超临界二氧化碳退浆和染色技术、筒子纱半缸水染色技术、喷雾低给液技术、泡沫染整技术等。

③涂料印花、涂料染色工艺。在涂料印花方面要开发应用能低温固着、坚牢度高而手感柔软、耐化学药剂、覆盖性能优良的不同性能黏合剂；涂料染色方面要解决手感硬、黏辊筒、耐摩擦及耐刷洗牢度差等问题。

④转移印花技术。要开发应用除涤纶、锦纶织物外的棉纤维织物等天然纤维的转移和冷转移印花技术。

⑤其他。如低给液染色技术、非水介质染色技术等。

（2）有利于环境保护的染整加工技术。

①无碱退煮漂工艺（生物降解退煮漂工艺）。

②清洁生产新技术。

③生物降解整理技术。

④无醛后整理技术。

⑤无煤油涂料印花技术。

（3）高级整理加工技术。

①天然纤维高档后整理技术。

②化纤仿真整理技术。

③纳米阻燃、防水、防污、抗菌整理技术。

（4）节能技术。

①冷堆漂白技术。

②冷轧堆染色技术。

③定形机废气热能回收技术。

④染整废热水回收技术。

⑤印染太阳能热水技术。

（5）其他前沿的染整新技术。

①色彩数码通信新技术。

②计算机辅助设计生产的CAD/CAM技术、测色配色技术、分色制版技术。

③激光数码刻网技术。

④喷墨印花技术。

⑤数字化网点印花技术。

⑥超声波染色技术。

⑦前处理的等离子体处理技术。

⑧多种纤维、复合纤维及新开发化纤的染整技术。

⑨一次性染色成功技术。

⑩针织物平幅连续加工技术。

⑪微胶囊染色技术。

（6）智能化印染生产技术和装备。建立智能化印染连续生产车间和数字化间歇式染色车间，具有印染生产工艺在线采集、智能化配色及工艺自动管理、染化料中央配送、半制品快速检测等系统，实现生产执行管理MES系统、计划管理ERP系统及现场自动化SFC系统的集成应用，从单一装备的数控化向整体工厂的智能化转变。

（7）新型印染设备。开发生产新型印染生产线数字化监控系统，数控化印染主机装备包括经轴染色与物流系统、数控超大花回圆网印花机、全幅宽固定式喷头高速数码喷墨印花装备等。

思考题

1．广义和狭义的纺织业分别是什么含义？

2．狭义的纺织业如何分类？

3．纺织生产加工与产品流通过程是怎样的？

第二章　纺织纤维

本章知识点

1. 纺织纤维的分类和基本的性能指标。
2. 棉、麻、毛、丝及常见化学纤维的性能。
3. 几种新型纤维的性能。
4. 纺织纤维的基本鉴别方法。

第一节　纺织纤维的种类及指标

一、纤维和纺织纤维

1. *纤维*　纤维是以细长为特征，直径一般为几微米到几十微米，而长度比直径大许多倍的细长物体。几种常见的天然纤维细度和长度特征见表2-1。

表2-1　常见的天然纤维细度和长度特征

项目＼种类	海岛棉	长绒棉	埃及棉	印度棉	羊　毛	蚕　丝	亚　麻
长度（mm）	40.5	40	38.9	25.0	20～200	5×10^5～10×10^5	300～600
直径（μm）	19～28	19～28	19～28	20～40	10～38	10～30	15～25
长度/直径	1650	1630	1600	850	2000	∞	25000

在自然界中这种细长物体有许多，但并不是所有纤维都可用于纺织工业。

2. *纺织纤维*　可用来制造纺织品的纤维，称为纺织纤维，它除了具有纤维的特征以外，还必须具有一定的可纺性、力学、化学、热学等性能。

（1）可纺性。纤维的可纺性是指纺纱过程中纤维加工成纱的难易程度。纤维要形成纱线，一般需要有几十毫米以上的长度、一定的细度、抱合性、柔软度、挠曲性和包缠性等。

（2）力学性能。纺织纤维必须具有一定的强力、变形能力、弹性、耐磨性、摩擦力。

（3）耐化学品性。纺织纤维能够与染料和整理剂发生作用，并对各种化学试剂的破坏具有一定的抵抗能力。

（4）热学性能。纺织纤维及其制品在加工和使用过程中会遇到不同的温度作用，如浆纱、煮练、染色、熨烫等工艺过程中会遇到一百多度的高温，因此，必须要能承受一定的温度。

二、纺织纤维的分类

1. **按纤维的来源分类** 通常分为天然纤维和化学纤维两大类。凡是自然界原有的，或从人工培植的植物中、人工饲养的动物中获得的纺织纤维称为天然纤维。根据它的生物属性又可分为植物纤维、动物纤维和矿物纤维。凡是以天然的或合成的高聚物为原料，主要经过化学方法加工制造出来的纺织纤维称为化学纤维，简称化纤。按原料、加工方法和组成成分的不同，化学纤维又可分为再生纤维、合成纤维和无机纤维，见表 2-2。

表2-2 纺织纤维分类表

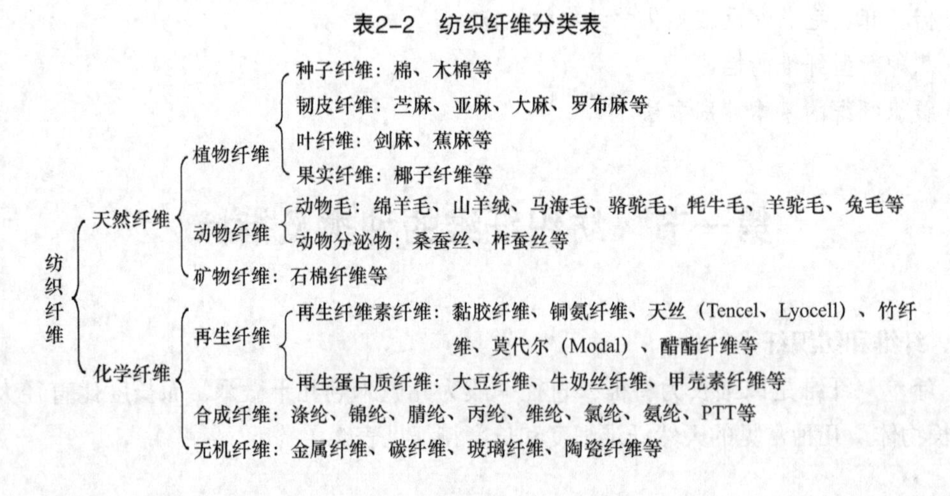

2. **按纤维的长短分类** 可分为短纤维和长丝纤维两大类。若纤维长度达几十米或上百米，不用纺纱直接可作纱线使用的，称为长丝。如天然纤维中的蚕丝，一个茧子上的丝的长度可达 800 ~ 1200m。长度较短的纤维称为短纤维，如天然纤维中的棉、麻、毛，一般长度为几十到几百毫米，必须要经过纺纱才能形成连续的长条，作纱线使用。化学纤维根据需要可制成长丝和短纤维，长丝主要有涤纶（长）丝、锦纶（长）丝、丙纶（长）丝、黏胶（长）丝、氨纶（长）丝、天丝（Tencel 长丝）、牛奶丝。

三、纺织纤维的基本性能指标

1. **纺织纤维的长度** 纤维的长度是指纤维伸直但未伸长时两端之间的距离。天然纤维的长度是不均一的，即使是同一粒棉籽或同一只绵羊上的纤维长度差异也很大。天然纤维的长度随动、植物的种类、品系及生长条件等而不同。化纤可根据需要切断成各种规格，其长度一般是均一的。

纤维的长度性质与成纱质量的关系十分密切。纤维的长度与成纱强度和成纱毛羽有关，在其他条件相同的情况下，纤维长度越长，成纱强度越大。纤维长度较短时，长度的增加对成纱强度影响较大，当长度增加到一定程度后，纤维长度再增加对成纱强度的影响增加不大。长度较长的纤维，由于单位长度纱线内纤维的头和尾较少，成纱表面比较光滑，毛羽较少。

纤维的长度与纺纱工艺有直接关系。不同长度的纤维要采用不同的纺纱设备，例如，棉纤维及棉型化学纤维在棉纺设备上纺纱；毛纤维及毛型化学纤维在毛纺设备上纺纱等。纺纱时有关的工艺参数的选择也与纤维长度有关。

2. **纺织纤维的细度**　天然纤维的细度也是不均一的，即使同一根纤维其各处的细度也不相同，如棉纤维的细度中部最粗，梢部最细，根部适中。同一根羊毛纤维不同部位的细度最大差异可达 7μm。化学纤维的细度可根据需要人为控制，细度差异要比天然纤维小得多。表示纺织纤维细度的指标有两大类，一是直接指标，主要是直径；二是间接指标，利用纤维和纱线的长度和重量关系来表示。

（1）直接指标——直径（D）。

它的度量单位是纤维常用微米（μm），纱线常用毫米（mm）。只有当截面接近圆形时，用直径表示较为合适。在纤维中羊毛纤维有时会用直径来表示其细度。

（2）间接指标。

①线密度（Tt）。线密度是指 1000m 长的纤维在公定回潮率时的质量克数，特克斯（tex）是我国法定的线密度计量单位。其计算式如下：

$$\mathrm{Tt}=1000\times\frac{G_k}{L} \tag{2-1}$$

式中：Tt——纤维的线密度，tex；

L——纤维的长度，m 或 mm；.

G_k——纤维的公定质量，g 或 mg。

1tex=10dtex=100mtex

②纤度（N_D）。指的是 9000m 长的纤维在公定回潮率时的质量（g），计算式为：

$$N_D=9000\times\frac{G_k}{L} \tag{2-2}$$

式中：N_D——纤维的纤度，旦；

L——纤维的长度，m 或 mm；

G_k——纤维的公定质量，g 或 mg。

以上两个指标为定长制指标，其数值越大，表示纤维越粗。

③公制支数（N_m）。指的是每克纤维在公定回潮率下的长度（m），计算式为：

$$N_m=\frac{L}{G_k} \tag{2-3}$$

式中：N_m——纤维的公制支数，公支；

L——纤维的长度，m；

G_k——纤维的公定质量，g。

公制支数（N_m）为定重制指标，其数值越大，表示纤维越细。

纤维细度与产品质量及纺纱工艺也有密切的关系。在其他条件相同的情况下，纤维越细，成纱强度越大。与长度一样，纤维的细度对成纱强度的影响开始时比较明显，而当细到一定程度后，则影响不明显。必须注意，对棉纤维而言，成熟度差的纤维虽然较细，但由于纤维强度较低，天然转曲少，对成纱强度会带来不良影响。纤维细度细时，成纱条干较均匀。

在保证一定成纱质量的前提下，细而均匀的纤维可纺纱的细度也细。

纤维的细度对织物服用性能也有很大影响。粗纤维纺成的纱线较粗，因而织制的织物厚而硬；细纤维纺成的纱线往往较细，因而织制的织物薄而软，但易起毛起球。

纺纱工艺的选择也要考虑纤维的细度，如细纤维要注意在开清棉过程中避免纤维损伤或纠缠。

3. **纺织纤维的强度** 纤维在纺纱过程中不断受到外力的作用，具备一定的强度是纤维具有纺纱性能的必要条件。其他条件相同时，纤维强度越高，纺成纱的强度也越高。纤维制品的坚牢度在一定程度上也取决于纤维本身的强度。纺织纤维的强度指标有以下四个。

（1）断裂强力。指纤维能够承受的最大拉伸外力，单位为厘牛顿（cN，1N=100cN）。断裂强力 P 是一个绝对指标，与纤维的细度有关。

（2）断裂应力。指纤维单位面积上能承受的最大拉力，单位为厘牛每平方毫米（cN/mm^2）。其计算式为：

$$\sigma=\frac{P}{S} \tag{2-4}$$

式中：σ——纤维的断裂应力，cN/mm^2；

P——纤维的断裂强力，cN；

S——纤维的截面积，mm^2。

（3）断裂强度。又称相对强度，指1tex纤维能承受的最大拉力，单位为厘牛每特（cN/tex）。其计算式为：

$$P_{tex}=\frac{P}{\mathrm{Tt}} \tag{2-5}$$

式中：P_{tex}——纤维的断裂强度，cN/tex；

P——纤维的断裂强力，cN；

Tt——纤维的线密度，tex。

（4）断裂长度。以长度形式表示纤维强度的指标，其物理意义是设想将纤维连续地悬吊起来，直到它因本身重力而断裂时的长度，也就是重力等于强力时的纤维的长度，单位为千米（km）。其计算式为：

$$L_p=\frac{P\times N_m}{g} \tag{2-6}$$

式中：L_p——断裂长度，km；

P——断裂强力，cN；

N_m——公制支数，公支；

g——重力加速度，g=9.8m/s^2。

4. **纺织纤维的吸湿性** 纺织纤维在空气中吸收或放出水蒸气的性能称为吸湿性。纺织纤维吸湿的多少会影响纺织纤维重量、强力等许多物理性能，从而影响其工艺和使用性能。纺织纤维吸湿能力的大小还直接影响服用织物的穿着舒适性。吸湿能力小的纤维不易吸收人体排出的汗液，故有闷热不适的感觉。表示吸湿性大小的指标有以下几个。

（1）含水率。即纤维所含水分与纤维湿重比值的百分数，其计算公式为：

$$M=\frac{G-G_0}{G}\times 100\% \tag{2-7}$$

式中：M——纤维的含水率；

G——纤维的湿重，g；

G_0——纤维的干重，g。

（2）回潮率。即纤维所含水分与纤维干重比值的百分比，其计算公式为：

$$W=\frac{G-G_0}{G_0}\times 100\% \tag{2-8}$$

式中：W——纤维的回潮率。

纺织纤维在不同的大气条件下，其回潮率是不同的。为了测试计重和核价方便，需对各种纤维及其制品的回潮率规定一个标准，即公定回潮率（在相对湿度为65% ±2%、温度为20℃ ±2℃的条件下的回潮率），表2-3为我国常见纤维的公定回潮率。

表2-3 我国常见纤维的公定回潮率

纤维种类	公定回潮率（%）	纤维种类	公定回潮率（%）
原 棉	8.5	黏胶纤维	13
同质洗净毛	16	涤 纶	0.4
异质洗净毛	15	锦 纶	4.5
桑蚕丝	11	腈 纶	2
苎 麻	12	维 纶	5
亚 麻	12	丙 纶	0
黄 麻	14	氯 纶	0

5. **纺织纤维的体积质量** 纤维的体积质量是指单位体积的纤维质量，单位为克每立方厘米（g/cm^3）。纤维的体积质量影响织物的覆盖性，体积质量小的纤维具有较大的覆盖性，制成的服装较轻。各种纤维的体积质量见表2-4。

表2-4 各种纤维的体积质量

纤维种类	体积质量（g/cm^3）	纤维种类	体积质量（g/cm^3）
棉	1.54	涤 纶	1.38
麻	1.50	锦 纶	1.14
羊 毛	1.32	腈 纶	1.17
蚕 丝	1.33	维 纶	1.26~1.30

续表

纤维种类	体积质量（g/cm³）	纤维种类	体积质量（g/cm³）
黏胶纤维	1.50	氯　纶	1.39
醋酯纤维	1.32	丙　纶	0.91
铜氨纤维	1.50	氨　纶	1.0～1.3
天丝（Tencel）	—	乙　纶	0.94～0.96

四、常见纺织纤维的代号

纤维原料在表达时为了方便，常用英文字母代号表示。这些代号没有统一的标准规定，因此，同一种纤维可能有不同的代号。表2–5是常见纤维的代号。

表2–5　常见纤维的代号

纤维种类	代号	纤维种类	代号
棉	C	羊羔毛	WL（Lamb wool）
苎　麻	RA	蚕　丝	S
亚　麻	LI	黏胶纤维	R
羊　毛	W	醋酯纤维	AC
铜氨纤维	CU	丙　纶	PP
涤　纶	T	氨　纶	PU/SPD
锦　纶	N	贝特纶	PTT
腈　纶	A	天丝（Tencel）	TS
维　纶	V	竹纤维	BM

第二节　纺织纤维的基本性能特点

一、天然纤维

天然纤维与化学纤维相比，具有长度、细度不均一；吸湿性、抗熔性较好；强力、伸长能力较小；抗静电性好等特点。常用的天然纤维有棉、麻、毛、丝四种。

1. 棉纤维

（1）棉纤维的种类、长度及细度。棉花的种类很多，目前主要有以下两种。

①细绒棉。又称陆地棉，纤维长度和细度中等，手扯长度为23～33mm，细度为143～222mtex（7000～4500公支），一般可纺粗于10tex的棉纱。

②长绒棉。又称海岛棉，纤维特别细长，手扯长度在33mm以上，一般为33～45mm，细度细于143mtex（7000公支以上），一般为111～143mtex（9000～7000公支）。它的品

质优良，是纺制细于 10tex 的优级棉纱和特种用纱的原料。长绒棉产量很少，仅占世界总产量的 2%左右。

（2）棉纤维的组成物质。棉纤维中的组成物质主要是天然纤维素，它决定棉纤维的主要物理、化学性质。成熟正常的棉纤维纤维素含量约为 94%。另外，还含有蛋白质、脂肪、蜡质、糖类等。棉纤维若含有较多的糖分，在纺纱过程中容易绕罗拉、绕胶辊等，影响工艺过程的顺利进行和产品质量。在纺纱前要进行降糖处理。棉纤维的蜡质有利于纺纱工艺顺利进行，但蜡质影响纤维的吸湿性、染色性，因此在染整加工时须将蜡质去除。

（3）棉纤维的耐酸、碱性。由于棉纤维的主要组成物质为纤维素，所以它较耐碱而不耐酸。在酸中会发生水解；在较浓 NaOH 溶液中不溶解，但会膨化，可利用这一性能对棉纤维进行丝光处理。

棉纤维在一定浓度的 NaOH 溶液中处理后，纤维横向膨化，横截面变圆，天然转曲消失，使纤维呈现丝一般的光泽，这一处理称为丝光。成熟棉纤维丝光前后纤维纵、横截面形态如图 2-1 所示。如果膨化的同时再给予拉伸，则在一定程度上可改变纤维的内部结构，从而可提高纤维强力。

（4）棉纤维的拉伸性能。

①棉纤维的断裂长度为 20 ~ 30km，较天然纤维中羊毛大，比苎麻小。

②棉纤维的断裂伸长率为 7% ~ 10%，较天然纤维中苎麻大、羊毛小。

（5）棉纤维的回潮率。在一般大气条件下，棉纤维的回潮率为 7% ~ 9%，在天然纤维中属于比较小的。

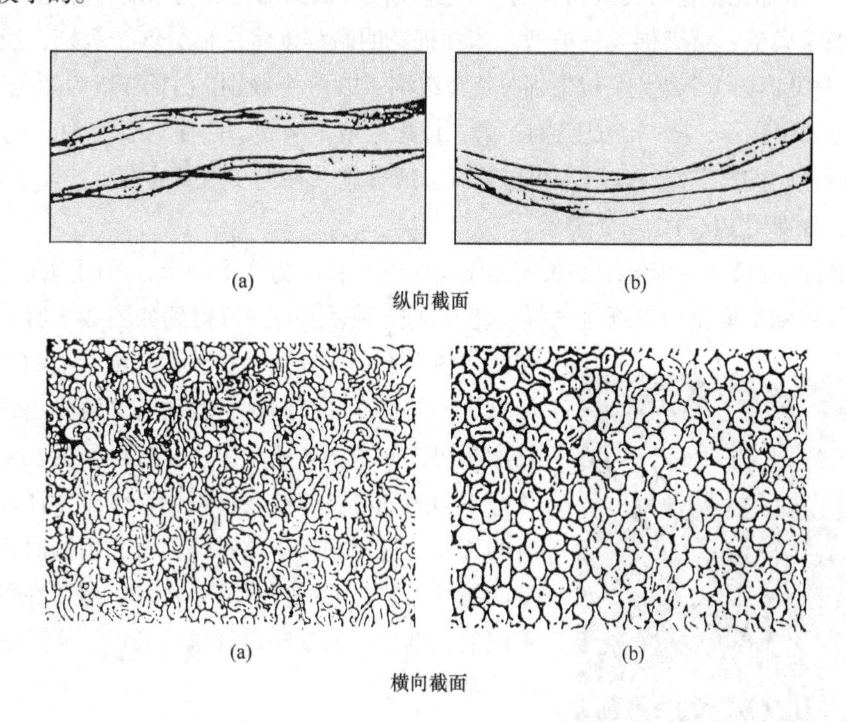

图 2-1　棉纤维经丝光处理前后纵、横截面形态

（a）棉纤维丝光前截面形状　（b）棉纤维丝光后截面形状

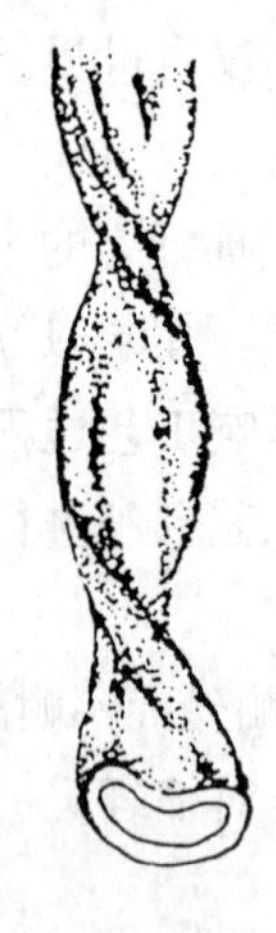

图 2-2　棉纤维的腔宽与壁厚

（6）棉纤维的成熟度。棉纤维成熟度是指棉纤维中纤维素充满和胞壁加厚的程度，即棉纤维生长成熟的程度。如图 2-2 所示，是成熟棉纤维的腔壁示意图。棉纤维的成熟度与各项物理性能关系很大。成熟度差的棉纤维细度较细，强力较低，吸湿较多，弹性较差，加工中经不起打击，容易纠缠成棉结，加上染色性差，对织物外观有影响。成熟正常的棉纤维天然转曲多，抱合力大，成纱强力也大。未成熟和过成熟的棉纤维则天然转曲少，抱合力小，过成熟纤维还偏粗，这些都不利于成纱强力。棉纤维成熟度是衡量棉纤维内在质量的一个综合性指标。

（7）棉纤维的颜色级、轧工质量与品级。棉花根据初加工方法的不同分为锯齿棉和皮辊棉。

对于锯齿加工细绒棉，国标新增定义颜色级与轧工质量作为品质指标，而对于皮辊加工细绒棉，仍保留一直沿用的品级指标。

品级是棉纤维质量的一个综合性指标，也是工商交接验收的重要依据。它反映了棉纤维的内在质量，与纺纱价值密切有关。品级评定主要依据棉纤维的成熟度、色泽特征和轧工质量。其中色泽特征主要取决于成熟度，但还受地区、气候、病虫害、收摘期等多种因素的影响。轧工质量是棉纤维与棉籽的分离加工中棉结、棉索和带纤维籽屑的多少，以及纤维状态是否均匀整洁。目前品级主要用于皮辊加工细绒棉。

锯齿加工细绒棉将品级细分为颜色级、轧工质量指标。

①颜色级。指棉花颜色的类型和级别，颜色级划分：依据棉花黄色深度将棉花划分为白棉、淡点污棉、淡黄染棉、黄染棉 4 种类型。依据棉花明暗程度将白棉分 5 个级别，淡点污棉分 3 个级别，淡黄染棉分 3 个级别，黄染棉分 2 个级别，共 13 个级别。白棉 3 级为颜色级标准级。颜色级用两位数字表示，第一位是级别，第二位是类型。例如，白棉三级为 31。

②轧工质量。根据皮棉外观形态粗糙程度、所含疵点种类及数量的多少，轧工质量分好、中、差三档。分别用 P1、P2、P3 表示。

（8）棉纤维的长度。棉纤维的长度是不均一的，长的为几十毫米，短的为几毫米。任何一批原棉，从中随机取出一束纤维试样，将其从长到短排列，可得到如图 2-3 所示的长度分布图，图中上、下分别为长绒棉、细绒棉的长度分布。如果将不同长度的纤维进行称重，则可作出纤维质量—长度曲线，如图 2-4 所示。由于棉纤维的长度形成一个长短不匀的分布，因此要逐根测量纤维才能反映出棉纤维的长度，这在实际中是不可能的，但同时棉纤维的长度同纺纱工艺、纱线质量关系密切，所以在不同场合用不同的长度指标来反映棉纤维的长度，常用的指标有以下几种。

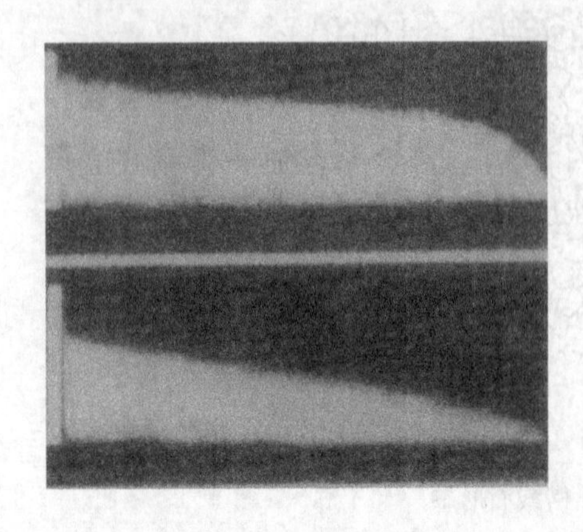

图 2-3　棉纤维长度分布图

①手扯长度。将棉纤维整理成一端平齐的小棉束，放在黑绒板上，量取平齐端到另一端不露黑绒板处的距

离即为手扯长度。手扯长度接近大多数纤维的长度，与仪器检验原棉长度指标中的主体长度相接近，其单位是毫米（mm），检验时以 1mm 为间距分档，细绒棉共分为 8 档，即 25mm（25.9mm 及以下）、26mm（26.0 ~ 26.9mm）、27mm（27.0 ~ 27.9mm）、28mm（28.0 ~ 28.9mm）、29mm（29.0 ~ 29.9mm）、30mm（30.0 ~ 30.9mm）、31mm（31mm 及以上），28mm 为长度标准级。

②主体长度。指一批棉样中含量最多的纤维的长度，如图 2–4 中所示的 L_m，用于工商交接中。

③品质长度。又称右半部平均长度，即比主体长度长的那一部分纤维的质量加权平均长度。

④短绒率。指纤维长度短于某一长度界限（细绒棉为 15.5mm）的棉纤维质量与测试纤维总重量之比，是表示棉纤维长度整齐度的一项指标。

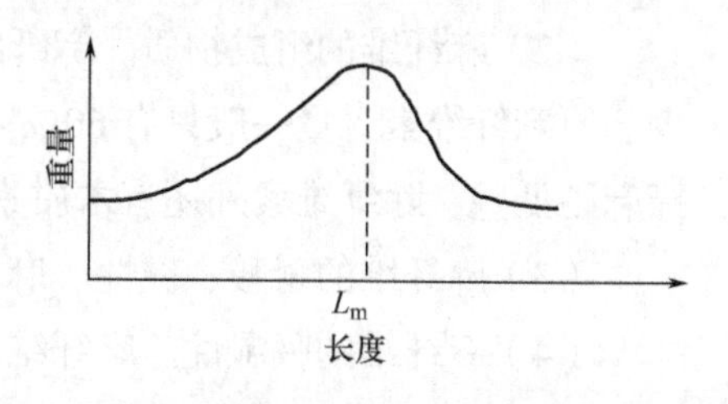

图 2–4　棉纤维质量—长度曲线

（9）马克隆值。马克隆值是由马克隆气流仪测出来的棉纤维的一项重要性能指标，在棉花贸易和棉纺工艺中有着十分重要的作用。

马克隆值是同时反映棉纤维的线密度和成熟度的综合性指标。对同品种的棉纤维，马克隆值的大小既反映纤维成熟度的高低，也反映纤维线密度的大小。一般细绒棉的马克隆值为 3.3 ~ 5.6，长绒棉为 2.8 ~ 3.8，亚洲棉为 6.2 ~ 10。

马克隆值过高或过低的棉纤维其可纺性能都较差，只有马克隆值适中的棉纤维才能获得较全面的纺纱经济效益。国际上通常把 3.5 ~ 4.9 的马克隆值称为优质马克隆值范围。马克隆值被美国等国家作为棉花结价的依据之一。在棉花贸易中，对超过或低于优质马克隆值范围（或与棉花交易协议上标明的马克隆值不一致）的棉纤维，按马克隆值价差作减价处理或进行经济赔偿。

2. **麻纤维**　麻纤维有许多种，按取得的部位分为韧皮纤维和叶纤维两类。纺织上用得最多的有苎麻、亚麻、黄麻、槿麻（又称红麻、洋麻）、大麻和苘麻（又称青麻）等。其中，以苎麻和亚麻品质较优，均可织制服用织物。

（1）麻纤维的长度和细度。常见麻纤维长度和细度情况见表 2–6，表中宽度为纤维截面最大截径。

除苎麻外，其他麻类纤维经初加工后得到的束纤维，在经过梳麻后，由于梳针的梳理作用，进一步分离，以适应纺纱工艺的要求，这时分离成的束纤维称为工艺纤维。黄麻工艺纤维的公制支数一般为 300 ~ 500 公支，即 2 ~ 3.33tex；槿麻工艺纤维较黄麻为粗，公制支数一般为 250 ~ 280 公支，即 3.57 ~ 4tex。

表2–6　麻纤维的单纤维长度和细度

麻类品种	平均长度（mm）	平均宽度（μm）
苎　麻	50 ~ 120	20 ~ 45（1500 ~ 2000公支）
亚　麻	15 ~ 20	12 ~ 17
大　麻	15 ~ 25	15 ~ 30

续表

麻类品种	平均长度（mm）	平均宽度（μm）
黄　麻	1～4	10～28
槿　麻	2～6	18～27

（2）麻纤维的组成物质。麻纤维的主要组成物质是纤维素，但其纤维素的含量比棉纤维少。原麻纤维素含量一般只有60%～80%，视麻类品种而定，苎麻、亚麻含量高些，黄麻、槿麻则低些。除纤维素外还有木质素、果胶、脂肪及蜡质、灰分和糖类物质等。

（3）麻纤维的耐酸、碱性。麻纤维与棉一样，较耐碱而不耐酸。

（4）麻纤维的吸湿性。麻纤维的吸湿能力比棉强，其中尤以黄麻吸湿能力更佳，在一般大气条件下回潮率可达14%左右。

（5）麻纤维的强度和伸长率。麻纤维是主要天然纤维棉、麻、毛、丝中拉伸强度最大的纤维。如苎麻平均单纤维强力为20～40cN，断裂长度可达40～55km，亚麻、黄麻、槿麻等的强度也较大。但麻纤维受拉后的变形能力，即伸长，却是主要天然纤维中最小的，如苎麻、亚麻、黄麻的断裂伸长率分别为2%～3%、3%和0.8%。

（6）麻纤维的柔软性。麻纤维的手感大都比较粗硬而不柔软，尤其是黄麻、槿麻等，因此，麻类织物做成的服装穿着时有刺痒感。大麻是麻类纤维中最细软的一种，单纤维纤细而且末端分叉呈钝角绒毛状，用其制作的纺织品无需经特殊处理就可避免其他麻类产品对皮肤的刺痒感和粗硬感。

3. **毛纤维**　毛的种类很多，有从绵羊身上取得的绵羊毛，山羊身上取得的山羊绒、山羊毛，骆驼身上取得的骆驼绒、骆驼毛，羊驼身上取得的羊驼毛，兔子身上取得的兔绒、兔毛以及从牛、马、牦牛、鹿身上取得的牛毛、马毛、牦牛毛和鹿绒等。纺织用毛类纤维中，用量最多的是绵羊毛，绵羊毛通称为羊毛。

（1）羊毛纤维的特点。羊毛纤维具有弹性优良，手感丰满，吸湿能力强，保暖性好，不易沾污，光泽柔和，染色性能好，还具有独特的缩绒性，是纺织行业中广泛使用的四季皆宜的高档纺织纤维。

（2）羊毛纤维的主要组成物质。羊毛纤维的主要组成物质为不溶性蛋白质，称为角蛋白，也叫角朊。

（3）羊毛纤维的耐酸、碱性。由于羊毛纤维的主要组成物质是角蛋白，所以它较耐酸而不耐碱。

（4）羊毛纤维的特有性质。

①缩绒性。羊毛纤维在湿、热条件作用下，纤维集合体或织物逐渐收缩紧密，并互相穿插纠缠，使羊毛纤维互相纠缠、收缩成毡，羊毛织物缩短变厚，这一性质称羊毛纤维的缩绒性或毡缩性。利用缩绒性可形成特殊风格的织物。

②天然卷曲。羊毛纤维皮质层中一般有两种不同的皮质细胞，一种是结构疏松的正皮质（又称软皮质）；另一种是结构较紧密的偏皮质（又称硬皮质），它们的性质不同。在细羊

毛中正皮质和偏皮质分别居于纤维的两半，形成双侧结构，并在长度方向上不断转换位置。由于两种皮质层的物理性质不同引起的不平衡，形成了羊毛的卷曲。如图 2-5 所示是一般羊毛纤维的卷曲形状。

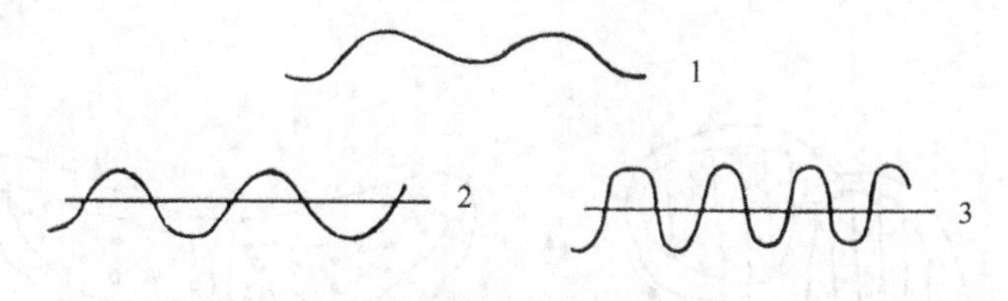

图 2-5 羊毛纤维的卷曲形状

1—弱卷曲 2—常卷曲 3—强卷曲

卷曲有利于缩绒性和抱合力，成纱弹性足，织物手感丰满，毛型感强。

（5）羊毛纤维的拉伸性能。羊毛纤维的断裂长度为 9 ~ 18km，为天然纤维中最小的；断裂伸长率为 25% ~ 35%，为天然纤维中最大的。

（6）羊毛纤维的细度。

①细度指标。

a. 平均直径（μm）。在显微镜下，将羊毛纤维放大 500 倍，逐根测定纤维的直径（300 ~ 500 根），计算其平均值。羊毛的直径变化很大，最细的羊毛纤维直径只有 7μm，最粗的可达 240μm 以上。羊毛的直径主要取决于绵羊的品种，此外，还有羊的年龄、性别、毛的生长部位和饲养条件等。绵羊的年龄在 3 ~ 5 岁时羊毛最粗。在同一只羊身上，以肩部的毛最细，体侧、颈部、背部的毛次之，前颈、臀部和腹部的毛较粗，喉部、小腿下部、尾部的毛最粗。一根毛纤维上的直径最大差异可达 7μm。

b. 品质支数。这是毛纺行业中长期沿用下来的表示羊毛细度的一个指标。目前商业上的交易、毛纺工业中的分级、制条工艺品的制订，都以品质支数作为重要依据。它的原意是各种细度的羊毛实际可纺得的英制精梳毛纱支数，以此来表示羊毛品质的优劣。随着科学技术的发展，纺纱方法的改进，对纺织品品质要求的不断提高和纤维性能研究工作的进展，羊毛品质支数已逐渐失去它原来的意义。目前，羊毛品质支数仅表示平均直径在某一范围内的羊毛细度指标。

②羊毛的细度对羊毛及其制品性质的影响。羊毛的细度与它的各项物理性质都有密切的联系。一般来说，羊毛越细，其细度就越均匀，强度越高，天然卷曲多，鳞片密，光泽柔和，脂肪含量高，但长度偏短。细度是决定羊毛品质好坏的重要指标。细度细有利于成纱强力和成纱条干及成纱线密度，能织制精纺毛织物，使织物表面光洁，纹路清晰，手感滑爽。

4. **蚕丝**

（1）蚕丝种类。

①按饲养方式分类。可分为家蚕丝和野蚕丝，家蚕丝主要是桑蚕丝，野蚕丝主要是柞蚕丝。

②按蚕丝的加工工艺分类。有茧丝、生丝、熟丝、绢纺丝等几种。

a. 茧丝。蚕的吐丝口吐出的，由丝素外覆丝胶组成的蚕丝。茧丝不能直接供织造用，需经过一定的工艺加工，使其成为生丝。如图 2-6 所示为茧丝的截面形状。

b. 生丝。经过缫丝，依靠丝胶将几个茧丝胶合在一起形成的蚕丝。如图 2-7 所示为缫

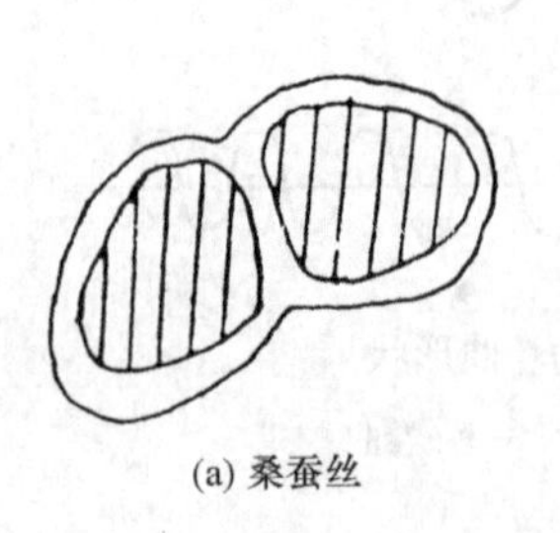

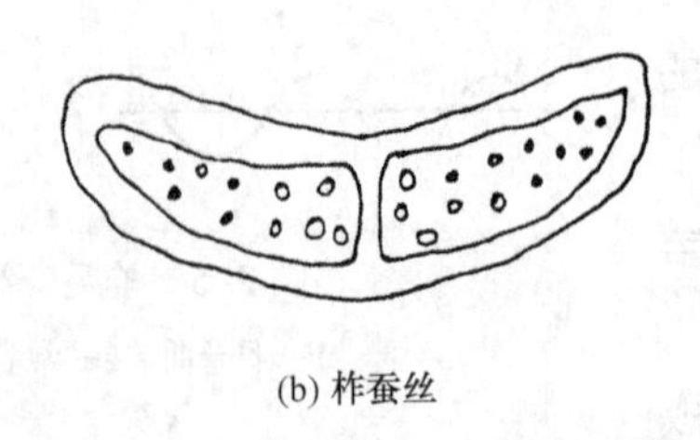

图 2-6　茧丝的截面形状

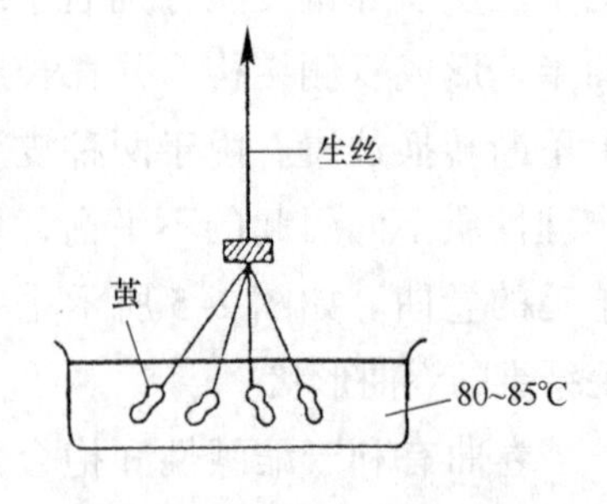

图 2-7　缫丝示意图

丝示意图。

c．熟丝。脱胶后的蚕丝称为熟丝，又称精练丝，光泽优良，柔软平滑，是高贵的纺织原料。

d．绢纺丝。茧子中的茧衣及丝织过程中的下脚料经纺纱加工而得的纱线叫绢纺丝。绢纺丝中用高档原料制成的光泽柔和，均匀度好，手感丰满而富有弹性的是绢丝。用较差原料制成的外观少光泽、表面具有随机分布的绵粒、细度极为不匀的是䌷丝。

（2）蚕丝的主要组成物质及其耐酸、碱性。蚕丝的主要组成物质是丝朊，也是一种蛋白质，所以与羊毛纤维相似，但耐酸性较羊毛差，是较耐弱酸而不耐碱。

（3）蚕丝的长度和细度。一个茧子上的蚕丝长度可达数百米至上千米。蚕丝的细度按我国法定计量单位应用特克斯（tex）来表示，但目前习惯仍以旦尼尔（D）来表示。桑蚕丝的细度为 2.5 ～ 3.5 旦。经脱胶后的单根丝素纤度小于茧丝的一半。生丝的细度则根据茧丝旦数和缫丝时茧的粒数而定，有 20/22 旦、50/70 旦等。

（4）蚕丝的吸湿性。桑蚕丝的吸湿能力大于棉而小于羊毛，在温度为 20℃，相对湿度为 65% 的条件下，回潮率为 11% 左右。

（5）蚕丝的拉伸性能。桑蚕丝的强度大于羊毛纤维而接近于棉纤维，单位纤度的强力可达 2.5 ～ 3.5cN/ 旦，断裂长度为 22 ～ 31km。桑蚕丝的断裂伸长小于羊毛而大于棉，其断裂伸长率为 15% ～ 25%。桑蚕丝的弹性恢复能力也小于羊毛，而优于棉。

（6）蚕丝的光泽。蚕丝具有其他纤维所不能比拟的美丽光泽，优雅悦目。

二、化学纤维

天然纤维具有许多优点，但其数量不能满足人们日常生活的需要，价格也较贵，所以 19 世纪开始就有人研究化学纤维的生产，1884 年，法国人获得从硝酸纤维素（棉硝化）制取再生纤维的专利，在 1889 年的巴黎大博览会上展出并获得好评。1891 年开始商品化生产，接着 1901 年、1905 年、1920 年相继生产了铜氨纤维、黏胶纤维、醋酯纤维，化学纤维的新纪元开始于 20 世纪 30 年代末，主要是生产聚酰胺、聚酯、聚丙烯腈纤维及聚烯类纤维。

在以往几十年中已经发明了大约 100 种不同种类的化学纤维，它们生产的原料、生产方法以及它们的性能均不相同。但实际上大规模生产的只有很少的一些纤维。

化学纤维生产方面的专家们认为，在不久的将来，民用的化学纤维不会出现大量的新型纤维。化学纤维生产的目标是改进现有各种化学纤维品种的性能和它们的生产加工。

随着全球化纤生产进一步向中国转移，中国已经成为世界最大的化纤生产国，中国化纤产量占据全球总量的60%以上。化学纤维所用的原料和劳动力消耗不断降低；化学纤维的物理和力学性能不断地改善，保证了工业使用范围的扩大，而且它的某些性能是天然纤维无法获得的。

1. **化学纤维的分类**

（1）按高聚物的来源分。可分为再生纤维、合成纤维、无机纤维。

（2）按内部组成分。可分为聚酯纤维（涤纶）、聚酰胺纤维（锦纶）、聚丙烯腈纤维（腈纶）、聚丙烯纤维（丙纶）、聚乙烯醇纤维（维纶）、聚氯乙烯纤维（氯纶）。

（3）按形态结构分。

①按形态特征：长丝和短纤维。

②按截面形态和结构：异形纤维和复合纤维。

③按纤维粗细：粗特、细特、超细纤维等。

（4）按功能用途分。可分为普通纤维和特种纤维。

2. **化学纤维的特性**

（1）化学纤维的共性。

①细度、长度根据需要可人为控制，短纤维通常有棉型、中长型、毛型三种规格，这三种化纤的长度、细度如下：

化学短纤维
- 棉　型：30 ~ 40mm，1.3 ~ 1.8dtex
- 中长型：51 ~ 65mm，2.7 ~ 3.3dtex
- 毛　型：70 ~ 150mm，3.3 ~ 5.5dtex

②强度和断裂伸长率较大，且可通过不同的拉伸倍数来人为控制。例如，涤纶可根据控制不同的拉伸倍数形成三种不同强伸度类型的纤维，见表2–7。

表2–7　三种类型涤纶纤维的强度和断裂伸长率

内容＼类型	高强低伸	低强高伸	中强中伸（普通型）
强度（cN/tex）	49.5以上	40.5以下	介于两者之间
断裂伸长率（%）	25以下	35以上	介于两者之间

③光泽可控制，化学纤维光泽强且耀眼，特别是没有卷曲的长丝。使用不同折射率的消光剂控制纤维光泽，通过加入不同量的消光剂，可制得有光、消光（无光）、半消光（半无光）纤维。

④化学稳定性好，大多数化学纤维具有不霉不蛀，耐酸、碱性及耐气候性良好的优点。

⑤力学性能：化学纤维一般都有强度高、伸长能力大，弹性优良，耐磨性好，纤维的摩擦力大，抱合力小，容易起毛起球的特点。

⑥吸湿能力差，静电现象严重，织物易洗快干。

⑦特殊的热学性质，主要是指合成纤维，具有熔孔性、热收缩性及热塑性。

（2）黏胶纤维的主要特点。

①较耐酸而不耐碱，但耐酸、碱性均较棉差。

②密度与棉接近，为 1.50 ~ 1.52g/cm^3。

③吸湿能力为所有化纤中最佳的，在一般大气条件下回潮率可达 13%左右。吸湿后显著膨胀，制成的织物下水收缩大，发硬。

④强度小于棉，断裂伸长率大于棉。吸湿后强度明显下降，湿态强度约为干态强度的 50%左右。因此，黏胶纤维织物洗涤时不宜浸泡及用力搓洗。

⑤耐磨性、抗皱性及尺寸稳定性差。

⑥抗起毛起球性、耐热性、抗熔性好。

⑦染色性能良好，染色色谱全，能染出鲜艳的颜色。

（3）涤纶的主要特点。

①涤纶的耐酸、碱性均较好，它的耐酸性优于耐碱性。

②密度小于棉，略大于羊毛，为 1.39g/cm^3 左右。

③吸湿能力差，在一般大气条件下回潮率只有 0.4%左右，穿着有闷热感。静电现象严重，易吸附灰尘。

④强度、伸长能力大，弹性优良。

⑤耐磨性、抗皱性及尺寸稳定性好。

⑥抗起毛起球性、抗熔性差。

⑦耐热性优良，耐晒性也较好。

⑧染色性较差，一般染料难以染色。

（4）锦纶的主要特点。

①较耐碱而不耐酸。

②密度较小，为 1.14g/cm^3 左右。

③吸湿能力是常见合成纤维中较好的，在一般大气条件下回潮率可达 4.5%左右。

④强伸度大，弹性优良。

⑤耐磨性是所有常见纤维中最佳的，为棉的 10 倍，毛的 20 倍，黏胶的 50 倍。

⑥小负荷下容易变形，所以锦纶织物的保形性和硬挺性不及涤纶织物。

⑦耐热性、耐晒性较差，遇光时间长易变黄发脆。具有较大的热可塑性，在热的作用下可将纱线加工成不同种类的变形丝。

⑧抗起毛起球性、抗熔性差。

⑨染色性能较好。

（5）腈纶的主要特点。

①对酸、碱的稳定性较好。

②密度较小，为 1.14 ~ 1.17g/cm^3。

③吸湿能力比涤纶好，比锦纶差，在一般大气条件下回潮率为 2%左右。

④弹性回复率低于锦纶、涤纶和羊毛。

⑤耐磨性是合成纤维中较差的。

⑥蓬松性、保暖性很好，集合体的压缩弹性很高，约为羊毛、锦纶的 1.3 倍，有合成羊毛之称。

⑦耐日晒性特别优良，在常见纺织纤维中居首位。

⑧具有特殊的热收缩性，即将普通腈纶再一次热拉伸后骤冷，得到的纤维如果在松弛状态下受到高温处理会发生大幅度回缩。

（6）维纶的主要特点。

①较耐碱而不耐酸。

②密度为 1.21 ～ 1.30g/cm^3。

③吸湿能力为常见合成纤维中最佳的，在一般大气条件下回潮率可达 5%左右。

④强度大于棉，断裂伸长率和弹性大于棉而差于其他常见合成纤维。性能接近于棉，有合成棉花之称。

⑤耐热水性、耐晒性差，易老化。

⑤染色性能较差，染色色谱不全。

（7）氨纶的主要特点。

①耐酸、耐碱、耐汗、耐海水性能良好。

②密度为 1 ～ 1.3g/cm^3。

③吸湿性差，在一般大气条件下回潮率为 0.8% ～ 1%。

④强度是常见纺织纤维中最低的。

⑤具有高伸长、高弹性的特点，其断裂伸长率可达 480% ～ 700%。

三、新型纤维

随着科学技术的进步、消费水平的提高及环保意识的增强，人们越来越不满足于原有天然纤维及化学纤维的性能，而希望将两者合而为一，既希望有天然纤维的穿着舒适性，又希望有化学纤维的耐用性、洗可穿性等优点。人们通过不断开发新纤维种类及对天然纤维和化学纤维的物理、化学改性，使纤维具有美观性、舒适性、保健性、功能性、方便性等特性。

1. 新型棉纤维

（1）彩色棉花。彩色棉是采用现代生物工程技术培育出来的一种在棉花吐絮时纤维就具有天然色彩的新型纺织原料。自 20 世纪 70 年代开始进行彩色棉的遗传育种工作以来，已培育出浅蓝色、粉红色、浅黄色及浅褐色等颜色的彩色棉。利用彩色棉进行纺纱、织布，无需再进行染色加工，就可获得有色织物。由于这样对人类的生态环境不会造成污染，因此，人们把用彩色棉加工成的纺织品称为环保纺织品或绿色纺织品，而这种纺织品的应用是当今的时尚和潮流。

（2）转基因棉。转基因棉就是将外源基因转入棉花受体，并得到稳定的遗传性能，从而定向培育出的棉花。以生物技术为核心的棉花科技革命，正在使转基因棉成为棉花产业的发展方向，转基因抗虫棉以高产、方便管理、少施或不施农药等特征而使其种植面积日益扩大。采用杂交、转基因等现代生物工程培育出的天然彩色棉，以其生长以及后续加工过程的“零污染”而备受青睐。

（3）有机棉。有机棉就是不使用任何杀虫剂、化肥和转基因产品进行生产、加工，并经独立认证机构认证的原棉。因此，对有机棉的种植有如下非常特殊而严格的规定和要求。

①种植环境：在种植有机棉的200平方公里内无工业污染存在，土壤环境中无重金属离子、有害氰化物酸根离子。

②生产条件：有机棉种植中禁止使用化肥、农药、除草剂和人工合成的生长激素（调节剂）等。

2. 改性毛纤维

（1）表面变性羊毛。羊毛变性处理主要是使羊毛纤维直径能变细0.5 ~ 1μm，手感变得柔软、细腻，吸湿性、耐磨性、保温性、染色性能等均有提高，光泽变亮，这种羊毛又称为丝光羊毛和防缩羊毛。丝光羊毛与防缩羊毛同属一个家族，两者都是通过化学处理将羊毛的鳞片剥除，而丝光羊毛比防缩羊毛剥除鳞片更彻底，两种羊毛生产的毛纺产品均有防缩、机可洗效果，丝光羊毛的产品有丝般光泽，手感更滑糯，被誉为仿羊绒的羊毛。

（2）超卷曲羊毛。对于纺纱和产品风格而言，纤维卷曲是一项重要的性质。相当一部分的杂种毛、粗羊毛卷曲很少甚至没有卷曲。缺乏卷曲的羊毛纺纱性能相对较差，这种不足很大程度上限制了这些羊毛产品质量档次的提高。为此，希望通过对羊毛纤维外观卷曲形态的变化，改进羊毛及其产品的有关性能，使羊毛可纺性提高，可纺线密度降低，成纱品质更好，故其又称膨化羊毛。增加羊毛卷曲的方法可分为机械方法和化学方法两大类。

（3）拉细羊毛。拉细羊毛是纺织原料生产近几年来取得的重要成就之一。羊毛可纺线密度取决于羊毛细度，纺低线密度或超低线密度毛纱需要的细于18μm的羊毛仅澳大利亚能供应，但产量极少。鉴于这种情况，澳大利亚联邦工业与科学研究院（CSIRO）研制成功羊毛拉细技术，1998年投入工业化生产并在日本推广。拉细处理的羊毛长度伸长、细度变细约20%，如细度21μm羊毛经拉细处理可细化至17μm左右，19μm羊毛可拉细至16μm左右。拉细羊毛改变了羊毛纤维原有的卷曲弹性和低模量特征，提高了弹性模量、刚性，减小了直径，增加了光泽，提高了丝绸感，加之直径变小，可纺线密度变小，也适于生产更轻薄型接近丝绸的面料。

3. 改性麻纤维　采用生物酶处理的方法，使麻纤维变得柔软、光滑，穿着舒适，并具有一定的抗皱性能。

4. 改性丝纤维　在缫丝过程中用生丝膨化剂对蚕丝进行处理，使真丝具有良好的蓬松性。制成的织物柔软、丰满、挺括、不易折皱而且富有弹性。

5. 新型化学纤维

（1）差别化纤维。

差别化纤维就是利用对常规纤维进行物理、化学改性的手段而制造的具有某种特性和功能的纤维，其狭义的定义只是针对服用纤维而言，而广义的定义包括所有纤维制品的应用领域。比较常见的有超细纤维、异形纤维、复合纤维等。

①超细纤维：细度在 0.44dtex 以下的化学纤维，超细纤维产品具有较高的附加值，其面料手感细腻，柔软轻盈，具有很好的悬垂性、透气性和穿着舒适性。超细纤维多用于仿真丝、仿桃皮、仿麂皮、仿羽绒及高档过滤材料等高附加值与高新技术产品。

②异形纤维：用特殊形状喷丝孔纺制的非圆形截面或空心的化学纤维。常见异形纤维截面形状及喷丝孔如图 2-8 所示。不同截面形状的纤维可获得不同外观和手感，如三角形截面的纤维具有特殊的光泽，多角形的纤维具有较硬的手感，中空纤维具有较好的保暖性及蓬松性等。

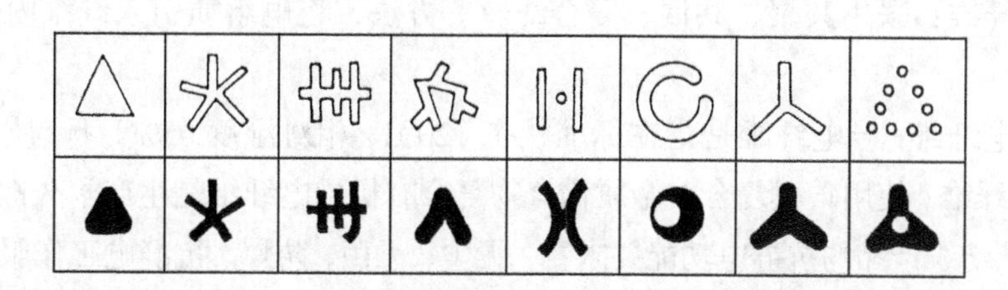

图 2-8　几种常见喷丝孔形状和异形纤维的截面形状

③复合纤维：由两种或两种以上不同组分（不同的聚合物；同种聚合物不同的熔点、不同的收缩性等）复合而成的纤维。两种组分的复合纤维常见的有并列型、皮芯型、海岛型以及多层型、放射型等，如图 2-9 所示。并列型若两组分的收缩性不同，可形成像羊毛纤维那样牢固的卷曲，其弹性和蓬松性亦与羊毛类似，有“人造羊毛”之称。皮芯型纤维可兼具两种纤维的优点，例如，以锦纶为皮，涤纶为芯的复合纤维，既具有锦纶染色性好、耐磨，又具有涤纶挺括、弹性优良的特点；若以网络构造的吸水聚合物为芯、聚酰胺为皮的皮芯型复合纤维，芯层具有较强的吸湿能力而表面保持干爽；若外层为熔点较低的聚乙烯，芯层为熔点较高的聚丙烯，经热处理后，外层部分熔融而起粘接作用。海岛型若将其中一组分溶解则可形成超细纤维或中空纤维。

（2）功能性纤维。

功能性纤维除具有纤维本身常规的性能外，还含有一些超常或对人类及环境有利的功能，如防火、防污、防臭、防蛀、防静电、防微波、防红外线、抗皱、抗起球、耐疲劳、高弹、高吸湿、导电、磁性、变色、形状记忆等。

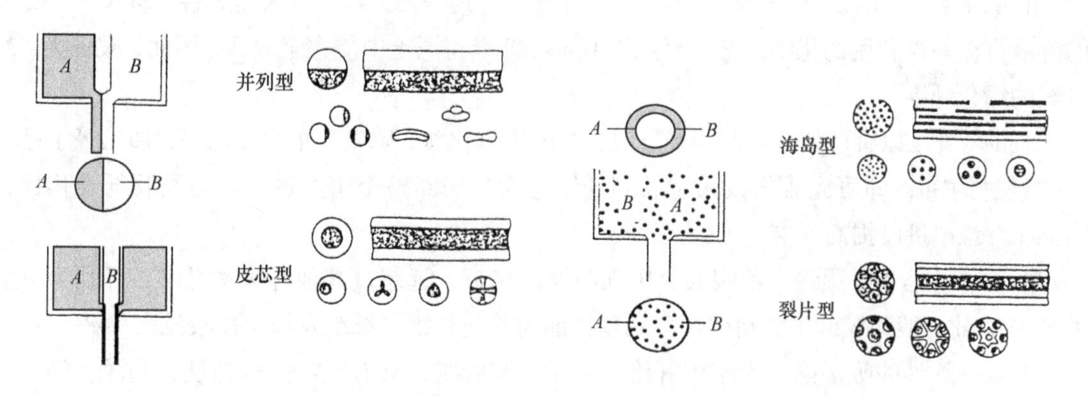

图 2-9　复合纤维类型及其构成示意图

①远红外保温保健纤维：以陶瓷粉末或钛元素等为红外剂添加到纤维中，使纤维产生远红外线，可渗透到人体皮肤深部，产生体感升温效果，起保温保健作用。

②香料纤维：皮芯层复合纤维的芯层掺有天然香精或用含有天然香料的染料处理天然纤维，形成抗菌、防臭、有香味的纤维。

③阻燃纤维：通过在成纤高聚物的合成过程中引入阻燃元素或纺丝液中加入阻燃剂等方法形成阻燃纤维。

④抗静电纤维：采用共聚、共混、复合纺丝等方法，将电解质引入纤维内，使纤维具有抗静电性。

⑤有机导电纤维：导电纤维是指在标准状态（20℃、相对湿度65%）下，质量比电阻小于 $10^8\Omega \cdot g/cm^2$ 的纤维。使用碳黑复合或金属化合物复合有机导电纤维是生产永久性抗静电纺织品的合理途径。从纺织产品的抗静电功能要求看，无尘、无菌、防爆、抗静电工作服等特殊功能纺织品需要采用碳黑复合（碳黑涂敷）高电导有机导电纤维；常规民用纺织品根据其色泽深浅、织物组织、导电纤维可否暴露等具体要求，可采用碳黑复合或金属化合物复合有机导电纤维。

⑥抗菌除臭纤维：是指通过纺丝得到抗菌纤维或普通纺织品经后整理获得的功能性纺织品。抗菌纤维主要是通过把抗菌剂渗入纺丝液中而制成。抗菌纤维在使用过程中抗菌剂会不断渗出至纤维表面，维持一定的浓度而具有良好的抗菌效果。抗菌防臭功能纺织品能杀灭或抑制与其接触的细菌等微生物，从而起到卫生防臭的效果。

（3）新品种纤维。

① PTT纤维：PTT是聚对苯二甲酸丙二酯（polytrimethylene terephthalate）的英文缩写。由1，3-丙二醇（PDO）和对苯二甲酸（TPA）经缩聚制成。它具有锦纶的柔软性且更好的色牢度、腈纶的蓬松性且有较好的耐磨性、涤纶的抗皱性且有很好的手感、氨纶的拉伸弹性且强度较大。把各种纤维的优良性能集于一体，成为当前国际上最新开发的热门高分子材料之一。因此，在不久的将来，PTT纤维将逐步替代涤纶和锦纶而成为21世纪新型纤维。

② Tencel（Lyocell）纤维：Tencel是1989年由英国考陶尔兹公司研制成功的第一个全新的无污染再生纤维，并给“Tencel”一个正式的学名“Lyocell”，“Tencel”是考陶尔兹公司独家注册的商标名。该公司于1993年批量生产Tencel纤维，并向全世界销售。

Tencel采用溶液纺丝法。所用溶剂是氧化胺，它是一种无毒、对人体无害、纺丝后98.5%的溶液可循环再利用的化学试剂，废弃的Tencel纤维在泥土中能完全分解，因此，被誉为“21世纪的绿色纤维”。

Tencel纤维以针叶树为原料，经预混、溶解于氧化胺、除杂、水中凝固、后加工等工序，只需经过约3h，即可完成从投入浆粕到纤维卷曲、切断整个生产过程。与黏胶纤维相比，Tencel纤维产量可提高6倍。

Tencel纤维干、湿强力都很大，干强与涤纶接近，远超过其他纤维素纤维，湿强为干强的85%，比一般黏胶纤维大得多。其物理性能与其他纤维素纤维及涤纶比较见表2-8。

Tencel纤维的吸湿能力大于棉纤维，小于黏胶纤维，具有良好的舒适性、光泽、染色性及生物降解性。

表2-8　Tencel与其他纤维素纤维及涤纶物理性能比较

项目 纤维	线密度 （tex）	强度 （cN/tex）	伸长率 （%）	湿态强度 （cN/tex）	湿态伸长率 （%）
Tencel	0.17	37.9 ~ 42.3	14 ~ 16	34.4 ~ 37.9	16 ~ 18
黏胶纤维	0.17	22.1 ~ 25.6	20 ~ 25	9.7 ~ 15.0	25 ~ 30
棉纤维	0.17	20.3 ~ 23.8	7 ~ 9	25.6 ~ 30.0	12 ~ 14
涤纶	0.17	39.7~66.2	25 ~ 30	37.9 ~ 64.4	25 ~ 30

Tencel纤维容易原纤化，原纤化后具有桃皮绒感，手感丰厚，富有弹力，既具有一定的悬垂性又挺括。

③牛奶纤维：牛奶纤维是一种再生蛋白质纤维，它是以奶蛋白为原料生产的新型环保纤维，其性能与蚕丝相近，手感光滑柔软，光泽优雅独特，触感轻滑舒适，能保持自然水分，也能迅速吸收和传递汗液，有良好的温湿度舒适性。

④甲壳质与壳聚糖纤维：甲壳质又称甲壳素、壳质、几丁质，是一种带正电荷的天然多糖高聚物。壳聚糖是甲壳质大分子脱去乙酰基的产物。一般来说，从虾、蟹壳中提取甲壳质比较方便，提取的甲壳质经脱盐、脱蛋白质和脱色等处理形成壳聚糖，再把它溶解在合适的溶剂中形成纺丝液，经纺丝及后加工制得甲壳质纤维。可纺制成长丝和短纤维两大类，长丝主要用于制成可吸收医用缝合线，短纤维经纺纱织制成各种规格的医用纱布。甲壳质与壳聚糖既具有与植物纤维素相似的结构，又具有类似人体骨胶原组织结构，这种双重结构赋予了它们极好的生物特性，具有消炎、止血、镇痛、抑菌、促进伤口愈合等作用，是医药领域不可多得的材料。用甲壳质、壳聚糖及其衍生物纤维制作的内衣裤，具有抑制微生物、菌类繁殖和吸臭功能。

⑤竹浆纤维：竹浆纤维是以山上毛竹为原料提取纤维素，通过采用与黏胶纤维相同的生产方法制取的纤维。竹浆纤维与黏胶纤维相比，具有湿强较大、抗菌、吸放湿速度快的特点。

⑥大豆纤维：化学名称为大豆蛋白复合纤维，是16% ~ 50%大豆蛋白与聚乙烯醇等通过接枝、共聚、共混生产的纤维，属我国原创发明。大豆蛋白纤维为天然金黄色，具有亲肤、吸湿排汗、负氧离子、远红外和抗紫外线功能；其拉伸性能、吸湿能力与蚕丝接近；具有羊绒的手感与外观，被誉为“植物羊绒”。

第三节　常见纺织纤维的鉴别

纤维是组成纺织品的基本单元，纺织品的各项性能与纤维性能密切相关，它直接影响到织物的外观、手感、加工工艺及产品价格。在纺、织、染、服装加工及消费者使用之前，都必须搞清楚纤维的成分，以便有的放矢。纤维鉴别有定性和定量两种，定性鉴别是确定纤维的种类，定量鉴别是确定纤维的比例。这里主要介绍纤维的定性鉴别，即纤维种类的鉴别。纤维品种繁多，因此，鉴别的方法也很多，有手感目测法、燃烧法、显微镜观察法、化学溶解法、药品着色法、熔点法等。具体鉴别时，可以将几种方法优化组合使用，使纤维鉴别既快速又准确。

一、手感目测法

这种方法最简便，不需要任何仪器，在任何时间、任何地方都可进行，但要求鉴定人员有丰富的经验。根据纤维的长度、细度、色泽、手感等特征来区分天然纤维和化学纤维、长丝和短纤维。

1. **观察纤维长度** 如果是长丝，则可能是天然纤维中的蚕丝及化学纤维中的黏胶长丝、涤纶长丝、锦纶长丝、丙纶长丝、天丝（即Tencel长丝）、氨纶长丝等，其中伸长能力很大的则是氨纶长丝。如果是短纤维，长度整齐的则是化学纤维中的黏胶、Tencel、涤纶、锦纶、腈纶、维纶等；长度不整齐的则是天然纤维中的棉、毛、麻，长度30mm左右的是棉、羊绒，较长的是苎麻；长度方向有卷曲的是羊毛。

2. **观察纤维细度** 较粗且不均匀的是麻纤维，其他纤维的细度均匀度凭目测很难区分。纤维细度很细的可能是超细纤维和天然纤维中的棉、蚕丝。

3. **观察纤维色泽** 棉纤维呈天然的乳白色（彩色棉花有各种颜色），羊毛纤维大多为土棕色，蚕丝光泽优雅，化学纤维一般为漂白色，黏胶纤维为微黄色或微蓝色。如果纤维制品已经过染整加工，则无法用此法来鉴别纤维。

4. **感觉纤维的手感** 此方法对形成织物后比较明显，单纯的纤维较难确定。手感柔软的可能是黏胶纤维、蚕丝或超细纤维等；手感较硬的是麻纤维、涤纶等。

二、燃烧法

燃烧法是一种简单而常用的方法，它与手感目测法相同，不需要借助仪器，只要有火种，在许多场合都可进行，所以不难掌握。燃烧时用镊子夹住一小束纤维，使其接近火焰，观察其在接近火焰、在火焰中及离开火焰三个过程中纤维是否熔融、燃烧速度及燃烧时产生的气味、燃烧后的灰烬等特征来鉴别纤维。几种常见纤维的燃烧特征见表2-9。

表2-9　常见纤维的燃烧特征

纤维名称	接近火焰	在火焰中	离开火焰	燃烧时的气味	燃烧后的残渣特征
棉	不缩不熔	迅速燃烧	继续燃烧	烧纸味	细丝松软状的灰黑色灰烬
麻	不缩不熔	迅速燃烧	继续燃烧	烧纸味	细丝松软的灰白色灰烬
毛	收缩不熔	较慢燃烧	不易延燃	毛发烧焦味	块状松脆的灰
丝	收缩不熔	较慢燃烧	不易延燃	毛发烧焦味	松脆的黑颗粒

续表

纤维名称	接近火焰	在火焰中	离开火焰	燃烧时的气味	燃烧后的残渣特征
黏胶纤维	不缩不熔	迅速燃烧	继续燃烧	烧纸味	细丝松软状的灰黑色灰烬
天丝（Tencel）	不缩不熔	迅速燃烧	继续燃烧	烧纸味	细丝松软状的灰烬
醋酯纤维	收缩熔融	先熔后烧	继续燃烧	醋味	较硬的黑块
大豆蛋白纤维	收缩熔融	先熔后烧	继续燃烧	烧豆渣味	块状松脆颗粒
牛奶丝	收缩不熔	较慢燃烧	不易延燃	毛发烧焦味	块状松脆的灰
涤纶	收缩熔融	先熔后烧	继续燃烧	特殊的芳香味	较硬的黑球
锦纶	收缩熔融	先熔后烧	继续燃烧	氨臭味	较硬的黑褐色球
腈纶	收缩熔融	先熔后烧，速度较快	继续燃烧	辛辣味	黑色不规则小球
氨纶	收缩熔融	先熔后烧	不易延燃	臭味	黑胶状
维纶	收缩熔融	先熔后烧	继续燃烧	特殊甜味	黑色不规则硬球
丙纶	缓慢收缩	先熔后烧	继续燃烧，有蜡状溶液滴下	烧石蜡味	黄褐色硬球
氯纶	收缩熔融	先熔后烧、燃烧火焰很低	自行熄灭	刺鼻气味	黑色不规则硬球
碳纤维	不缩不熔	呈烧铁丝状	不燃烧	略有辛辣味	原纤维

三、显微镜观察法

各种纤维都有其纵、横截面形态特征，绝大多数纤维的纵、横截面形态特征是不相同的，尤其是天然纤维，如棉纤维有其独一无二的天然转曲，毛纤维有鳞片，麻纤维有横节等。因此，可以借助显微镜观察纤维的纵、截面形态来区分各种纤维。如图 2-10 所示，是在显微镜下观察到几种常见纤维的纵、横截面图。

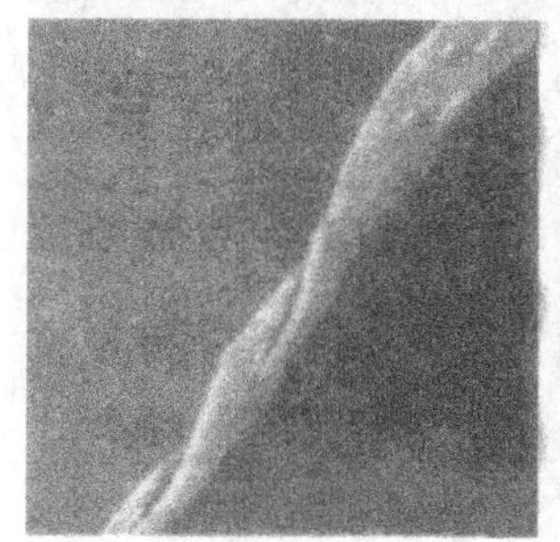
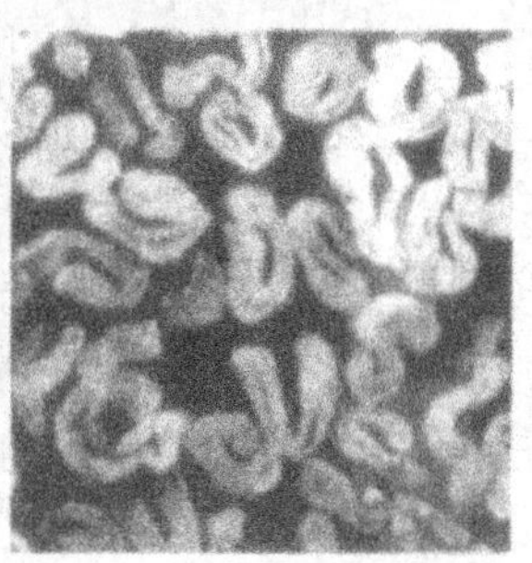

(a) 棉

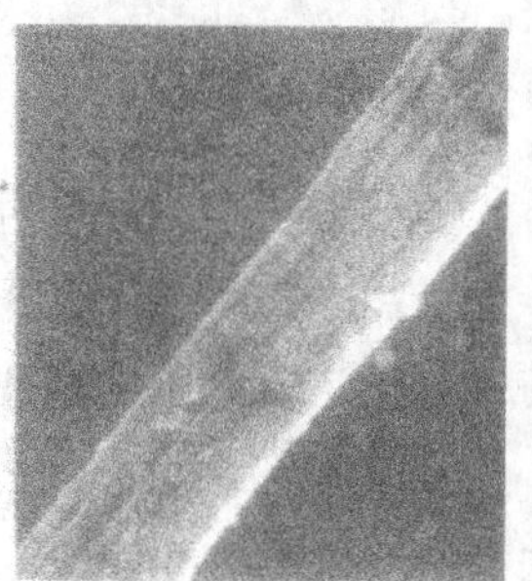
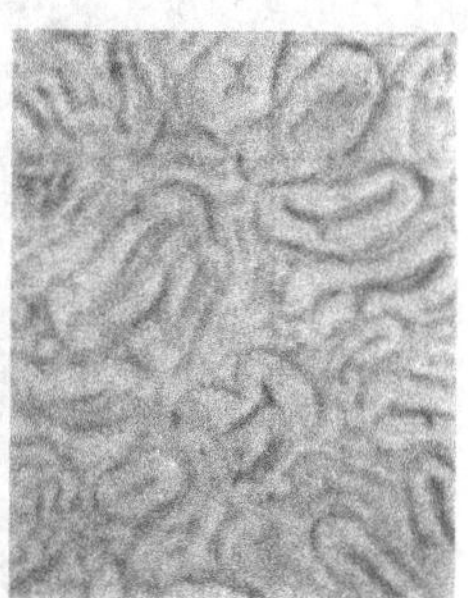

(b) 苎麻

图 2-10

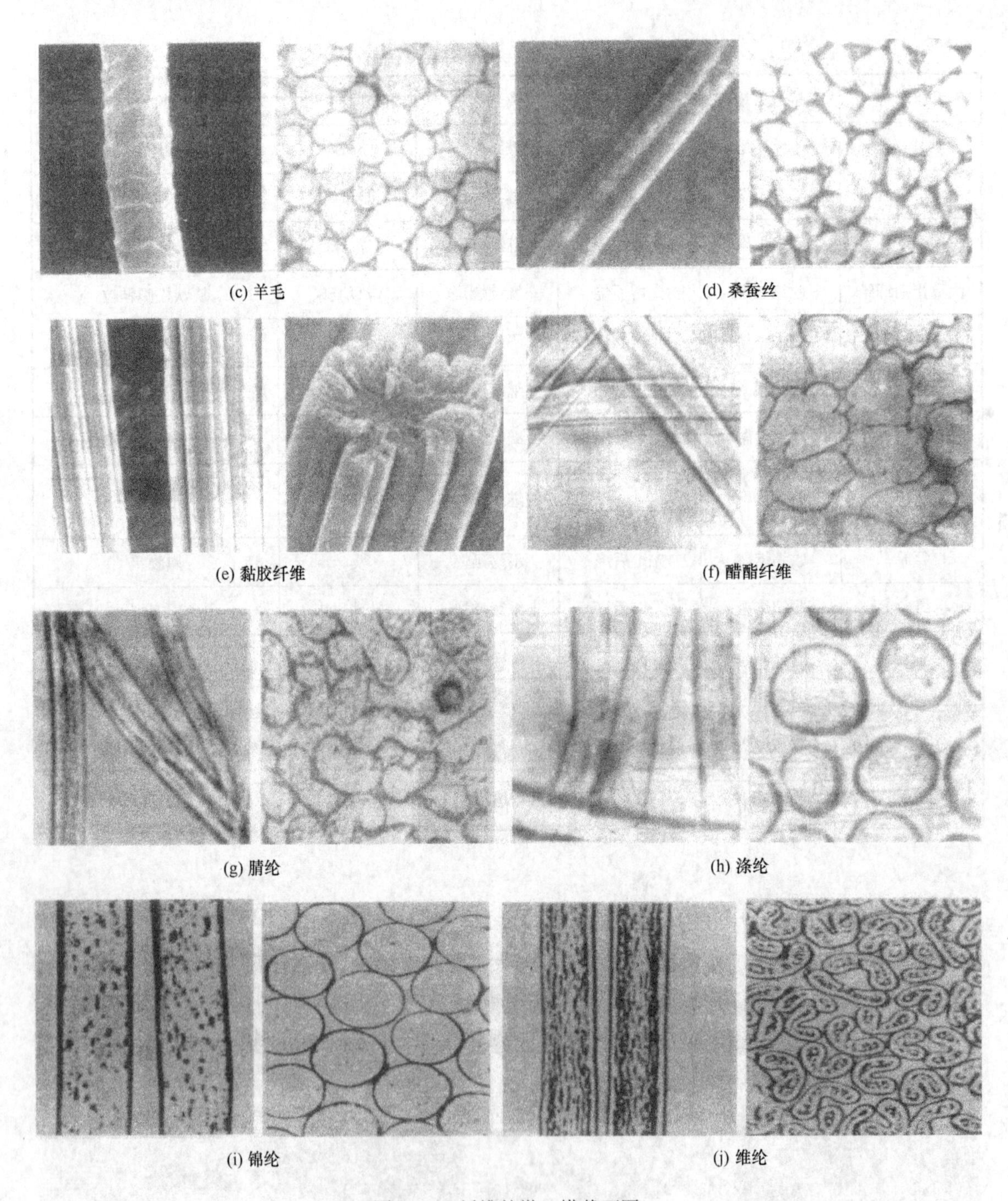

图 2-10　纤维的纵、横截面图

几种常见纤维的纵、横截面形态见表 2-10。

四、化学溶解法

化学溶解法是根据各种纤维的化学组成不同以及在各种化学溶液中的溶解性能各异的原理来鉴别纤维的。它适用于各种纺织材料，包括已染色的和混合成分的纤维、纱线和织物。

对单一成分的纤维，将纤维放在试管中，滴入相应的化学试剂，观察其溶解情况；对混合纤维，则可将纤维放在载玻片上，滴入溶剂，直接在显微镜中观察纤维的溶解情况。各种纤维的溶解性能见表2-11。

表2-10　几种常见纤维的纵、横截面形态

纤维名称	纵向形态	横截面形态
棉	呈扭曲带状，有天然转曲	腰圆形，有中腔
苎麻	有横节、竖纹	腰圆形，有中腔，有裂纹
亚麻	有横节、竖纹	多角形，中腔较小
羊毛	有鳞片	圆形或近似圆形，有些有髓质层
丝	平滑	茧丝为椭圆形、熟丝为角圆三角形
普通黏胶纤维	平滑、有1～2根沟槽	不规则锯齿形、有皮芯结构
富强纤维	有横节、竖纹	较少锯齿形或圆形
涤纶、锦纶、丙纶、氯纶	平滑	圆形
腈纶	平滑或1～2根沟槽	圆形或哑铃形
维纶	有条纹	腰圆形，有皮芯结构
天丝（Tencel）	平滑	规整的圆形

表2-11　各种纤维的溶解性能

纤维种类	20%盐酸（24℃）	37%盐酸（24℃）	75%硫酸（24℃）	5%氢氧化钠（煮沸）	85%甲酸（24℃）	冰醋酸（24℃）	间甲酚（24℃）	二甲基甲酰胺（24℃）	二甲苯（24℃）
棉	I	I	S	I	I	I	I	I	I
羊毛	I	I	I	S	I	I	I	I	I
蚕丝	I	S	S	S	I	I	I	I	I
麻	I	I	S	I	I	I	I	I	I
黏胶纤维	I	S	S	I	I	I	I	I	I
醋酯纤维	S	S	S	SS	S	S	S	S	I
涤纶	I	I	I	I	I	I	S_1	I	I
锦纶	S	S	S	I	S	I	S	I	I
腈纶	I	I	SS	I	I	I	I	S_1	I
维纶	S	S	S	I	S	I	S_1	I	I
丙纶	I	I	I	I	I	I	I	I	S
氯纶	I	I	I	I	I	I	I	S	I
氨纶	I	I	I	I	I	I	S	S_1	I

注　I—不溶，S—溶解，SS—微溶，S_1—93℃溶解。

由于溶剂的浓度和温度对纤维溶解性能有较明显的影响，在用溶解法鉴别纤维时，应注意控制试验条件，按规定条件进行，其结果才可靠。

五、药品着色法

药品着色法是根据各种纤维的化学组成不同，对各种化学药品的着色性能不同来鉴别纤维，此法只适用于未染色产品。

常用的药品着色剂有碘—碘化钾饱和溶液和锡莱着色剂 A，最近又有 1# 着色剂、4# 着色剂和 HI 着色剂等若干种。常见纤维的着色反应见表 2-12。

表2-12　常见纤维的着色反应

纤维名称	碘—碘化钾饱和溶液	锡莱着色剂A	HI着色剂	1#着色剂	4#着色剂
棉	不着色	蓝色	灰色	蓝色	红青莲
羊毛	浅黄	鲜黄	红莲	棕色	灰棕色
蚕丝	浅黄	褐色	深紫	棕色	灰棕色
麻	不着色	紫蓝（亚麻）	青莲	蓝色	红青莲
黏胶纤维	黑蓝青	紫红	绿色	蓝色	红青莲
醋酯纤维	黄褐色	绿黄	橘红	橘红	绿色
涤纶	不着色	微红	红玉	黄色	红玉色
锦纶	黑褐色	淡黄	绛红	绿色	棕色
腈纶	褐色	微红	桃红	红色	蓝色
维纶	蓝灰	褐色	玫红	—	—
丙纶	不着色	不着色	鹅黄	—	—
氯纶	不着色	不着色	—	—	—

注　1．碘—碘化钾饱和溶液：将20g碘溶解于100mL的碘化钾饱和溶液中配制成的，试验时，将纤维浸入溶液中30～60s，然后放在水中充分冲洗干净。

2．1#着色剂：3g分散黄，2g阳离子红，8g直接耐晒蓝，1000g蒸馏水。

3．4#着色剂：3g分散黄，2.5g阳离子蓝，3.5g直接桃红，1000g蒸馏水。

六、熔点法

根据合成纤维的熔融特性，在化纤熔点仪或附有加热及测温装置的偏振光显微镜下观察大多数纤维熔化时的温度，从而鉴别纤维。大多数的合成纤维不像纯晶体那样有确切的熔点，但有个固定的范围，几种化学纤维的熔点见表 2-13。此方法一般不单独使用，而是在初步鉴别之后作为证实辅助手段。

表2-13　几种化学纤维的熔点

纤维名称	熔点范围（℃）	纤维名称	熔点范围（℃）	纤维名称	熔点范围（℃）
涤纶	255～260	维纶	245～239	锦纶11	182～220
锦纶6	215～224	氨纶	228～234	锦纶12	179
锦纶66	250～258	氯纶	200～210	锦纶610	215～233
腈纶	不明显	二醋酯纤维	260	乙纶	125～135
丙纶	165～173	三醋酯纤维	300	氟纶	320～330

思考题

1．纺织纤维必须具有的物理、化学、热能性能包括哪些？

2．天然纤维、化学纤维的定义是什么？

3．纺织纤维基本的性能有哪些？各自有哪些指标？

4．羊毛纤维有什么特有性质？

5．棉纤维、麻纤维、羊毛、蚕丝的主要组成物质是什么？耐酸、碱性如何？

6．化学纤维按高聚物的来源分及按内部结构分，可分为哪些？

7．化学纤维有哪些共性？

8．超细纤维、异形纤维、复合纤维的定义是什么？

9．鉴别纤维的种类有哪些方法？

第三章 纺纱技术

本章知识点

1. 纺纱基本原理及棉纺、毛纺、麻纺、绢纺工艺流程。
2. 四大纺纱系统原料的初加工、选配混合和开松、除杂、梳理。
3. 纱条的均匀、并合、牵伸、加捻与卷绕。
4. 几种新型的纺纱方法。
5. 纱线的细度、捻度和强度。

第一节 纺纱生产概述

由纺织纤维构成的细而柔软并具有一定力学性质的连续长条统称为纱线。它们可以由单根或多根连续长丝组成，或由许多根不连续的短纤维组成。纱线实际是纱与线的总称。

纺纱过程就是以各种纺织纤维为原料，通过纤维的集合、牵伸、加捻而纺成纱线，以供织造使用。因采用的纤维种类不同，其生产设备、生产流程也有所不同，从而分为棉纺、毛纺、麻纺和绢纺四大纺纱工程。各种纺纱工程可根据不同的纤维原料、工艺流程分成若干纺纱系统，如棉纺工程的粗（普）梳系统、精梳系统、废纺系统，毛纺工程的粗梳毛纺系统、精梳毛纺系统、半精梳毛纺系统，麻纺工程的苎麻纺纱系统、亚麻（湿）纺纱系统、黄麻纺纱系统，绢纺工程的绢丝纺系统、䌷纺系统等。

一、纺纱基本原理及其作用过程

1. *纺纱基本原理* 各种纺纱工程和不同的纺纱系统，所选用的机械设备和工艺流程有很大差异，具有自己独立的特点，但其纺纱的基本原理（作用）是一致的，一般都需要经过开松、梳理、牵伸、加捻等基本过程，如图 3–1 所示。

纺纱厂使用的纤维原料多数以压紧包的形式运送到工厂，纤维原料是杂乱无章的块状集合体。纺纱加工中，需要先把压紧包中的纤维原料中间原有的局部横向联系（纤维间的交错、

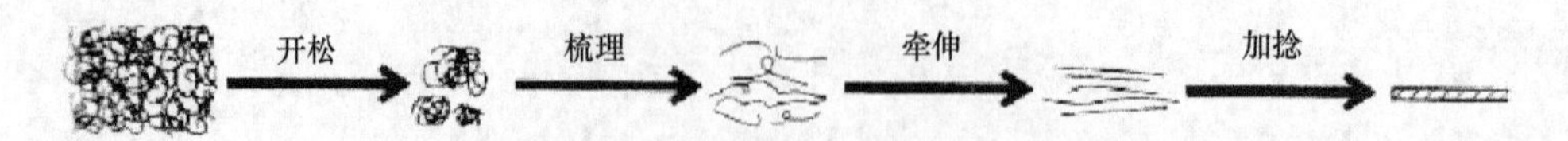

图 3–1 纺纱的基本作用过程

纠结）彻底解除（这个过程称为“松解”），并牢固建立首尾衔接的纵向联系（这个过程称为“集合”），纺成纱线。现代纺纱技术中，松解和集合都不能一次完成，需要经过开松、梳理、牵伸和加捻四个步骤或作用。

2. **纺纱作用过程**　如图3–1所示的纺纱基本作用过程是能否成纱的决定性步骤，在纺纱加工中是不可缺少的，而实际的纺纱加工中，为了能获得较高质量的纱线，往往还需要有各种步骤或作用（除杂、混合、精梳、并合、卷绕等）的共同配合。

一个完整的成纱作用，可分为几个部分的综合作用，如图3–2所示。

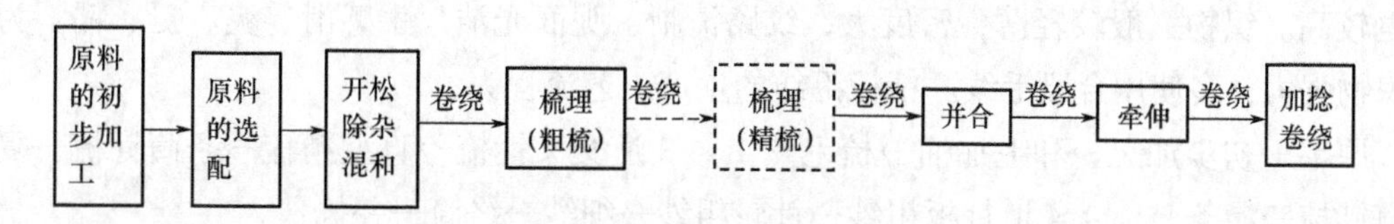

图3–2　纺纱的完整作用过程

二、棉纺纺纱系统

棉织物服用性能良好，价格低廉，且棉纺工序比较简单，故在纺织工业中占首要地位。在实际生产中，棉纺厂的进厂原料是经过初加工的棉包，纺纱时应根据不同的原料和不同的成纱要求来确定纺纱系统。棉纺加工一般有粗梳（普梳）系统和精梳系统，各系统工艺流程如下。

1. **纯棉纺纱**

（1）粗梳系统。粗梳系统也称普梳系统，一般用于纺制中、低特纱，也可用于纯化纤纺纱，供织造普通织物用，其工艺流程为：

配棉与混棉→开清棉→梳棉→并条（头道）→并条（二道）→粗纱→细纱

（2）精梳系统。用于纺制高档产品，其工艺流程为：

配棉与混棉→开清棉→梳棉→精梳准备→精梳→并条（头道）→并条（二道）→粗纱→细纱

2. **棉与棉型化纤混纺**　以涤棉混纺纱为例，其工艺流程为：

棉：开清棉→梳棉→精梳准备→精梳
涤：开清棉→梳棉→化纤纯并
→混并一→混并二→混并三→混并四→粗纱→细纱

三、毛纺纺纱系统

毛型纱线所用的原料是羊毛、羊绒和毛型化学纤维。根据产品要求及加工工艺的不同，毛纺可分为粗梳毛纺和精梳毛纺两大系统。粗纺毛纱和精纺毛纱在特性和加工工艺过程上都存在较大的差异。其纱线特性和加工工艺过程如下。

1. **粗梳毛纺系统**　粗纺毛纱线密度较高，一般在50tex以上（20公支以下），细毛呢多用62.5 ~ 111tex（9 ~ 16公支）的毛纱，粗毛呢多用125 ~ 333.3tex（3 ~ 8公支）的毛纱，毛毯一般用333.3tex（3公支）左右的毛纱。选用的原料差，毛纱内纤维排列较乱，表面有毛茸，捻度低，强力较差。织成的织物厚实，单位面积质量大，绝大部分不显纹路，表面覆盖一层茸毛，手感丰满，弹性好，保暖性强。粗梳毛纺的生产工艺流程为：

原毛→初步加工→和毛加油→梳毛→细纱

2. **精梳毛纺系统** 精梳毛纱对原料要求较高，多为同质毛，品质支数在60支以上，长度在60mm以上，且长度和细度的均匀度要好，光泽要好，一般不掺用回用原料。毛纱线密度通常为13.9 ~ 50tex（20 ~ 72公支），纱内纤维较平顺，伸直度好，成纱表面较光洁，强力也较高。织物一般较轻薄，密度大，纹路清晰，呢面光洁，手感滑、爽、挺、糯。为了保证织物强力，多使用合股毛线。精梳毛纺的生产工艺流程为：

原毛→初步加工→和毛加油→梳毛→1 ~ 3道交叉针梳→直型精梳→条筒针梳→复洗→末道针梳→混条→1 ~ 4道针板粗纱→针轮粗纱→细纱→络筒→并捻

四、麻纺纺纱系统

麻纤维种类较多，按照纤维原料、所用设备及工艺特征主要分为苎麻纺纱、亚麻纺纱和黄麻纺纱三种系统。这里着重介绍苎麻纺纱系统和亚麻纺纱系统。

1. **苎麻纺纱** 苎麻纺纱使用的原料为经过初步加工的苎麻精干麻，其纺纱工艺流程为：

精干麻→机械软麻→给湿加油→分磅→堆仓→开松→梳麻→精梳前准备→精梳→并条→粗纱→细纱→并捻→苎麻纱线

2. **亚麻纺纱** 亚麻纺纱使用的原料是亚麻打成麻。亚麻打成麻是亚麻韧皮层经初加工得到，以束纤维状态存在，其长度很长但较粗，中间还含有麻屑等杂质。打成麻还需经过带有针帘的栉梳机的梳理，将束纤维劈细，并使纤维伸直平行，同时清除麻屑、杂质和疵点，获得由束状平行长纤维构成的梳成麻（亚麻工艺纤维）和一部分短麻。由于梳成麻和短麻的长度与状态差异较大，必须采用不同的纺纱系统分别纺纱。加工梳成麻的叫长麻纺纱系统，加工短麻的叫短麻纺纱系统。其工艺流程为：

亚麻打成麻→手工初梳→梳麻→（栉梳）
- →梳成麻→手工整梳→给乳堆放→成条→并条→粗纱→细纱（长麻纺）
- →短麻→开清混合→给乳堆放→梳麻→并条→粗纱→细纱（短麻纺）

五、绢纺纺纱系统

绢纺使用的原料是不能缫丝的疵茧和废丝，经初步加工后得到的精干绵按一定的长度切断，再纺成绢丝。绢丝仍具有优雅的光泽、良好的吸湿性能，是高级的纺织原料。其纺纱工艺过程可分为制绵、前纺和后纺三部分。

1. **制绵** 其工艺流程为：

精干绵→配绵给湿→开绵→切绵→圆梳梳绵（2 ~ 3道）→精梳绵

2. **前纺**　其工艺流程为：

精梳绵→配绵→延展（2 道）→制条→并条（2 ~ 3 道）→延展→粗纱

3. **后纺**　其工艺流程为：

粗纱→细纱→并捻→整丝→烧毛→成品绢丝

第二节　纺织原料的初步加工

纺织用原料，无论是天然纤维还是化学纤维，都含有不同类型的杂质、油脂和疵点，需要分离和清除。根据原料的不同，原料的初步加工也要采用不同的加工方法。

一、棉纤维的初步加工

棉花的初步加工通常称为轧花，也可称轧棉，轧棉的主要任务是把棉籽上生长着的纤维与棉籽分离开。轧下来的棉纤维称作皮棉或原棉，它是纺纱厂的主要原料。100kg 籽棉可以轧出 30 ~ 40kg 的原棉。轧棉后产生的棉短绒可以纺粗特纱或加工絮棉，或作生产再生纤维素纤维的原料。

轧棉质量对纺纱工艺、生产成本和成纱质量有很大影响。对轧棉的基本要求是：充分保护棉纤维原有的品质特性，防止意外损伤；清除纤维中混入的杂质；按不同品种和等级，分别打包、编批。

根据轧棉机的工作原理及用途不同，轧棉可分为皮辊轧棉和锯齿轧棉两种类型。用皮辊轧棉机加工的原棉称为皮辊棉，其作用比较缓和，不易轧断纤维，但加工效率较低，适合加工长绒棉、留种棉或成熟度较低的原棉。用锯齿轧棉机加工的原棉称为锯齿棉，其加工效率比较高，由于锯齿的转动速度很高，所以容易切断纤维，产生棉结和索丝等疵点，适合加工细绒棉。锯齿轧棉机较为先进，在我国已大量使用。

经过轧棉机加工后得到的皮棉是松散的，为了便于储存和运输，必须按规定的要求打包。对棉包密度的要求：锯齿棉不低于 330kg/m^3；皮辊棉不低于 350kg/m^3。对棉包质量及体积的要求为棉包质量应达到 75 ~ 90kg，最高不超过 100kg；体积一般不大于 0.25m^3；各棉包质量及体积应一致。

轧棉厂出厂的棉包上印有厂名、唛头、包重等标识。棉包唛头的标注，我国多以原棉的品级和手扯长度组成以数字表示的品级—长度代号。唛头第一个数字表示原棉的品级；第二个和第三个数字表示原棉的手扯长度（mm）；锯齿棉在三个数字上方加锯齿线，不加锯齿线的表示是皮辊棉。

二、羊毛的初步加工

从绵羊身上剪下的羊毛通常称为原毛。原毛中含有羊毛脂、汗渍以及各种杂质。羊毛初步加工的任务是按照羊毛的品质进行分类，采用化学和机械的方法，除去羊毛脂、汗渍和杂质，使原毛成为纺纱生产所需要的原料。羊毛初步加工的内容包括选毛、开毛、除杂、洗毛、烘干和炭化去草等。

羊毛的品质随绵羊的品种、养羊地区的气候条件以及饲养条件的不同而不同，即使在同一只羊身上，不同部位的羊毛，品质也不相同。为了合理使用原料，根据工业用毛分级标准和产品的需要，将进厂的套毛的不同部位或不同品质的散毛，用人工分选成不同的品级，这一工作称为选毛。羊毛的线密度是评定羊毛品质的重要指标，也是羊毛分级的主要依据。同质毛通常按品质支数分为四档，即70支、66支、64支、60支；异质毛或土种毛通常按级别分级，称级数毛，级数毛可分为一级、二级、三级、四级、五级，共五档。

拣选后的原毛多为块状，纤维间联系较紧，其中夹有大量杂质。如将选后原毛直接送洗，不但在洗涤中要消耗过多的洗剂，而且不易洗净，难以达到松散、洁白的要求。所以将羊毛利用机械的方法松解，除去大量的尘土杂质，给洗毛创造有利的条件。

原毛的含杂情况比较复杂，不同类型杂质的性质差异很大。为了除去原毛中的含杂，必须根据杂质的性状及性质，利用机械和化学相结合的方法，洗去羊毛上的油脂、羊汗、污垢、杂质，从而获得松散洁白的毛纤维。洗毛一般采用乳化洗毛方法，即通过乳化剂（属表面活性剂）的作用，并结合机械作用，洗去原毛中的各类杂质，但有些植物性杂质和沥青难以去除。

从洗毛机输出的洗净毛，一般含有40%左右的水分，故洗净毛还需经烘毛工序。烘毛是利用热空气除去羊毛中的水分，烘干毛出机回潮率一般可控制在16% ±3%的范围内。

羊在草原放牧中常黏附各种草籽、草叶等植物性杂质，有的比较容易分离，经过开毛、洗涤加工，这部分杂质绝大多数被除去。但是，有一部分草杂与羊毛紧紧地纠结在一起，不但开毛不能将它除去，梳毛也难以将它除尽，因此在纺纱前还必须用机械和化学方法进一步的除杂加工。通常，用化学去草法除杂，也称炭化去草。炭化的原理是利用羊毛耐酸而植物性杂质不耐酸的特点，使含草净毛通过酸液，然后经烘干、烘焙，草杂变为易碎的炭质，再经机械搓压打击，并利用外力使其与羊毛分离。去过草的羊毛经中和作用去掉过多的酸，再经烘干成为炭化净毛。

三、麻纤维的初步加工

麻纤维种类很多，主要有苎麻、亚麻、黄麻、红麻、剑麻等。但用于制作成服装的主要还是苎麻和亚麻。在苎麻原麻中含有70%左右的纤维素（纤维），其余30%左右为胶质，纤维被胶质黏着在一起。胶质中又含有半纤维素、果胶、木质素、水溶性物质、脂蜡质及灰分等物质。苎麻的初步加工通常称为脱胶，脱胶的任务是全部脱去原麻中的胶质，从而获得苎麻单纤维（精干麻）。

苎麻脱胶有化学脱胶法（碱煮法）和微生物脱胶法。一般采用机械和化学相结合的方法进行脱胶。脱胶的过程为：

原麻→碱煮练→敲麻→冲洗→开纤→酸洗→漂白精练→给油→烘干→精干麻

1. **碱煮练**　碱煮练是利用NaOH溶液进行煮练，使苎麻韧皮上的果胶蓬润，部分脱落。

2. **敲麻、冲洗、开纤**　敲麻、冲洗、开纤是利用机械的打击力量，加以高压水流的冲洗，将已被碱液所破坏的胶质从纤维表面上清除出去，并使纤维与纤维间有所分开。

3. **酸洗** 在稀硫酸溶液中漂洗7～8次，然后用水反复冲洗。目的是中和残留在纤维上的残碱，除去被纤维吸附的有色物质，使纤维色泽洁白、松软。

4. **漂白** 用含有效氯0.5～1.0g/L的漂白粉溶液在室温条件下漂白，改善纤维的亲水性和润湿性，提高纤维洁白度和柔软度。

5. **精练** 在稀碱液中常压煮练2～4h，再焖放2～4h，提高纤维的松散性、柔软度和洁白度，进一步去除胶质。

6. **给油** 将麻纤维浸泡在油乳化液中，使油分子吸附在纤维表面，使纤维柔软和松散，改善脱胶带来的纤维表面粗糙现象。

7. **烘干** 通过烘干，使苎麻纤维的回潮率控制在7%～8%。

四、绢纺原料的初步加工

养蚕、制丝和丝织业中剔除的疵茧、废丝是绢纺生产的主要原料。由于绢纺原料来源广泛、种类繁多、质量差异较大、含杂较多，而且丝素（纤维）被丝胶粘在一起，因此，绢纺原料的初步加工方式是精练。精练的任务是对绢纺原料进行选择、开松除杂；除去绢纺原料上大部分丝胶和油脂，使纤维胶着点分开；除去黏附在原料上的尘土等杂质，制成较为洁净、蓬松的精干绵。绢纺原料的精炼包括精练前处理、精练和精练后处理三道工序。

1. **精练前处理**

（1）原料选别。根据绢纺原料的品种、含胶量轻重、含油量高低、茧层厚薄、色泽好次、霉烂程度、含杂多少及纤维强力等品质对原料进行分档。

（2）原料扯松与除杂。在绢纺原料选别的同时，对缠结较紧的原料进行扯松，把大块原料适当扯成小块，并用手工、机械或化学方法除杂。

2. **精练** 精练要求除去绢纺原料上大部分丝胶和油脂、蜡质、无机物以及其他一些杂质。根据处理药剂及方法的不同，可分为化学精练和生物酶精练两种。

（1）化学精练。利用化学药剂（一般为皂碱精练液），在一定的温度、pH条件下，使丝胶溶解、水解，从而达到脱胶、去脂的目的。

（2）生物酶精练。利用生物酶（蛋白质）专一而高效的催化效率，将丝胶蛋白质水解成可溶性的氨基酸，从而使丝胶从丝素上剥除。

3. **精练后处理**

（1）洗涤。精练好的绢纺原料先用温水洗涤，再用冷水冲洗，去除残留的精练液和浮渣等杂质。

（2）脱水。洗涤后的绢纺原料带有大量水分，原料在烘干前必须先脱水，以提高烘干效率，节约能源。脱水后的原料含有40%～50%的水分。

（3）干燥。脱水后的绢纺原料仍比较潮湿，绢纺厂多用热风式干燥设备对其进行干燥处理。烘干后的精练绢纺原料的回潮率一般控制在6%～8%。

第三节　原料的选配与混合

原料的选配与混合就是在纺纱之前，对不同品种、等级、性能和价格的纤维原料进行选择，按一定比例搭配使用，混合成质量一定的混合原料，以确保同一批号纱线质量的长期稳定。原料合理的搭配使用，有利于保持生产的连续进行和成纱质量的长期稳定，有利于节约原料和降低成本。

一、配棉与混棉

1. **配棉**　棉纺厂一般不采用单一唛头的原棉纺纱，而是根据实际要求将几种唛头的原棉相互搭配后使用，做到不同性质的原棉相互搭配、优势互补，从而节约用棉和降低成本。配棉的方法有人工分类排队法和计算机配棉法。对于天然彩棉纺纱和色纺纱，还要考虑不同色彩的搭配。

2. **混棉**　混棉就是确保混合棉中的各种成分，在纺纱时混合均匀，以提高成纱的条干均匀度和强力均匀度。混棉的方法主要有棉包混合、棉条混合以及小量混合三种。生产中应根据原料的性质，合理选取混棉方法。纯纺时多采用棉包混合；性状差异较大的混纺原料一般采用棉条混合。

二、和毛加油

无论粗纺或精纺毛纱，也很少是单一原料制成的，而是几种原料互相搭配使用。和毛的目的与棉纺生产中的配棉、混棉目的相同，都是为了合理使用原料，确保同一批次纱线质量的长期稳定。但在和毛过程中需加入适量的和毛油，以增加其柔软性、延伸性和润滑性，降低羊毛表面摩擦因数，减少和消除静电，使梳理和牵伸得以顺利进行。

和毛的方法有散毛混合和毛条混合两种。粗梳毛纺采取散毛混合，一般为铺层混合，多次进行，充分混合；精梳毛纺既要散毛混合，也要毛条混合，且以毛条混合为主。和毛是在和毛机上进行，对混合原料进行开松、混合、除杂，并在和毛时加油。

和毛油的组成为油、乳化剂及水。乳化剂的作用是使油加速变成极微小的液滴，并均匀分散在水中形成乳化液。这样可使油均匀地黏附在纤维上，并增加混料的回潮率。

羊毛与合成纤维混纺时，由于合成纤维的质量电阻率大，吸湿小，导电性差，在加工中易集聚静电。目前毛纺厂消除静电的方法除采用静电消除器外，增加纤维的回潮率，以提高其导电性能，以及在和毛油中加入抗静电油剂。

三、配麻与混麻

1. **苎麻纺原料的选配与混合**　苎麻纺原料的选配以单纤维线密度为主、结合长度进行选配。线密度小、长度长的纤维纺制细特纱，生产轻薄型织物；中等线密度的纤维用于中档织物；粗纤维用于工业用线和粗厚织物。

2. **亚麻纺原料的选配与混合** 亚麻纺原料以梳成麻的号数为选用标准。纺线密度低的纱，应选用梳成麻号数高、分裂度高、线密度低、纤维长、含杂少和强度高的纤维；经过精梳工艺的纱，配麻时应选用长度整齐度好、短纤维含量少的麻纤维；用于原色酸洗布的麻纱，要采用色泽一致的纤维，以免后加工时易产生条花或斑点等疵点。

在亚麻纺中，散麻采用铺层叠合混合方法，按配麻比例把规定重量的各成分麻一层一层地铺放在混麻仓内，在铺放的同时给湿加油，当堆放一定时间后由工人自上而下垂直抓取。也有麻包混合法，将按配麻成分规定的各种麻包，排列在混麻加湿联合机上，由抓麻钉帘抓取适量的麻纤维，喂入混麻机中进行混合，最后制成麻卷输出。

四、绢纺配绵与混绵

绢纺配绵通常分两个阶段，第一阶段是精干绵选配，其目的是将各种精干绵适当配合后，生产出质量符合纺纱要求、品质稳定的精绵。第二阶段是精绵选配，以便生产出质量合格而稳定的绢丝。

精干绵的初步混合也是利用叠合混合原理，在开绵机上进行。将调和绵球中的各种原料，按顺序均匀地横铺在喂绵帆布带上，由喂入机构喂入开绵锡林，经过开松梳理，一只调和绵球的纤维全部卷绕到开绵锡林上。在一个喂绵周期内先后喂入的纤维，相互叠合在开绵锡林表面上，达到各种原料的均匀混合。

五、化学纤维的选配与混合

化学纤维的选配主要依据其纤维长度和线密度进行。化学纤维的长度有棉型、中长型和毛型等不同规格。棉型化学纤维的长度为32mm、35mm、38mm，线密度为1.3 ~ 1.8dtex，可在棉型纺纱设备上加工；中长型化学纤维的长度为51mm、65mm、76mm，线密度为2.7 ~ 3.3dtex，通常在棉型中长型纺纱设备或粗梳毛纺设备上加工；毛型化学纤维的长度为76mm、89mm、102mm、114mm，线密度为3.3 ~ 5.5dtex，一般在毛精纺设备上加工。化学纤维与棉、毛、麻等纤维的混合一般采用条子混合。

第四节 开松与除杂

纺纱厂使用的纺织原料多数以压紧包的形式运到工厂，纺织原料中又含有各种各样的杂质和疵点，通过开松，初步解除纤维集合体中纤维间的横向联系，即把大块纤维团变成小纤维块和小纤维束，同时也解除纤维与杂质之间的联系，使杂质能够脱落。除杂必须在开松的基础上才能进行，但在开松阶段，除杂只是基本的，并不彻底。因为开松还不能把纤维集合体松解成单纤维状态，所以，开松是除杂的基础，但两者又不能截然分开，它们的作用往往是同时进行的。

一、棉纺系统的开松与除杂

棉纺系统的开松与除杂，俗称开清棉。开清棉的任务是开松、除杂、混合及均匀成卷。这一任务是由一套开清棉联合机组共同完成的。开清棉联合机组的排列组合，因所采用的原料不同而有不同的排列组合，常见的排列组合如图3-3所示。组成联合机组的工艺原则是混合充分，成分正确，不同原棉合理打击，多松少返，早落少碎，棉卷均匀，结构良好。排列次序为抓棉机械→混棉机械→开棉机械→给棉机械→清棉成卷机械。

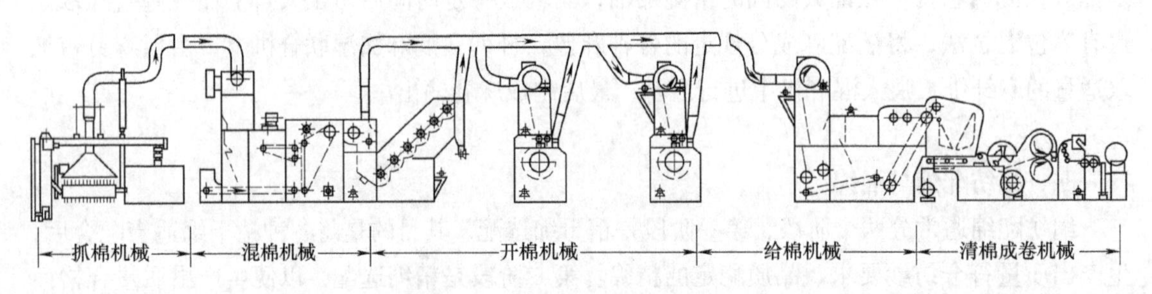

图3-3 开清棉联合机示意图

1. **抓棉机械** 抓棉机从棉包（或化纤包）中抓取棉块或棉束，喂给下一机台，具有开松与混合作用。

2. **混棉机械（棉箱机械）** 混棉机对抓棉机送来的原料进行充分混合，同时完成一定的扯松和除杂作用。

3. **开棉机械** 开棉机主要是对原料进行有效的开松，并清除大部分杂质。

4. **给棉机械** 给棉机靠近成卷机，以均匀给棉作用为主，同时对原料进行扯松与混合。

5. **清棉成卷机械** 此机台可以对原料进行较为细致的开松和除杂，并通过匀棉机构和成卷机械制成均匀的棉卷。在使用清梳联合机时，不需成卷，直接输出均匀棉流。

开清棉工序的各单机通过凝棉器、配棉器、管道和联动装置连接组成开清棉联合机组。

二、毛纺系统的开松与除杂

毛纺生产中，原毛中含有大量的杂质，主要是沙土、油脂以及少量的草杂。原毛首先经开毛机初步开松，除去部分沙土杂质后，进入洗毛机，洗去原毛上的油脂、羊汗和沙土杂质。粗纺用毛含草多的还需经炭化除去草杂。经初步加工的羊毛在和毛机上进一步开松成小块和小束，并除去部分杂质，同时进行混合。

三、麻纺系统的开松与除杂

麻纺生产中，由初步加工制成的精干麻经过机械软麻、给湿加油、分磅和堆仓储放等纺纱前准备过程之后，进行开松，使麻束进一步松解，把过长的纤维拉断成适当的长度，除去部分尘杂及短纤维，并制成一定重量的麻卷，供梳麻机使用。

1. **机械软麻** 利用软麻机的沟槽罗拉，将经过初加工的精干麻反复揉轧和弯折，使胶杂质折断而除去，留下柔软、松散的纤维，以利于乳化液的渗透。

2. **给湿加油**　给湿是使纤维具有一定的回潮率，以提高纤维的强力和柔软度，清除前工序加工时产生的内应力，减少纺纱时的静电现象。加油是为了防止水分很快蒸发，提高纤维的柔软性和润滑性，通常加入由油水混合成的乳化液。

3. **分磅**　分磅是将给湿加油后的麻纤维束分成一定重量（约 500 ~ 600g）的麻把，以便控制开松机麻条的定量。

4. **堆仓**　为使乳化液能均匀地渗透到麻纤维中去，以提高纤维的可纺性，麻把要送到麻仓内进行堆仓，堆仓时间一般为 3 ~ 7 天，随气温、原麻品质及加油给湿量而定。

5. **开松**　开松的目的是初步松解纤维，排除部分短纤维和尘杂，制成定重的麻卷，供喂入梳麻机进行梳理。

四、绢纺系统的开松与除杂

绢纺生产中，由初步加工得到的精干绵经过给湿、配绵，制成调和绵球。在调和绵球中纤维大多呈束状和块状，在开绵机上进行混合时，将调和绵球中的各种原料，按顺序均匀地横铺在喂绵帆布带上，由喂入机构喂入开绵锡林，经过开松梳理，清除其中所含的部分蛹屑和其他杂质，然后进行切绵和梳绵加工。

第五节　粗梳与精梳

梳理是松解纤维集合体的主要生产工艺，它通过大量梳针与纤维群之间的相互作用，解除纤维间的横向联系，同时逐步建立纤维首尾相搭的纵向联系。按梳理作用的侧重点和所达到的不同工艺要求，可分为粗梳和精梳。粗梳为自由梳理，精梳为握持梳理。

一、粗梳

粗梳的目的是使纤维束分离成单纤维状态，使纤维初步定向和伸直，进一步清除杂质和疵点，使纤维之间进行较细致地混合，最后制成符合一定规格和质量要求的条子。梳理机主要有两种形式，一种是盖板式梳理机，另一种是罗拉式梳理机。盖板式梳理机主要用于短纤维纺纱，如棉纺、棉型化纤的纯纺或混纺。罗拉式梳理机主要应用于长纤维纺纱，如毛纺、苎麻纺、绢纺及这些纤维与化纤的混纺。而亚麻则采用手工初梳和栉梳机梳麻。

1. **粗梳棉纺**　应用于棉纺的盖板式梳理机（即梳棉机）的梳理原理如图 3-4 所示。其梳理工艺过程是：置于棉卷罗拉上的棉卷，依靠摩擦退解（采用清梳联合机时，由清棉机输出的棉流经管道喂入棉箱），在给棉罗拉与给棉板的共同握持下，喂给刺辊进行分梳。表面包覆锯条的刺辊高速回转，使慢速喂入的棉层受到穿刺、分割。刺辊上方的刺辊吸罩向机外吸气，可以防止由于刺辊高速回转引起尘杂和短绒飞扬，并稳定气流。分梳后的纤维随刺辊一起向下运动时，经过两块刺辊分梳板。分梳板的前部各有一把除尘刀，以完成除杂作用。

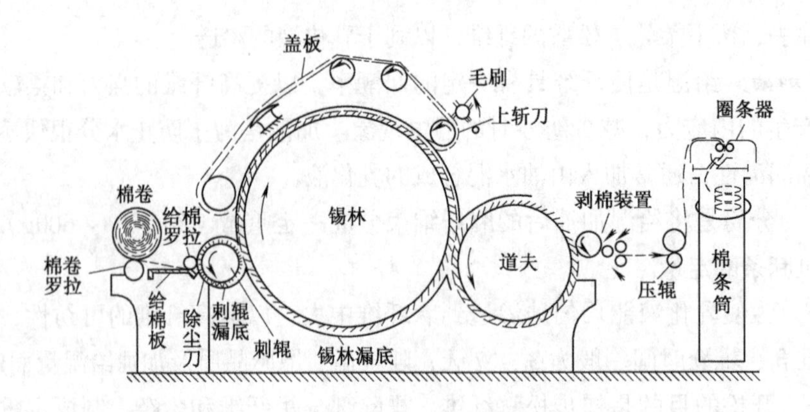

图 3-4　梳棉机示意图

纤维在受到分梳板上锯齿的分梳作用后，通过三角小漏底，被锡林高速剥取。锡林剥取的纤维随锡林向上运动，经过三块后固定盖板的梳理后，进入锡林盖板梳理工作区。经过锡林与盖板两个针面的反复梳理除杂作用后，充塞到盖板针齿内的纤维（主要是短纤维）和杂质在盖板走出工作区后，被盖板花吸点吸走。由锡林带出的纤维通过四块前固定盖板的梳理，一部分凝聚到道夫的针面上，由剥棉罗拉剥取后收拢成条，经大压辊压紧后输出，通过圈条器，有规律地圈放在条筒内；另一部分未被道夫凝聚的纤维，则随锡林经大漏底与新喂入的纤维混合后进入锡林盖板工作区，再一次受到梳理作用。

梳棉机的主要梳理机件（刺辊、锡林、盖板及道夫）上包覆有锯条或针布，其规格参数设计是否合理，制造质量的好坏，对梳理质量影响颇大。梳棉工艺要求针齿能抓取纤维，并使纤维经常处于针端接受另一针面的梳理，而且纤维易从一个针面向另一针面转移。针齿尖应经常保持锋利、光洁、平整，且耐磨，以做到相邻针面间紧隔距，达到强分梳的要求。

2. **粗梳毛纺**　粗梳毛纺是将和毛加油后仍存在条块状的毛纤维彻底开松成单根纤维，进一步去除原料中的杂质和粗死毛，并进行纤维间的充分混合；同时，纤维层在梳理过程中受到了拉伸，对纤维的平顺起到一定的作用；最后，将纤维收拢成小毛条（粗纱），供细纱机使用。

粗梳毛纺中的梳毛和棉纺中的梳棉在原理上有很多相似的地方。但梳毛的任务更加繁重，因而其构造更加复杂，粗纺梳毛机包括以下几个组成部分。

（1）自动喂毛机：连续均匀地喂入一定质量的混料。

（2）预梳机：开松喂入的块状混料并初步梳理，以利梳理机进一步梳理。

（3）罗拉式梳理机：将预梳机送入的混料或过桥机送入的折叠毛网进一步梳理。

（4）过桥机：两节梳理机的连接机构，将前节梳理机输出的毛网折叠多层，增进混合，供下节梳理机梳理。

（5）成条机：将最后一道梳理机送出的毛网制成小毛条（粗纱），并卷绕在粗纱轴上，供细纱机使用。

二、精梳

从梳理机下来的生条中还含有较多的短纤维和杂质、疵点（棉结、毛粒等），纤维的伸直平行度和分离度也不够，难以满足高档纺织品的纺制要求。因此，对质量要求较高的纺织品，如细洁挺括的涤棉织物，轻薄凉爽的高档汗衫，柔滑细密的细特府绸，都要采用经过精梳纺纱系统纺制成的纱线。

1. 精梳的基本任务

（1）排除过短的纤维：为了纺制细特纱，必须除去纤维条中的过短纤维，以提高纤维长度的整齐度，改善纤维的可纺性，减少纱线表面毛羽，提高成纱条干的均匀性及成纱强度。

（2）清除结杂：较为彻底地除去纤维条中由各种纠缠、扭结纤维形成的结子、粒子及细小的草屑、籽屑等杂质，以减少细纱断头、成纱杂质和疵点，提高成纱质量。

（3）伸直、平行、分离纤维：精梳后，纤维条中的弯钩纤维明显减少，纤维的伸直、平行、分离度均有明显提高，这有利于提高成纱的条干均匀性、强度和光泽。

（4）均匀混合纤维：通过喂入和输出条子的并合作用，使各种不同成分、不同性状的纤维得到进一步均匀混合，以提高成纱质量。

2. 精梳前准备

（1）棉精梳前的准备工序：主要有三种形式的工艺流程。

①预并条→条卷工艺流程。例如，梳棉棉条→FA302 型并条机→FA331 型条卷机。其特点是机台结构比较简单，对纤维的伸直作用较好，加工的小卷定量可偏重一些。

②条卷→并卷工艺流程。例如，梳棉棉条→FA334 型条卷机→FA344 型并卷机。此工艺制成的小卷的横向均匀度较好，有利于精梳钳板的可靠握持，使每枚梳针作用的纤维数比较均匀，精梳落纤较少。

③预并条→条并卷联合工艺流程。例如，梳棉棉条→FA302 型并条机→FA355 型条并卷联合机。此工艺的牵伸倍数较大，并合数较多，这可以改善纤维的伸直、平行程度及小卷均匀性，有利于提高精梳机产量，节约用棉，但条并卷联合机占地面积大，小卷易粘连，对车间温湿度的控制要求较高。

（2）长纤维（毛、苎麻、绢）精梳前的准备工序。毛精梳前的准备工序也称理条工序，一般采用三道针梳工艺。在针梳过程中，以前、后罗拉构成牵伸区，并有许多以后罗拉速度运动的针排，形成较长的中间梳理区（或控制区），在毛条牵伸过程中纤维间产生摩擦力的作用，纤维还受到针排的控制、梳直作用。因此经过三道针梳后弯钩纤维基本被消除。针梳机一般采用 6 ~ 8 根毛条喂入，因此在针梳过程中伴随有混合作用。

苎麻、绢精梳前准备通常采用两道准备工序，其中头道使用针梳机或双皮圈并条机，第二道采用针梳机。就长纤维精梳前准备工序而言，增加准备工序的道数可以提高纤维的伸直、平行程度，降低精梳落纤，节约原料，但机台数相应增加。

3. 精梳原理 精梳机根据其型式可分为直型精梳机和圆型精梳机。直型精梳机，适合加工长度为 30 ~ 100mm 的各种纺织纤维。直型精梳机的主要特点是梳理作用为间歇式周期性工作，其去除结粒、杂质的效果好，精梳落纤较少，但产量也比较低。直型精梳机根据其分离（拔取）部分及钳板部分的摆动形式不同，又可以分为前摆动式直型精梳机、后摆动式直型精梳机和前后摆动式直型精梳机三种。圆型精梳机，适合加工 75mm 以上的长纤维原料。圆型精梳机根据其工作形式，可以分为连续作用式圆型精梳机和分段作用式圆型精梳机。

棉精梳机，属于后摆动式直型精梳机，其梳理运动是一种周期运动，每一个运动周期称为一个钳次，可以分为互相连续的四个阶段：锡林梳理阶段、分离前准备阶段、分离接合阶段和锡林梳理前准备阶段。梳理原理是：输出的棉层被周期性地断开，纤维的一端被积极握持而梳理其另一端，可以将未被握持的短纤维、杂质梳理掉，并且纤维两端均先后受到积极梳理，梳理后的棉层再依次接合成棉网，连续地输出；输出的棉网经切向牵引集棉区而汇集成棉条，一定数量的棉条再经过牵伸、合并，集束成精梳棉条。

4. **精梳后的并条或整条** 由于精梳后的条子是由各个须丛叠合而成的，条子内的纤维分布并不十分均匀，精梳条子的条干存在周期性不匀，所以还必须经过 2 ~ 4 道并合、牵伸，以进一步改善、提高精梳条子的质量，此工艺过程称为并条或整条。

第六节 并条

并条是将 6 ~ 8 根梳理须条或精梳须条进行并合、牵伸，以降低须条的长片段（5m）重量不匀率，使纤维伸直平行，同时对纤维作进一步的混合。并条过程的主要作用是牵伸和并合。牵伸时，须条中的纤维沿长度方向做定向运动，在纤维间摩擦力、抱合力的作用下，须条中的纤维进一步伸直、平行。由于牵伸区中浮游纤维的随机性，牵伸将使须条的条干均匀性变差。为了弥补因牵伸引起须条条干均匀性变差的缺陷，往往要进行并合。通过并合作用，可以提高须条的条干均匀性，改善须条的结构不匀。

一、牵伸方法

实现牵伸的方法主要有两种，一种是罗拉牵伸，另一种是气流牵伸。

1. **罗拉牵伸** 罗拉牵伸是依靠表面速度不同、隔距与纤维长度相当的前后两对罗拉的作用而实现的，在传统纺纱工艺中的应用十分普遍。

2. **气流牵伸** 气流牵伸是借助气流的作用而实现牵伸，应用于非传统的纺纱工艺中。

此外，借助于离心力、静电力等的作用也能实现牵伸。

二、并条机

并条是在并条机上完成的。如棉纺并条机，在棉并条机后的导条高架两侧各放 6 ~ 8 个棉条筒；棉条在导条罗拉的牵引下并排到达集束板，被集束板收拢的并列条子进入牵伸机构，经牵伸后的须条进入集束管，输出后通过喇叭口再导入紧压辊，在圈条器的作用下，有规律地圈放在输出条筒内。并条过程如图 3–5 所示。

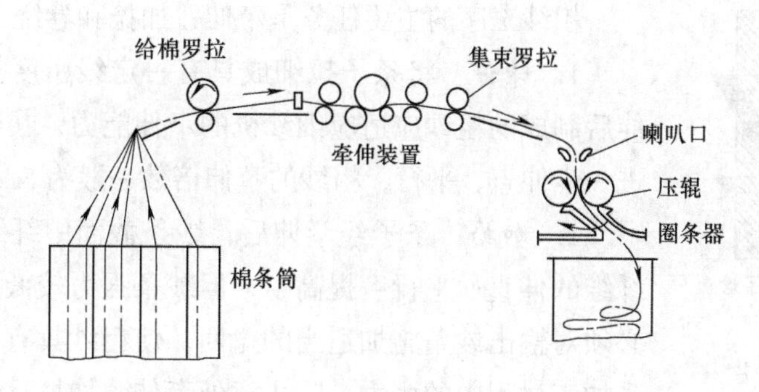

图 3–5　棉纺并条机示意图

经过并条后的须条，通常称为熟条。熟条的重量不匀率随着并合数的增加而降低。但并合数太大或并合道数太多，对须条长片段均匀度的改善并不显著，而短片段均匀度（条干均匀度）却随并合道数也就是牵伸次数的增多而恶化，因此棉纺一般采用两道并条。涤棉混纺一般采用涤纶条和精梳棉条在并条机上混合，采用三道并条。在混合要求高时，涤纶生条先经一道预并（纯并），可进一步减小混合比的偏差，从而减少混纺色差。对于并条后棉条的质量，生产上主要控制棉条定量（g/5m）、标准定量的差异范围（长片段重量不匀率）以及棉条条干不匀率。

第七节　粗纱与细纱

一、粗纱

在传统纺纱工艺中，粗纱工序是纺制细纱前的准备工序。目前除了转杯纺纱机等新型纺纱机可用条子直接喂入外，由于环锭细纱机的牵伸能力只有 30 ~ 50 倍，而由条子到细纱大约需 150 倍以上的牵伸，所以在并条与细纱之间还必须经过粗纱工序。

粗纱工序是将末道并条的须条牵伸拉细，以减轻细纱机的牵伸负担，并加上适当的捻度，使纱条具有一定强度，最后卷绕在筒管上。粗纱的加工工艺过程是：熟条从机后的条筒中引出，经导条辊和其前方的喇叭口而喂入牵伸装置，熟条在此被牵伸成规定线密度的须条，并由前罗拉输出，经过锭翼加捻成粗纱，并卷绕到筒管上。棉纺粗纱加工工艺过程如图 3–6 所示。

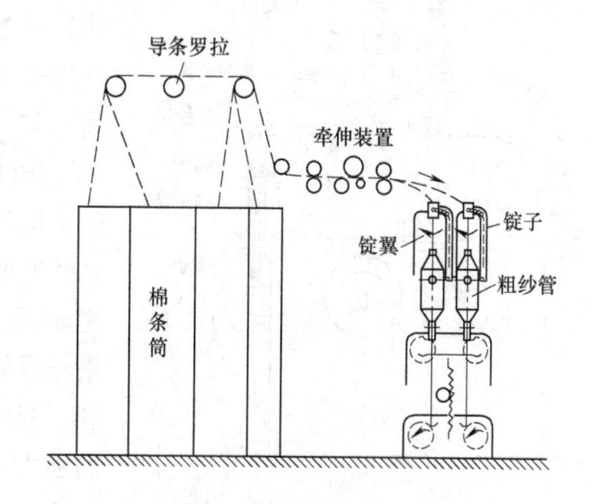

图 3–6　棉纺粗纱机示意图

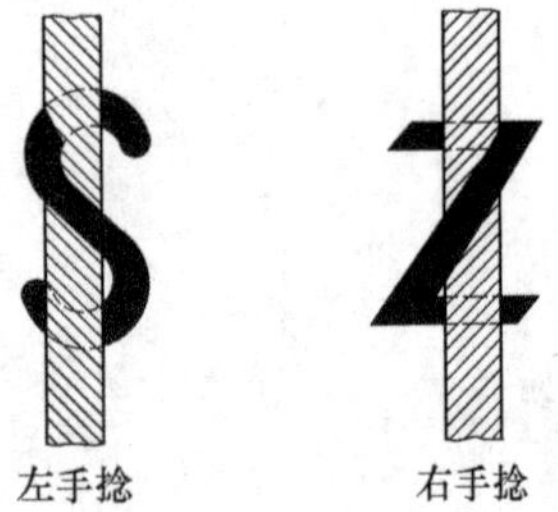

左手捻　　右手捻

图 3-7　捻向

粗纱工序的主要任务是牵伸、加捻和卷绕。

1. **牵伸**　将条子拉细成具有一定线密度的粗纱。条子经牵伸后制成的粗纱应适应细纱机的牵伸能力，在牵伸过程中使纤维进一步伸直、平行，粗纱的牵伸倍数一般为 5 ~ 12 倍。

2. **加捻**　条子经牵伸后，纱条截面中纤维根数减少，虽然纤维的伸直、平行度提高了，但纱条强力较低。因此，粗纱工序必须对输出纱条施加适当的捻回，使粗纱具有一定的强力，以承受加工过程中的张力，防止意外牵伸。加捻是借助锭翼进行的，当锭翼每转动一圈，粗纱获得一个捻回；加捻方向由锭子和锭翼的回转方向决定，要求与纺得的细纱捻向一致，加捻方向决定了纱条内纤维的倾斜方向（图 3-7），常用英文字母 S 和 Z 的中段倾斜方向来表示，若纱条内纤维由下向上，自右向左倾斜的称作 S 捻（又称顺手捻），自左向右倾斜的称作 Z 捻（又称反手捻）；适当的捻度，可以使粗纱具有一定的强度，防止在卷绕和退绕时有意外伸长，但捻度太大，会影响到下一道工序（细纱）的牵伸。

3. **卷绕**　粗纱被卷绕在筒管上，制成一定形状的卷装，以便于搬运、储存，并适应细纱机喂入和退绕的需要。

值得注意的是，亚麻粗纱要进行煮练和漂白，这是亚麻纺纱的特色。目的是改善湿纺车间的劳动条件，也使煮练后的粗纱洁净度提高，纤维的细度更细，提高了纤维的纺纱性能，提高细纱强度而降低强度不匀率。

二、细纱

细纱工序是纺纱生产的最后一道工序，其任务是对粗纱进行牵伸和加捻，纺得线密度满足要求、质量合乎标准的细纱，并卷绕成所需结构与尺寸的管纱，供捻线、机织或针织使用。

细纱的加工工艺过程是：粗纱从吊锭上的粗纱管退绕下来，经过导纱杆及缓慢往复运动的横动导纱喇叭，喂入牵伸装置进行牵伸。牵伸后的须条由前罗拉输出，经过导纱钩、穿过钢丝圈、经加捻后绕到紧套在锭子上的纱管上。棉纺细纱加工工艺过程如图 3-8 所示。

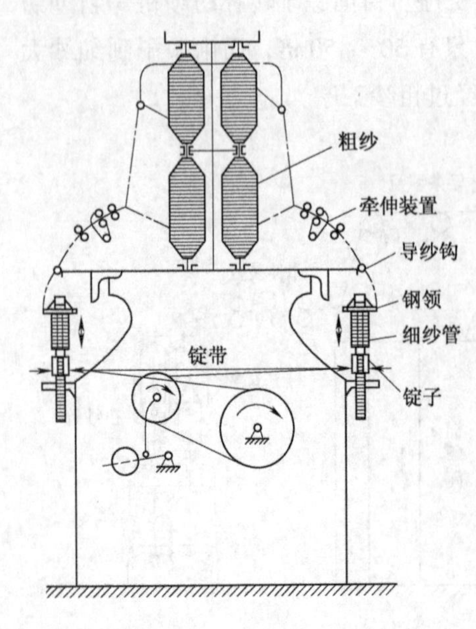

图 3-8　棉纺细纱机示意图

细纱机为多锭位机台，每一锭位喂入单根粗纱，牵伸倍数为 10 ~ 50 倍，依所纺的纱线线密度而定。纱线的加捻是通过锭子的高速回转，借助纱条张力的牵动，使钢丝圈沿钢领高速回转，纱条由此获得捻回。钢丝圈每转一转，纱条得到一个捻回。加捻的程度（捻度）视纱线的具体要求而定，捻度的大小决定纱线的强力、弹性、伸长、光泽和手感。锭子是细纱机加捻和卷绕的重要机件，锭子转速很高，在 14000 ~

17000r/min 左右，且与成纱质量密切相关，所以，生产上对锭子的要求较高。如运转要平稳、振幅要小、使用寿命要长、功率消耗小、噪声低、承载能力大、结构简单可靠、制造方便、易于维修等。

第八节　捻线

平时所说的纱线，其实包括了纱（单纱）和线（股线）。绝大多数的织物是由单纱织造而成，但也有不少织物采用了股线，还有一些特殊用途的股线，如缝纫线、轮胎帘子线等。

一、捻线过程

股线是由两根或两根以上的细纱并合在一起，加捻而成。捻线是在并线机和捻线机上进行，现在改为并捻联合机，并纱和捻线一步完成。新的生产工艺采用了倍捻机，倍捻机的加捻原理有别于传统细纱机和捻线机的加捻原理，当锭子每转一转，纱线获得两个捻回，故称倍捻。倍捻机的加捻效率提高了一倍，且加捻后输出的纱线直接卷绕成大卷装的筒子纱。因此，倍捻机的生产效率大大提高。

纱线合股如在 5 股以下，可以一次并捻，各根单纱在加捻时受力均匀，形成空心的结构，股线结构比较稳定。如果并合股数在 6 根以上，其中就会有 1 根或数根单纱处在中心位置，其余各股则包在外围，各股受力就不均匀，股线形成不均匀的实心结构。为了避免这种缺陷，当并合股数在 6 根以上时，往往先把 2 ~ 3 根单纱合成小股，再由几个小股合成大股。

二、捻向

股线的捻向按先后加捻的捻向为序，以 Z、S 来表示。如 ZSZ 表示单纱为 Z 捻，单纱合并初捻为 S 捻，再合并复捻为 Z 捻。股线的加捻方向一般与单纱加捻方向相反，可使股线中各根纤维所受的应力比较均匀，能增加股线强力，并可得到手感柔软、光泽较好的股线，且捻回稳定、捻缩较小。一般单纱多为 Z 捻，股线采用反向加捻时为 ZS 捻。例如，轮胎帘子线用 15 股并合，先使每 5 股并捻，然后将捻合好的 3 股线再捻合，其捻向是 ZSZ 捻。

第九节　新型纺纱技术

传统的纺纱，采用环锭细纱机进行，虽然锭速已高达 18000r/min，但纺纱速度及卷装大小仍受到极大的限制。新型的纺纱方法中，比较成熟的纺纱方法有转杯纺、摩擦纺和喷气纺等。它们都具有较高的纺纱速度，且省去了传统的粗纱和络筒两个工序，把粗纱、细纱和络筒三合为一，因而缩短纺纱流程，直接得到大卷装的筒子纱。

一、转杯纺纱

转杯纺纱（国内习惯称气流纺纱）是一种自由端加捻纺纱，其加捻原理如图 3-9 所示。它是将连续喂入的纱条断裂开来，形成单纤维流的自由端。并利用自由端随同加捻器一起回转，而达到使纱条获得真捻的目的。自由端加捻过程具有独立性，可以与卷绕过程分隔开来。卷绕速度有较大潜力，可允许加捻速度进一步加快。

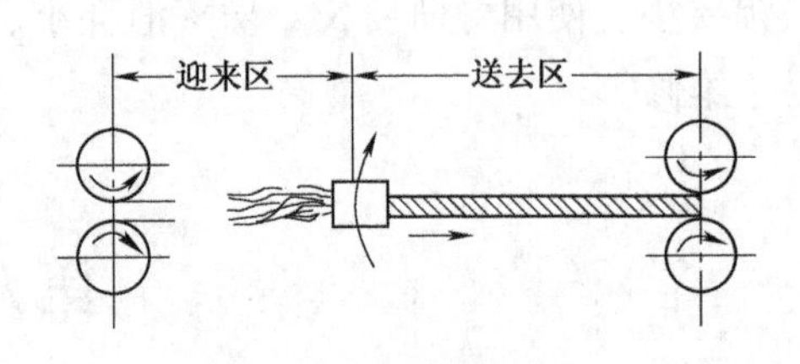

图 3-9　自由端纺纱原理

转杯纺纱的工艺过程是由分梳辊将喂入的熟条握持分梳成单纤维状态，与空气混合成单纤维流，经输纤通道供给转杯。转杯是加捻器，利用其高速回转产生的负压将单纤维流凝聚成自由端，并获得加捻的成纱，用络筒的方式将转杯加捻的成纱卷绕起来，制成筒子纱。

转杯纱与传统的环锭纱在结构、性能上有一定的不同。环锭纱在显微镜下可观察到纱表面清楚的加捻螺旋线，纤维伸直平行度高，成纱强力较高，但耐磨性能差。而转杯纱表面的螺旋线则被大量的缠绕纤维所扰乱，显得比较松软和紊乱，有保护纱芯的作用，因此具有耐磨性好、条干均匀、保暖和染色性能良好、棉结杂质和毛羽少等特点，但成纱强力低，一般纺制粗特纱线。

二、摩擦纺纱

摩擦纺纱（又称尘笼纺纱）也是一种自由端加捻纺纱。它是利用具有网眼的吸网凝聚纤维，用搓捻使纱条获得捻度而成纱。其工艺过程是：由喂给系统和分梳辊将并合喂入的棉条分梳成单纤维，分梳辊表面的单纤维，在吹风管道送出剥棉气流和楔形凝聚槽的负压合在一起的吹吸作用下，剥下带状单纤维流，在楔形凝聚槽内形成自由端。此自由端受两个网眼纺纱滚筒（尘笼）的切向摩擦，连续搓转加捻，形成纱线经引纱罗拉，再由槽筒络成筒子纱。

摩擦纺纱的径向捻度分布为由纱芯向外层逐渐减小，因而具有内紧外松的结构。纤维的伸直平行度差，因而纱的强力低，但纱线蓬松、丰满，弹性好，手感好。一般纺制粗特纱线，用于织制机织地毯、手工地毯、起绒毛毯和装饰用织物。

三、喷气纺纱

喷气纺纱是一种非自由端纺纱。它是利用喷射气流对牵伸装置输出的须条施加假捻，并使露出在纱条表面的头端自由纤维包缠在纱芯上，形成具有一定强力的喷气纱。其工艺过程是：喂入的熟条经超大牵伸装置牵伸至一定线密度后，由前罗拉送出，被加捻管吸入。加捻管由两个喷嘴串联组成，喷出两股方向相反、高速旋转的气流。须条经过两股旋转气流的作用，使自须条中分离出来的头端自由纤维，紧紧包缠在芯纤维的外层，因而获得捻度。然后由引纱罗拉输出，经络纱槽筒络成筒子纱。

喷气纱由于纺纱过程采用罗拉牵伸装置，因而纤维的伸直度比较好，且纺纱张力较低，可以纺出细特纱线。纱线的结构是由无捻的芯纤维束和外层包缠纤维组成，外层包缠纤维捻度大，定向度差，因而手感硬挺、粗糙，但成纱条干好、细节少，摩擦因数大，所织成的织物经纬纱之间打滑现象少。

第十节　纱线的结构特征与性能指标

纱线是由纺织纤维组成的具有一定长度、线密度、强力和均匀度的纺织制品。纱线的结构性能主要包括：纱线的细度及细度不匀、纱线的捻度和纱线毛羽等；纱线在纺织加工和纺织品使用过程中都要受到各种外力的作用，纱线的力学性质就是指纱线在受到各种机械外力作用时的性质。纱线的拉伸强力是表示纱线内在质量的重要指标，纱线的力学性质与纺织制品的坚牢度、服用性能关系密切。

一、纱线的结构特征

纱线的结构特征主要可体现在纤维在纱中的几何配置上。纤维在纱中的几何配置是有一定规律的，首先是受纺纱方法的影响，不同的纺纱方法，纤维在纱中有不同的几何配置规律。如环锭纺纱，纤维的伸直平行度较高，纤维间排列较紧密，纱的表面有清晰的加捻螺旋线，因而成纱强力较高，但耐磨性略差。

纤维在纱中的几何配置规律，其次是受纤维本身的特性所决定。长度较长的纤维，在纺纱张力作用下受到的作用力大，向心压力也大，容易向内层转移；而短纤维受到的作用力小，向心压力也小，多分布在纱的外层。线密度较小（较细）的纤维，容易弯曲，向心压力大，容易向内转移而分布在纱的内层；粗纤维则相反，多分布在纱的外层。

在化学纤维和天然纤维混纺时，利用这一原理，可以纺出比天然纤维效果更好的混纺纱线。

二、纱线的性能指标

1. **纱线的细度**　纱线的细度，对纱线的用途有很大的决定意义。纱线较细，则能织制较精致、细腻、优良的织物。纱线细度可以直接用纱线的直径表示，称直接指标；但更多的是用长度和重量的关系间接表示，称间接指标。因直接测量纱线的直径比较困难，而且又缺乏代表性，所以较少采用。纱线细度的间接指标有定长制的线密度（特克斯，tex）、纤度（旦尼尔，旦）和定重制的公制支数（公支）、英制支数（英支）之分。线密度的法定计量单位为特克斯（tex）。

（1）定长制。定长制是指一定长度纱线的质量，它的数值越大，表示纱线越粗。线密度的单位为特克斯（tex），它是指1000m长纱线在公定回潮率时的质量，其计算式如下：

$$\mathrm{Tt}=\frac{1000\times G_{\mathrm{k}}}{L} \tag{3-1}$$

式中：Tt——纱线的线密度，tex；

L——纱线的长度，m或mm；

G_k——纱线在公定回潮率时的质量，g 或 mg。

例如，1000m 长的纱线在公定回潮率时的质量为 30g，则该纱线的线密度是 30tex。

化学纤维和天然蚕丝的细度单位仍保留旦（denier）作单位，它是指 9000m 长的纱线在公定回潮率时的质量，其计算式为：

$$N_D = \frac{9000 \times G_k}{L} \tag{3-2}$$

式中：N_D——纱线的纤度，旦。

例如，9000m 长的化纤长丝在公定回潮率时的质量为 75g，则该丝的纤度是 75 旦，折算成线密度为 8.25tex。

（2）定重制。定重制是指一定重量纱线的长度，它的数值越大，表示纱线越细。其中，毛纱线、麻纱线仍保留公制支数作为细度单位，它是指在公定回潮率时每克纱线的长度，其计算式为：

$$N_m = \frac{L}{G_k} \tag{3-3}$$

式中：N_m——纱线的公制支数，公支。

例如，在公定回潮率时 1g 的纱线，若长度为 50m，则其公制支数是 50 公支。

对于棉纱线，纺织企业仍然采用英制支数，特别是出口产品。英制支数是指在公定回潮率时，每磅纱线长度的 840 码的倍数。其计算式为：

$$N_e = \frac{L}{840 \times G} \tag{3-4}$$

式中：N_e——纱线的英制支数，英支；

L——纱线的长度，码；

G——纱线的公定重量，磅。

例如，在公定回潮率时 1 磅重的纯棉纱，若长度为 840 码的 21 倍，则该纱线的细度是 21 英支，折算成线密度为 27.8tex。

2. **纱线的捻度和捻系数** 衡量纱线加捻程度的指标有两个，即捻度和捻系数。

捻度是指单位长度纱线上所加的捻回数。捻度的长度单位：公制为 1m，特数制为 10cm。实际仪器测定时所用的捻度单位常用捻回数 /10cm。捻度越大，纤维与纱条轴线的夹角（捻回角）越大，纤维所受纺纱张力作用力越大，纤维排列更加紧密，成纱强力越大；但捻度越大，纤维的轴向平行度越小，当捻度大到一定程度，随着捻度的加大，成纱强力反而降低。

对于粗细不同的纱线，在同样单位长度上加 1 个捻回，其表面纤维与纱条轴线的夹角是不相同的，则表示纤维受到的扭转、加捻程度也不同。因此，对于不同粗细的纱线，如捻度相等，并不等于加捻程度相等。所以要比较不同粗细的纱线间的加捻程度，最好采用捻回角作指标。但因角度计算不便，实际上改用与捻回角的正切值成比例的一个数值，即捻系数来表示。捻系数、捻度和纱线线密度之间存在如下关系：

$$\alpha_{tex}=T_{tex}\sqrt{\mathrm{Tt}} \qquad (3-5)$$

式中：α_{tex}——特数制捻系数；

T_{tex}——特数制捻度，捻/10cm；

Tt——纱线的线密度，tex。

或：

$$\alpha_{m}=\frac{T_{m}}{\sqrt{N_{m}}} \qquad (3-6)$$

式中：α_{m}——公制支数制捻系数；

T_{m}——公制支数制捻度，捻/m；

N_{m}——纱线的公制支数，公支。

纱线在加捻时，长度会缩短，叫作捻缩。当合股加捻的捻向与单纱捻向相反时，纱线随着合股加捻的进行，开始略为伸长，然后慢慢缩短。

3. **纱线的强度**　纱线在使用中经常要经受外力拉伸，所以强度是纱线的主要质量指标之一。强度指标有多种表达方式，具体表达如下。

（1）单纱强力。拉断单纱所需的力叫作单纱强力，以牛顿（N）为单位。

（2）缕纱强力。拉断每圈周长为1m共100圈小绞纱所需的力叫作缕纱强力，以千克力（kgf）为单位。

（3）强度。比较不同粗细纱线的耐拉伸程度，已不能用单纱强力来比较，通常要折算成同样的粗细，即用相对强度来表示，以N/tex为单位。

（4）断裂长度。把纱线悬吊起来，靠本身重量就足以使纱线断裂时的最短长度，叫作断裂长度，以千米（km）为单位。

这是纱线常用的强度指标。

（5）品质指标。业内还常用品质指标来衡量棉纱线的强度，指30绞缕纱在标准状态下的平均缕纱强力与纱线线密度比值的1000倍。其计算式为：

$$D_{tex}=\frac{P}{\mathrm{Tt}}\times 1000 \qquad (3-7)$$

式中：D_{tex}——特数制品质指标；

P——30绞缕纱在标准状态下的平均缕纱强力，kgf；

Tt——纱线的线密度，tex。

4. **纱线的毛羽**　在成纱过程中，纱条中纤维由于受力情况和几何条件的不同，会有部分纤维端伸出纱条表面，纱线毛羽即是这些纤维端部从纱线主体伸出或从纱线表面拱起成圈的部分。毛羽的情况错综复杂，千变万化，伸出纱线的毛羽有端、有圈及表面附着纤维，而且具有方向性和很强的可动性。

纱线毛羽的常用指标有三种：

（1）单位长度的毛羽根数及形态。

（2）重量损失的百分率。

（3）毛羽指数。毛羽指数是指在单位纱线长度的单边上，超过某一定投影长度（垂直距离）的毛羽累计根数，单位为根/10m。这一点和USTER毛羽率是不同的。我国与日本、英国、德国、美国等都常用毛羽指数来表征纱线上毛羽的多少。

思考题

1．纺纱的基本原理是什么？
2．纺纱技术可分为哪些纺纱系统？各纺纱系统又可再分为哪些系统？
3．皮辊轧棉和锯齿轧棉有什么不同？
4．羊毛初步加工的内容是什么？
5．纺纱原料为什么要进行选配与混合？
6．开松、除杂、梳理、并条、粗纱、细纱在纺纱过程中各起什么作用？
7．新型纺纱方法有哪些？
8．纱线的细度指标有哪些？写出其定义及计算式。
9．什么是纱线的捻度、捻系数？
10．纱线的强度指标有哪些？写出其定义。

第四章　机织技术

本章知识点

1. 各准备工序（络筒、整经、浆纱、穿结经、卷纬、定捻）的目的、工艺流程、质量控制及工艺计算。

2. 织造五大运动（开口、引纬、打纬、送经和卷取）的目的、机构种类和参数控制。

3. 常见织疵。

4. 机织物的组织结构

第一节　织造生产概述

由相互垂直排列的经纱系统和纬纱系统，在织机上按照一定的组织规律交织而成的纺织品，称为机织物。由纺纱工程而得的纱或线织制成机织物的过程，称为机织工程。

机织工程的一般生产流程如图 4-1 所示。

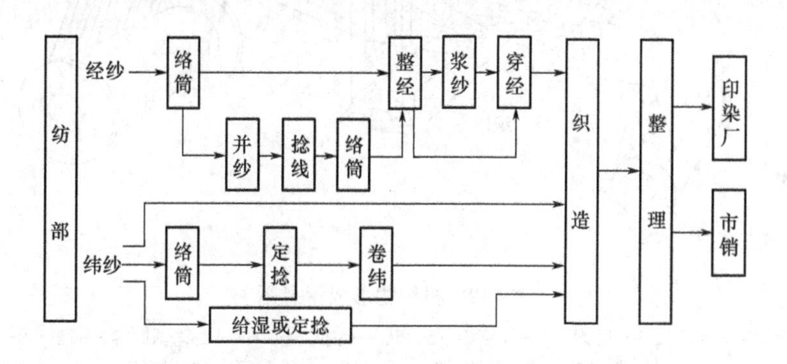

图 4-1　机织工程生产流程图

一、机织工程的组成

在整个机织工程中，包括经、纬纱系统的准备工作和经、纬纱系统的织造两大部分。

在织造过程中，纱线要经受多次反复的摩擦、拉伸等机械性破坏。从纺部进入织部的原纱，或由纺纱厂购进的原纱一般是管纱、绞纱或筒子纱。这些纱无论在卷装形式和纱线质量上都有可能不能适应织造需要，因此还要经过一系列的织前准备工程。织前准备工程简称机织准备，或称准备工程。准备工程的任务有下列两方面。

1. *改变卷装形式* 经纱在准备工程中，由单纱卷装（管纱）变成具有织物总经根数的织轴卷装。纬纱在准备工程中，可不经改变直接用来织造。也可再经络筒、卷纬工序后，进行织造。

2. *改善纱线质量* 经纱经准备工程后，其外观疵点得到适当清除，织造性能也得到提高。通常改善纱线质量的方法是进行清纱和给经纱上浆。

准备工程是机织工程的前半部分。准备工程的优劣与织造工程能否顺利进行以及织物的质量都有密切关系。所以，有经验的生产组织者总是把极大的注意力放在织前准备上。

二、机织织造的工作原理

机织织造的工作原理如图4–2所示，在织机上，经纱系统从机后的织轴上送出，经后梁、经停片、综丝和钢筘，与纬纱系统交织形成织物，由卷取辊牵引，经导辊而卷绕到卷布辊上。在织造过程中，通过开口（将经纱分为上下两层，形成梭口）、引纬（把纬纱引入梭口）、打纬（将纬纱推向织口）、送经和卷取（织轴送出经纱，织物卷离形成区）五大运动的作用形成了机织物。

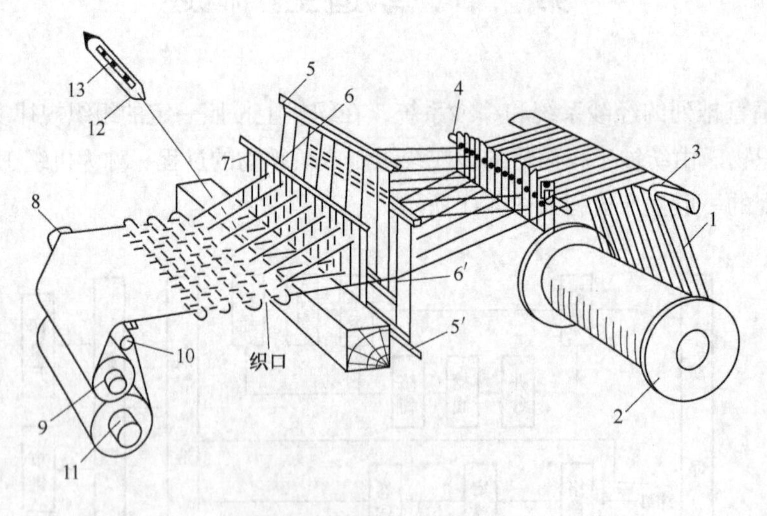

图4–2 机织物形成示意图

1—经纱 2—织轴 3—后梁 4—分绞棒 5，5′—综框 6，6′—综丝眼 7—钢筘 8—胸梁 9—卷取辊 10—导辊 11—卷布辊 12—梭子 13—纡管

第二节 络筒

络筒是把管纱或绞纱卷绕成筒子的工艺过程，它是织前准备工序中的第一道工序，其质量对后道工序有直接的影响。

一、络筒的主要任务和工序要求

1. 主要任务

（1）接长纱线，加工成合理的卷装形式，提高后道工序的生产效率。

（2）清除纱线上的疵点和杂质，提高纱线的均匀度和光洁度，以利于提高织物的质量。

2. 络筒工序的要求

（1）络纱张力均匀，筒子卷绕密度适当，以保证筒子质量。

（2）筒子结构合理、成形良好，有利于高速退绕。

（3）容纱量尽量大，以利于提高络筒和整经的生产效率。

（4）适当清除纱线上的疵点、杂质，以利于提高织造效率和成品质量。

（5）接头小而牢，保证纱线质量，以防脱结和断头等。

（6）尽可能减少回丝和材料消耗，节约成本。

二、络筒的工艺流程

络筒机的种类较多，在纺织厂中最常用的为1332系列槽筒式络筒机。这种槽筒式络筒机结构简单，操作方便，具有络纱速度快、筒子质量好等优点。图4–3为1332MD型槽筒式络筒机的工艺流程。其中，槽筒上深而窄的连续离槽和浅而宽的中断回槽，控制了纱线的运动和筒子的成形。

图4–4为一种自动络筒机的工艺流程：管纱1→气圈破裂器2→下剪刀3→下导纱器4→预清纱器5→探纱器6→张力装置7→电子清纱器8→上导纱器9→防绕杆10→槽筒11→筒子12

其中，下剪刀3和预清纱器5可防止脱圈纱进入张力装置7和电子清纱器8；探纱器6用来探测和鉴别断纱的原因，判定换管；防绕杆10防止断头卷绕在槽筒11上。自动络筒机实现了换纱、接头、落筒、清洁直至装纱理管自动化，采用电子清纱器，提高了络筒质量。

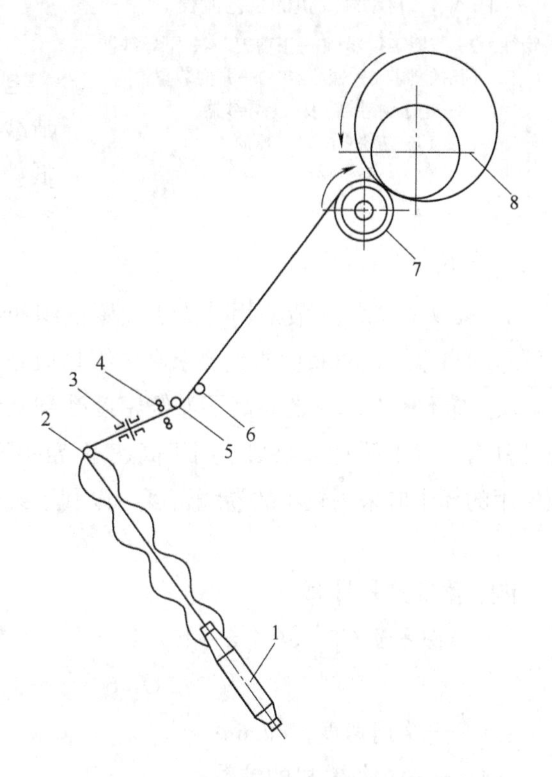

图4–3　槽筒式络筒机的工艺流程

1—管纱　2—导纱器　3—圆盘式张力装置　4—清纱器　5—导纱杆　6—探纱杆　7—槽筒　8—筒子

三、络筒工艺的主要参数

络筒工艺的主要参数有络筒线速度、导纱距离、络筒张力、清纱器形式、清纱板隔距、结头形式、筒子的卷绕密度等。其选择和调节依据品种的不同而改变。

1. 络筒线速度　取决于纱线线密度的

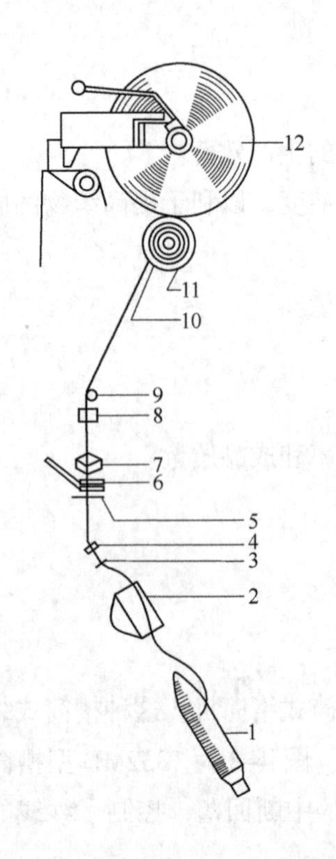

图 4-4 自动络筒机的工艺流程

1—管纱 2—气圈破裂器 3—下剪刀 4—下导纱器 5—预清纱器 6—探纱器 7—张力装置 8—电子清纱器 9—上导纱器 10—防绕杆 11—槽筒 12—筒子

大小、原纱的质量、挡车工的看台能力和络筒机械的性能等因素。以保证良好的纱线、卷装质量和最高的劳动生产率为选择原则。如细特纱或断头较多的纱线，则选择较低的络纱速度。若为棉纱，则 1332MD 型络筒机一般选用 500 ~ 800m/min，而质量较高的络筒机可达到 1000m/min 以上。

2. **导纱距离** 根据络筒速度的大小，选择脱圈和断头最少的导纱距离。如普通络筒机在不妨碍换管操作的条件下，尽量采用短导纱距离，一般为 60 ~ 100mm。当络筒速度超过 600m/min 时，应使用气圈破裂器。而自动络筒机多采用 500mm 的长导纱距离。

3. **络筒张力** 根据原纱质量、络筒速度、纱线线密度和织物的性质，来选择张力垫圈及调节张力。在不影响筒子成形的条件下，尽量采用较小的张力，络纱张力不应超过原纱断裂强度的 15% ~ 20%。

4. **清纱器的选择** 清纱器有机械式清纱器和电子式清纱器两种。高档织物一般使用电子式清纱器，其检测配置由织物质量的要求而定。中、低档织物用机械式清纱器，所选的隔距大小依据纱线原料及纱线粗细而定，一般为纱线直径的 1.5 ~ 2.5 倍。

5. **结头形式** 一般采用结头小而紧的织布结，外表光洁、易于脱结的纱线尽量采用坚牢可靠的自紧结，对布面质量要求高的织物最好采用捻结器进行无结接头。

6. **筒子的卷绕密度** 筒子卷绕密度受到络纱张力及筒子用途的影响，其大小以络筒紧密且具有一定的弹性为原则。用于高速退绕的筒子，宜采用较大的密度，以防退绕时脱圈。染色用的筒子应采用较小的卷绕密度，以利于染色均匀。

四、络筒产量计算

1. **理论产量 G_1［kg/（台·h）］**

$$G_1=60\cdot A\cdot v\cdot \mathrm{Tt}\cdot 10^{-6}$$

式中：v——络筒速度，m/min；

A——每台络筒机的锭数；

Tt——纱线的线密度，tex。

2. **生产效率** η

$$\eta=\frac{t_1}{t}\times 100\%$$

式中：t_1——生产延续时间；

t——有效生产时间。

3. **实际产量** G_2［kg/（台·h）］

$$G_2=G_1\cdot\eta$$

五、络筒质量控制

1. **筒子的形式**　由于纱线的种类和筒子最终使用的目的不同，筒子的卷绕形式也不一样。一般按有边筒子和无边筒子分如图4–5所示的几种。图4–5（a）为圆柱形有边筒子，纱圈间距很小，近似于平行卷绕，其容量较大，但需切向退绕，退绕速度低，张力波动大，丝、黄麻生产中尚有使用。图4–5（b）、（c）为圆柱形无边筒子，用于低速整经生产中。图4–5（d）、（e）为圆锥形无边筒子即宝塔形筒子，绕纱各层纱圈倾斜地交叉卷绕，其容量比平行筒子小，但轴向退绕利于高速退绕，且张力均匀，使用广泛。图4–5（f）为三圆锥形即菠萝形无边筒子，它具有一般圆锥形无边筒子的优点，且结构稳定，不易塌，容量很大，多用于化纤长丝的卷装生产中。

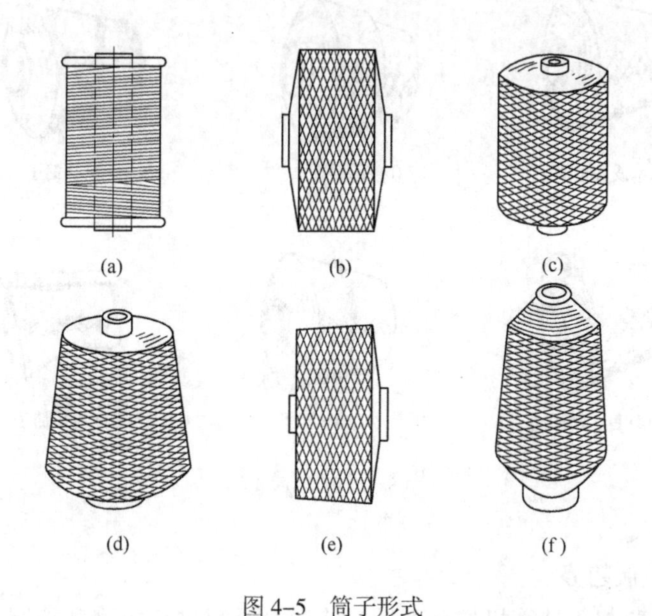

图4–5　筒子形式

2. **络筒疵点**　络筒过程中若产生各种疵点，则会增加后道工序的断头而降低生产率，且影响产品的质量，因此，防止和清除络筒的疵点极为重要。

（1）松结头和长尾结。主要由于操作不良造成。松结头是因为结头不紧或纱尾太短造成，在整经和织造时会松脱而停车。长尾结是因切除原因而造成，在织造时会纠缠邻纱而造成开口不清或断裂等疵病，也会影响纱线在综眼和筘齿中的顺利通过。

（2）乱结头。接头时没有找出筒子上的断头纱尾而拉断筒子的纱圈与管纱头连接，会影响后道工序的退绕。

（3）搭头。接头时没有找出筒子上的断头纱尾而将管纱头搭在筒子上，会影响筒子的结构与成形质量。

（4）蛛网筒子。蛛网又称为滑边、脱边或攀边，它的形成与操作不良、机械因素有关。蛛网筒子退绕时会造成断头。

（5）重叠筒子。因筒管、锭子、防叠位置不当或运动不良而使纱线重叠成带状，影响筒子成形，并会造成退绕断头或张力不匀。

（6）葫芦筒子。槽筒沟槽边缘有毛刺、张力装置不当、清纱板缝隙阻塞时，使导纱动程变小，形成葫芦状的筒子，需要重新倒筒。

（7）包头筒子。筒管没插到底或筒管孔眼太大或筒子移动再络而造成，应该倒筒或割除。

（8）凸环筒子。纱未断而筒子抬起，使纱圈重叠成条带，形成凸环，整经退绕时易断头。

（9）铃形筒子。锭子位置不正或退绕张力太大，使筒子成铃形，会影响整经退绕。

（10）菊花芯筒子。筒子芯部因纱线张力松弛而挤出小端外，会影响退绕张力均匀等。

其他疵点还有油污纱、原料混杂、飞花或回丝附着等。图4-6为部分有疵点的筒子。

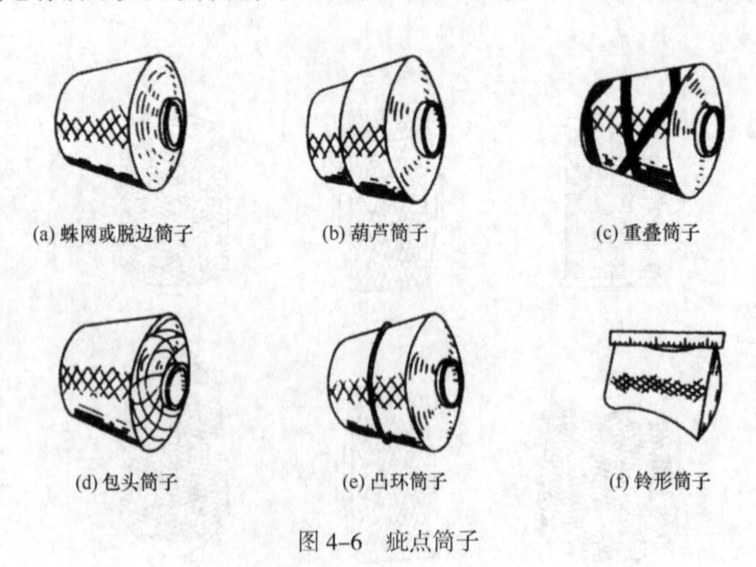

(a) 蛛网或脱边筒子　(b) 葫芦筒子　(c) 重叠筒子

(d) 包头筒子　(e) 凸环筒子　(f) 铃形筒子

图4-6　疵点筒子

六、络筒机的发展趋势

1. **全面计算机控制**　计算机控制系统对络筒全过程进行监测和控制。使用者通过键盘可对各种络筒参数进行设定。能反映生产的各种运行数据、运行状态，并显示故障原因，还可以进行图表分析。

2. **全面自动化**　管纱的理管、生头、管纱输送、管纱补给、换管、接头、换筒以及筒子的运输等工作全部实现了自动化，既减轻了工人的劳动强度，又提高了看台能力。由于各项工作均由机器自动完成，消除了人为操作的影响，保证了络筒质量。

3. **高速、高效、大卷装**　自动络筒机的最高速度可达2000m/min，筒子纱的最大卷绕直径可达300mm。使用单锭式自动络筒机，生产效率能保持90%～95%。

4. **品质优良的筒子纱**　采用多种措施，生产品质优良的筒子。如使用跟踪式气圈控制器，采用气动立式张力装置，使用捻接器接头，使用多功能电子清纱器等。

5. **不间断生产**　在细纱机和络筒机之间增加一个连接系统，把细纱机自动落下来的管纱自动运输到自动络筒机，并在管纱退绕完后自动把空管运回，称之为细络联。细络联将细纱和络筒两个工序合二为一，实现不间断生产，减少了半成品的流动环节，提高了效率，有利于生产管理和半成品质量的提高，且减少了占地面积。

第三节　整经

一、整经的目的和要求

整经的目的是将一定根数、一定长度的经纱按照工艺要求，平行、均匀地卷绕在整经轴或织轴上。

整经质量对浆纱工序能否顺利进行和织物的外观质量是否符合要求有着重大的影响，因此，整经工序必须满足以下的要求。

（1）整经张力要适当、一致，尽可能保持经纱的强力和弹性等力学性能。

（2）单根和全片经纱张力排列要均匀，使经轴表面平整，成形良好，卷绕密度均匀，降低织造断头，提高织物质量。

（3）整经长度、整经根数和纱线排列要符合工艺要求。

（4）接头要小而牢，符合标准要求。

（5）整经生产率要高，回丝要少。

二、整经的方法

织物品种不同，整经的方法也各不相同。按其工艺特征，整经可分为分批整经法、分条整经法、分段整经法和球形整经法四种方法。

1. **分批整经法**　分批整经法是将全幅织物所需的总经根数分成若干批，分别平行卷绕在若干个经轴上，每个经轴上的经纱根数尽可能相等，每批纱片的宽度都等于经轴的宽度，然后再把这几个经轴通过浆纱机浆纱或过水并合，按规定的工艺长度卷绕成一定数量的织轴。国产1452型整经机、1452A型整经机、GA121型整经机和GA113型整经机均为分批整经机。

分批整经法将数只经轴并合成织轴时，不易保持色纱的排花顺序，因此它适用于生产大批量原色或单色织物的整经，少数色纱排花顺序不太复杂的色织物也可用此法。其整经速度快、效率高，但回丝较多，且对多色花纹织物或隐条隐格织物的整经比较困难。

2. **分条整经法**　分条整经法是根据经纱的排列循环和筒子架的容量，将全幅织物所需的总经根数分成经纱根数尽可能相等的若干条带，再将这些条带按工艺所规定的幅宽和长度依次平行卷绕于整经滚筒上，最后由再卷机构将全部经纱条带从滚筒上再卷到织轴上。

分条整经是分条带逐带卷绕，故张力不易均匀，又需经再卷机构，速度慢，生产效率低，适用于不需浆纱或并轴而直接获得织轴的生产。能准确地得到不同捻向、不同色经纱的排列顺序，花色品种变换方便，广泛应用于小批量、多品种的色织生产中，且回丝少。国产G121B型、G122B型整经机均为分条整经机。

3. **分段整经法** 分段整经法与分条整经法相似，是根据工艺要求将全幅织物所需的经纱数分别平行地卷绕到数只窄幅的经轴上，再将若干只窄幅经轴并列地穿在芯轴上形成织轴。数只经轴的卷绕密度、并合总幅宽和织轴相同。多用于对称花型多色织物和针织经编织物的整经生产。

4. **球经整经法** 球经整经法是根据工艺要求将全幅总经根数按筒子架容量分成若干条纱束，分别卷绕成具有网眼结构的圆柱状球经，经绳状染色机染色，再由整经机卷成经轴，上浆合并后成织轴。球经染色较均匀，适用于牛仔布等织物的整经生产。

三、整经工艺流程

1. **分批整经工艺流程** 如图4-7所示，从筒子架的筒子上引出的经纱，经过张力装置、导纱瓷眼、断头自停装置和一对玻璃导棒后，进入伸缩筘，形成宽度适宜、排列均匀的经纱片，纱片绕过导纱辊卷到经轴上，由滚筒的摩擦带动紧压在滚筒上的整经轴回转而卷绕纱线。

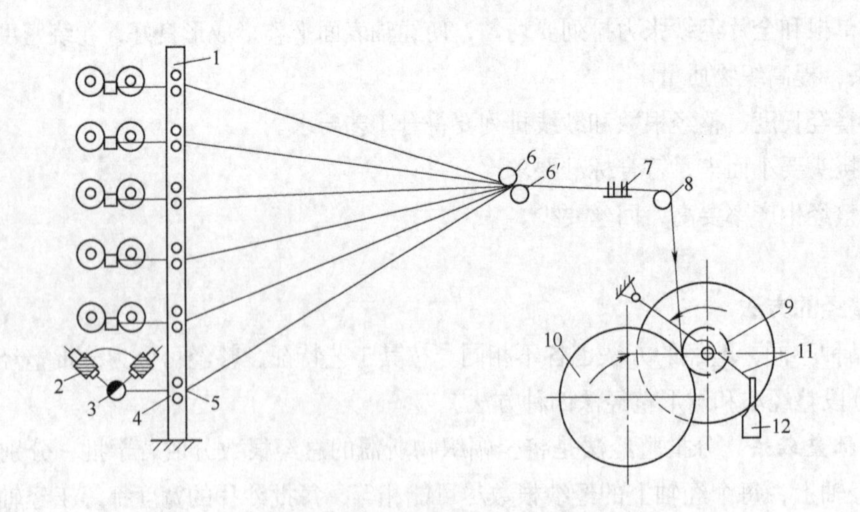

图4-7 分批整经机工艺流程

1—筒子架 2—圆锥形筒子 3—张力装置 4—导纱瓷眼 5—断头自停装置 6，6′—玻璃导棒 7—伸缩筘 8—导纱辊 9—整经轴 10—滚筒 11—经轴臂 12—重锤

2. **分条整经工艺流程** 如图4-8所示，从筒子架的筒子上引出的经纱，经导杆、后筘、导杆、经纱断头自停装置、分绞筘、定幅筘、测长辊以及导辊逐条卷绕到滚筒上，最后全部经纱再卷到织轴上。

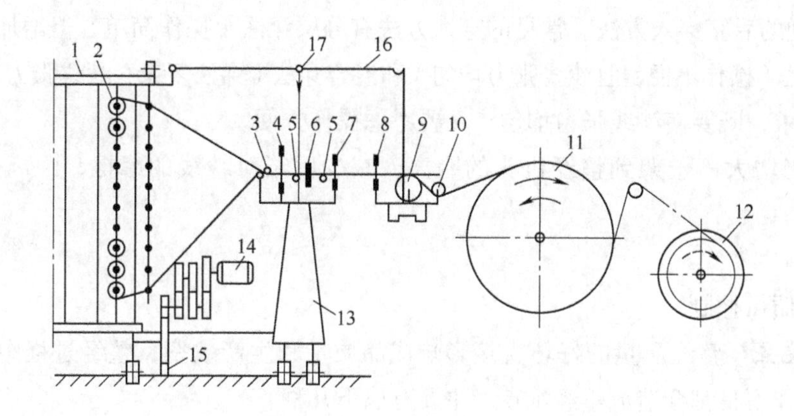

图 4-8　分条整经机工艺流程

1—筒子架　2—筒子　3，5—导杆　4—后筘　6—经纱断头自停装置　7—分绞筘　8—定幅筘　9—测长辊　10—导辊　11—滚筒　12—织轴　13—分绞架　14—电动机　15—齿条　16—钢丝　17—圆环

四、整经张力

整经时，纱线退绕的初张力、张力装置的作用以及纱线与各导纱机件的摩擦作用、筒子的不同配置，都会影响片纱张力的均匀性。整经时，既要考虑单纱张力，又要考虑片纱张力。整经张力的大小会影响卷绕成形、织物的织造工艺和织物的质量。因此，在整经过程中，必须重视整经张力的影响因素，并切实掌握好均匀整经张力的措施。

1. **影响整经张力的因素**　筒子退绕时，纱线形成的气圈与气圈的旋转速度、气圈与筒子表面的摩擦状况都会影响退绕张力的大小。

（1）筒子在一个绕纱循环中退绕时纱线张力的变化。在筒子小端退绕时，纱线张力较小；在筒子大端退绕时，纱线张力较大。最大与最小张力相差极小。

（2）整只筒子退绕时纱线张力的变化。整只筒子在退绕过程中，中筒子时纱线的张力最小，而大筒子和小筒子时张力比较大。

（3）导纱距离造成退绕张力的变化。筒子退绕时，存在最小张力的导纱距离，大于或小于该导纱距离都会使张力增大。

（4）退绕中纱线跳筒子时纱线张力的变化。退绕过程中，纱线从小筒子跳到大筒子，张力会产生突增。

（5）筒子位置的分布对纱线张力的影响。筒子架上，前排位置的筒子引出的纱线张力小于中、后排筒子；上、下层筒子引出的纱线张力大于中层筒子。

（6）张力装置对纱线张力的影响。张力装置不合理的张力配置将直接影响织造生产。

2. **均匀整经张力的措施**

（1）确定好筒子与导纱瓷眼的相对位置，减少纱线与筒子表面的摩擦。通常导纱距离范围是 140 ~ 250mm。

（2）分段分层合理配置张力垫圈重量。根据筒子分布位置，合理设置张力垫圈重量。原则是前排重于后排，中层重于上下层。

（3）合理的后筘穿入方法。常见的穿入方法有分层穿法（操作简单，但增加纱线张力差异）、分排穿法（操作不便，但纱线张力均匀）和混合穿法（穿法复杂，纱线张力较为均匀），应根据产品要求，既要使纱线张力均匀，又要考虑操作方便。

（4）适当增大筒子架到整经机头的距离，减少后筘对纱线的摩擦，距离一般为3.5m左右。

五、整经质量控制

1. **整经疵点** 整经质量的好坏直接影响成品质量和生产效率，整经过程中机械故障、管理不善、操作不良都会造成整经疵点。主要有以下几种。

（1）张力不匀。筒子大小不一、张力圈重量配置不当、经轴与滚筒接触不良等造成张力不匀。

（2）整经长度不准确。经纱张力不一致、断头停车频繁、滚筒表面的滑溜过大、制动故障、调整错误等造成整经长度不准确。

（3）经轴表面不平整，成形不良。筒子退解张力不匀，伸缩筘筘齿稀密不匀，经轴对滚筒表面的压力不匀，经轴幅度调整不当等形成经轴表面不平整或边经松弛、嵌入。

（4）倒断头、绞头。整经时，经纱断头后未及时关车或断头自停装置失灵，而在浆纱时出现一根或几根纱卷绕长度不足即为倒断头。绞头是指在整经断头时错误接头，而使一根或数根纱互相纠缠，使纱排列混乱，造成后道工序生产困难而降低产量、质量。

2. **整经工艺**

（1）整经速度。整经速度的选择应考虑纱线的种类、线密度、纱线质量、筒子质量、筒子成形好坏等。纯棉、涤/棉等纱线可选较高的速度，黏胶纤维等纱线应选用较低的速度。一般纱线细、强力较低时，不宜选用高的整经速度。条干均匀、单强较高、成形好的纱线可选用较高的整经速度。

（2）整经张力。整经张力的配置要保证整经排列、卷绕均匀。可根据筒子架上退绕纱线张力的分布规律，采用分区段配置张力，再配合均匀片纱张力的其他措施，使片纱张力均匀一致，且整经张力的大小要使经轴卷绕密度符合工艺要求。

（3）经纱排列与穿法。经纱排列是否均匀，直接影响经轴表面是否平整。若经轴表面凹凸不平，会造成同层纱在退解时有紧有松，增加浆纱和织造时的断头率。应充分利用筒子架容量，工艺设计时尽可能多头少轴，以减少经纱间的距离。采用伸缩筘横动机构，经纱穿筘方法以分排穿法为宜。

（4）经轴卷绕密度。经轴卷绕密度的大小，可影响原纱的弹性、经轴的绕纱长度和后道工序中纱线的退绕。其大小可由压纱辊的加压大小来调节，根据纤维种类、线密度、工艺特点等合理选择，并受线密度、卷绕速度和整经张力的影响。

（5）整经根数和整经长度。由织物总经根数和筒子架最大容量所得的一批经轴的只数，算出每只经轴的整经根数，各轴整经根数应尽可能相等或接近。整经长度由经轴最大卷绕密度、纱的线密度和整经根数而得，其长度应略小于经轴的最大绕纱长度，为织轴上经纱长度的整数倍，并考虑浆纱的浆回丝长度和浆纱伸长等因素。

六、整经工艺计算

1. **分批整经工艺计算**

（1）整经轴数 n。

$$n=\frac{M}{K}$$

式中：n——一缸（一次并轴）轴数，n 取整数，小数升 1；

M——织物总经根数；

K——筒子架最大容量。

（2）每轴整经根数 m。

$$m=\frac{M}{N}$$

式中：m——每轴的整经根数，同批各轴整经根数尽可能相同或接近；

M——织物总经根数；

N——取整数后的一次并轴数。

2. **分条整经工艺计算**

（1）每绞根数。

$$\text{每绞根数}=\text{色经循环数}\times\text{每绞色经循环重复数}$$

$$\text{每绞色经循环重复数}=\frac{\text{筒子架容量}-\text{单侧边经数}}{\text{色经循环数}}\text{（进位取整）}$$

注意：每绞根数应小于筒子架容量减去单侧边经数；每绞根数应为偶数，以利于放置分绞绳。

（2）绞数。

$$\text{绞数}=\frac{\text{总经根数}-\text{两侧边经数}}{\text{每绞根数}}\text{（进位取整）}$$

多余经纱应在头绞或末绞中加、减调整；头绞和末绞应加入边经数。

（3）绞宽。

$$\text{绞宽（cm）}=\frac{\text{每绞根数}}{\text{滚筒上经纱排列密度}}$$

七、整经机械

1. **筒子架**　筒子架即纱架，用来放置一定数量、一定排列规律的筒子，安装在整经机的后方。筒子架是整经工序的重要组成部分，可调节经纱张力，使单根经纱、片纱张力均匀一致。筒子架的形式和筒子放置的规律将直接影响整经的质量和整经的速度。

筒子架的种类很多，应根据生产品种、整经方式的要求，选择不同结构的筒子架。按筒子架的外形可分成 V 形筒子架（整经速度较低）、矩形筒子架（张力均匀）和矩—V 形筒子架（不停车，提高了生产效率）；按筒子架可否移动分为固定式筒子架和移动式筒子架，分别适用于分批整经法和分条整经中；按换筒方式可分为单式筒子架（断续整经）和复式筒子架（连续整经）等。

2. **张力装置** 筒子在退绕过程中，张力不断发生变化。为力求整经时各根经纱的张力相同，可设置张力装置对各根经纱施加附加张力。常见的张力装置有垫圈张力盘式、单调双圆盘式、无柱统调双圆盘式等。

3. **自停装置**

（1）断纱自停装置。整经时经纱断头，应立即停车。高速整经机上的断头自停装置灵敏度高，可及时处理断头，以使经轴能保持规定根数和卷绕长度的经纱。一般安装在筒子架上或机头上，常见的断头自停装置有接触式、光电式和静电感应式断头自停装置。

（2）测长和满轴自停装置。整经时，经轴有一定的长度要求。要准确测定经轴的整经长度，当整经长度达到工艺要求时自动停车，必须安装测长和满轴自停装置。该装置应准确可靠，而且调节方便，以免上浆并合时产生大量回丝。通常有机械式和电子式测长和满轴自停装置。

4. **分批整经机的经轴卷绕、加压机构** 中低速的经轴卷绕是利用圆柱形滚筒摩擦作用来传动整经轴，以获得恒定的整经线速度。结构简单，但若快速启动或制动时，因整经轴的惯性而使之在滚筒表面打滑，会使纱线受到额外摩擦，且测长不准。因此，高速整经机采用直接传动整经轴的方法进行经轴卷绕，利用变速传动系统，使经轴卷绕线速度恒定。而经轴加压可使经轴获得适宜的松紧度和良好的平整度。

5. **分条整经机的分绞装置** 为使经纱按工艺要求的顺序排列，利于穿经，在条带开始卷绕前，将筒子架上引出的经纱分成上下两层，在两层间穿入一根绞纱，将上下两纱层交换位置后再穿入一根绞纱，此即为分绞。分绞装置由分绞筘和分绞筘升降装置组成。

八、整经机的发展趋势

为进一步提高整经的质量和产量，出现了许多新型整经机。新型分批整经机有Schlafhorst的MZD型、瑞士Benninger ZC/GCF型、美国West Point 821型、德国Hacoba的NHZ-a型、德国Karl Mager的ZM型及日本金丸。新型分条整经机有德国Hacoba公司的USK型、瑞士Benninger公司的SC型等。整经机的发展趋势有以下几点。

（1）高速度、大卷装。新型整经机的整经速度很高。新型分批整经机速度可达1000～1200m/min，经轴盘片直径为800～1000mm，最大幅宽达到300cm。新型分条整经机滚筒卷绕速度达到800～900m/min，织轴盘片最大直径为1250mm，幅宽可达350cm。

（2）采用先进的计算机技术，实现自动化。可通过屏幕设定、控制和显示各种整经参数，进行故障检测，实现精确计长、满长自停等。

（3）断头自停和制动装置高效灵敏。

（4）使用新型筒子架和新型张力装置，保证整经张力均匀。

（5）良好的劳动保护。通过安装光电式或其他形式的安全装置，当人体接近高速运转区域时，会立即停车，避免人身伤亡和机械事故的发生。有些在车头上还装有挡风板，保护操作人员免受带有纤维尘屑的气流干扰。

第四节　浆纱

一、浆纱的目的和要求

经纱上机织造时，要经过成百上千次的拉伸、弯曲、摩擦、撞击等作用，要满足一定的织造要求和产品质量的要求，必须经过浆纱来改善、提高经纱的织造性能。浆纱是织造准备工程中的一个重要工序，浆纱质量的好坏直接影响到产品的质量和生产效率。

1. 浆纱的目的

（1）增强。浆纱时浆液浸入纱线内部，使纤维与纤维粘连，增加强力，降低断头。

（2）减摩。浆液使纱线表面的毛羽伏帖，形成一层良好的薄膜，从而减小摩擦，增强耐磨性。

2. 浆纱的要求

（1）浆料黏附性能好、黏附力强，既有一定的渗透，又有一定的被覆。

（2）浆液要有较好的吸湿性，使浆膜平滑、柔韧，弹性良好。

（3）浆料易退，且不形成污染。

（4）上浆均匀，浆轴质量好。

二、浆料

浆料的种类很多，按其作用分为主浆料（黏着剂）和辅助浆料（助剂）两大类。主浆料能改善经纱的织造性能，辅助浆料能改善或弥补主浆料在上浆性能方面的某些不足。

1. 常用主浆料

（1）天然淀粉。天然淀粉取自一些植物的种子、果实或块根，如小麦淀粉、玉米淀粉、马铃薯淀粉、米淀粉、甘薯淀粉等，资源丰富，价格低廉。天然淀粉对棉、麻、黏胶等亲水性纤维有很高的黏附力，而对疏水性纤维的黏附力很差，不适于纯合成纤维的经纱上浆。浆膜强度大，弹性差，比较脆硬，耐磨性不如其他浆料。

（2）变性淀粉。变性淀粉是以天然淀粉为母体，通过化学、物理或其他方法，使天然淀粉的性能发生显著变化而形成的产品。常用的变性淀粉有酸解淀粉、氧化淀粉、酯化淀粉、醚化淀粉、交联淀粉、接枝淀粉等。与天然淀粉相比，变性淀粉在水溶性、浆液稳定性、对合成纤维的黏附性、低温上浆适应性等方面都有不同程度的改善。在浆纱工序中，变性淀粉的使用品种越来越多，使用比例和使用量也越来越大。

（3）聚乙烯醇（PVA）。PVA浆液黏附性均比天然浆料好，成膜性好，浆膜耐磨而有弹性，有良好的吸湿性，但上浆时有结皮、起泡现象，影响分纱，对疏水纤维黏附性稍小。退浆废液对环境有污染。

（4）聚丙烯酸类。聚丙烯酸类浆料对疏水性纤维具有优异的黏附性，水溶性好，易于退浆，不易结皮，对环境污染小。但其吸湿性和再黏性强，只能作为辅助浆料。聚丙烯酸类浆料的种类很多，如聚丙烯酰胺、聚丙烯酸甲酯、聚丙烯酯类共聚物等，每一种根据其组成单体不同，性能也会有所不同。

2. *辅助浆料* 辅助浆料可充分发挥主浆料的性能，改善浆料的上浆性能，增进上浆效果。

（1）分解剂。淀粉在酸、碱、氧化剂等分解剂作用下加速分解，成为更小的可溶性淀粉，以提高上浆效果。

（2）柔软剂。为了改善浆膜的柔软性、光滑性，使浆膜柔软而富有弹性，常加入适量的柔软剂，使黏着剂结合松弛，增加可塑性，提高浆纱质量，减少织造断头率。常见的柔软剂有乳化油有较好的软化性；柔软剂SG，有良好的软化性、润湿性和浸透性；柔软剂101，有良好的乳化性。柔软剂不宜使用过多，否则会降低浆膜的质量。

（3）浸透剂（润湿剂）。要增大纤维间的抱合，牢固浆膜，必须通过浸透剂减小浆膜的表面张力，使浆液迅速、均匀浸透，以提高浆纱质量。常见的浸透剂有：太古油（土耳其油），适用于碱性或中性浆液；JFC，浸透性、乳化性好；平平加O，浸透性良好。还有拉开粉、浸透剂M、肥皂等。浸透剂既有助于浸透、乳化，又具有柔软、吸湿、减摩等作用。

（4）吸湿剂。为提高浆纱的吸湿量，改善浆膜的吸湿性能，浆液中常加入吸湿剂，以保持浆膜的柔软和弹性。常用的吸湿剂有甘油、食盐等。甘油吸湿性强，能软化、防腐。

（5）消泡剂。浆液起泡多时，会使上浆不足、上浆不匀，可加入油脂、硬脂酸、松节油等，使泡沫膜壁张力不匀而破裂。

（6）防腐剂。浆液中的淀粉、蛋白质、油脂等许多物质，易产生霉菌，使浆料变质，常加入2-萘酚、氯化锌、水杨酸、苯酚等防腐剂。

（7）减摩剂。为使浆纱手感滑爽，开口清晰，减少断头，常加入适量减摩剂，降低浆膜的摩擦因数，来改善浆膜的平滑性。常用的减摩剂有滑石粉、膨润土、石蜡、硬脂酸等。

（8）防静电剂。若静电积聚，将会引起纱线毛羽突出，以致经纱开口困难，故在浆料中常加入SN或P抗静电剂。

（9）表面活性剂。表面活性剂同时具有亲水基和亲油基，使油剂在浆液中分散、乳化。既具有油剂的各种性能，又具有各助剂的功能。

（10）溶剂。浆料和溶剂（水）调和成一定浓度的浆液，水质量的好坏，影响到浆液的渗透和被覆程度，影响浆纱手感粗硬度等。水常有软、硬水之分，常用水的硬度≤178.4mg/L［≤10°（德制硬度，即1L水中含有相当于10mg CaO时水的硬度为1°）］。

三、典型浆纱机的工艺流程

1. *热风喷气式浆纱机的工艺流程* 如国产G142B型浆纱机，工艺流程如图4-9所示，浆膜成形较好，烘燥效率较高，浆纱机车速达60m/min。适用于13tex以上（45英支以下）的纯棉或涤/棉纱上浆。

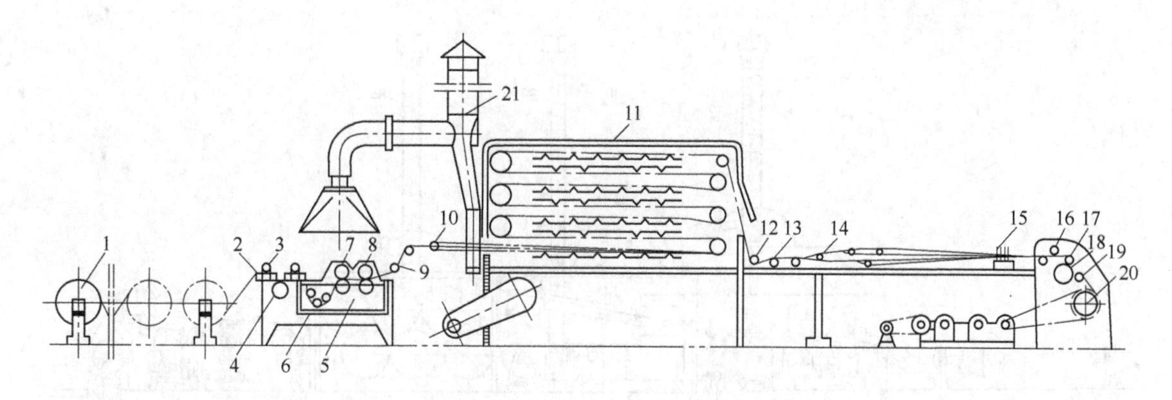

图 4-9　热风喷气式浆纱机工艺流程

1—经轴　2，9，13，19—导纱辊　3—张力落下辊　4—引纱辊　5—浆槽　6—浸没辊　7，8—挤压辊
10—湿分绞棒　11—烘房　12—张力调节辊　14—分纱棒　15—伸缩筘　16—平纱辊
17—测长辊　18—拖引辊　20—织轴　21—排气管

2. **烘筒式浆纱机工艺流程**　如图 4-10 所示为九烘筒式浆纱机的工艺流程。该设备有较为完善的拖动、经纱张力、伸长及回潮自控系统。烘燥效率高，浆纱速度快，品种适应性强，速度可达 80m/min，适用于棉纱、涤 / 棉纱、黏胶丝、合纤长丝上浆。

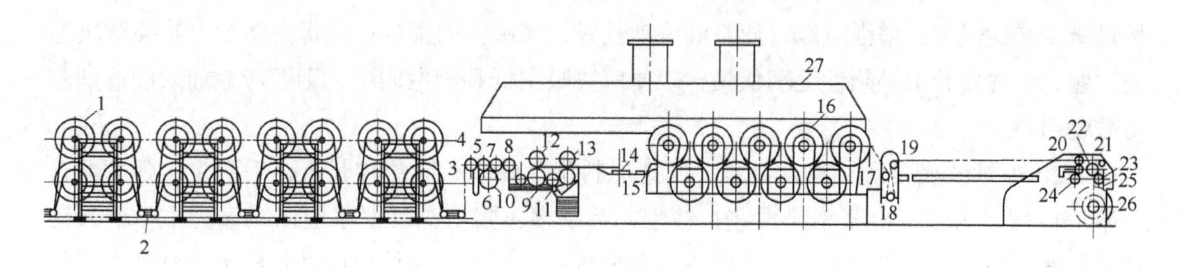

图 4-10　九烘筒式浆纱机工艺流程

1—经轴　2，3，5，7，8，15，17，19，21，23，25—导纱辊　4—张力落下辊　6—引纱辊　9—浆槽
10，11—浸没辊　12，13—挤压辊　14—湿分绞棒　16—烘筒　18—张力调节辊　20—伸缩筘
22—拖引辊　24—卷绕张力调节辊　26—织轴　27—排气罩

3. **热风烘筒式联合浆纱机工艺流程**　如图 4-11 所示为单程热风六烘筒式浆纱机的工艺流程。该设备具有热风烘燥和烘筒烘燥的优点。热风烘燥浆膜成形好，烘筒烘燥效率高，浆纱质量好，品种适应性广，纯棉纱或涤 / 棉纱的浆纱速度可达 35 ～ 55m/min。

四、浆液质量控制

1. **调浆配方的依据**　浆液的配备即调浆，调浆工艺决定浆液质量的好坏，影响浆纱质量。因此，要根据上浆品种、品种规格特征、工艺条件等，结合浆料特性选择黏着剂和助剂。

（1）纤维种类。不同纤维与不同黏着剂间的相溶性、亲和性各不相同，体现出各不相同的黏着力和不同的上浆效果。如棉和黏胶纤维大分子中有亲水性基团，应选用含有大量羟基的淀粉或 CMC 类浆料；涤纶、锦纶宜分别选聚丙烯酸酯类、聚丙烯酰胺作为主浆料；羊毛和

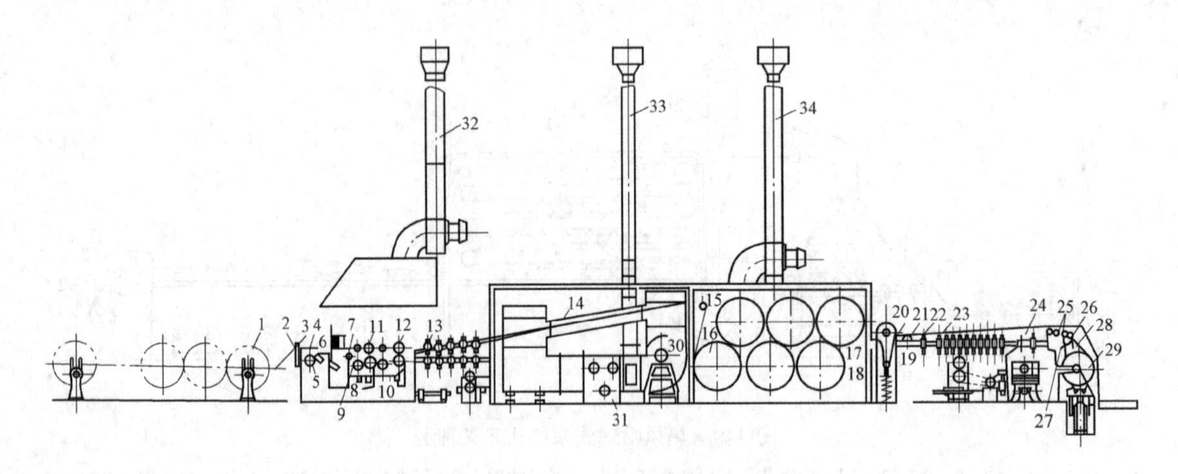

图 4-11　单程热风六烘筒式浆纱机工艺流程

1—经轴　2，4，6，7，15，17，18，20，22，26，28—导纱辊　3—张力落下辊　5—引纱辊　8—浆槽　9，10—浸没辊　11，12—挤压辊　13—湿分绞棒　14—预烘室　16—烘筒　19—张力调节辊　21—上蜡辊　23—大分纱棒　24—小分纱棒　25—平纱辊　27—拖引辊　29—织轴　30—循环风机　31—加热器　32，33，34—排气管

蚕丝与明胶、聚丙烯酰胺有很好的亲和性；富强纤维一般可用淀粉浆料或CMC类的化学浆料，尽量减少弹性损失，增强减摩，使浆液流动性好，浆膜薄而柔软；涤棉混纺纱上浆要解决毛羽问题，所选黏着剂必须使毛羽伏帖；若要解决吸湿低和静电问题，则要考虑加入浸透剂和防静电剂等。

（2）原纱线密度和结构。纱细，所选原料优，弹性、断裂伸长大，毛羽少，强度低，上浆应以增强为主，上浆率应大些；纱粗，毛羽多，强力高，上浆应以减摩为主，增强为辅；捻度大的纱，吸浆性差，应考虑渗透和分解；捻度小、结构松的纱，应考虑黏附力强的浆料。

（3）织物组织和织物密度。织物组织不同，交织次数不同，产生的摩擦也不同。同条件下，交织次数多的组织织物的经纱上浆量大，要考虑耐屈曲、柔软、减摩。织物密度大、结构紧、摩擦大，要考虑增强和耐磨。一般细特、高密织物，增强、耐磨、保持弹性伸长并重，应选用黏附性好的优质淀粉浆料或化学黏着剂以及质地优良的油脂或滑石粉。细特、低密的织物以增强、保持伸长为主，耐磨为辅。中特、高密织物应以减摩为主，选用好的黏着剂、减摩剂，可使纱具有良好的被覆性。中特、低密织物则以增强为主，可选用一般的淀粉浆料或与化学浆料混合。

（4）浆料品质。要考虑浆料的协调、互溶、易溶性。选配时应充分发挥各浆料的特性和浆料间的配合特点，如酸性浆中需用碱性中和剂中和，碱性浆不宜用酸性防腐剂等。

（5）织造工艺条件和坯布用途。织造工艺条件不同，经纱受作用的程度不同。坯布用途不同，加工条件不同。如烧毛处理时要考虑对纤维的损伤，退浆时要考虑退浆方便等。

2. **浆液质量控制**

（1）淀粉生浆的浓度。要适时测定淀粉生浆、混合生浆的浓度，以确定生浆中含无水淀粉的质量，准确、稳定浆液的含固量，控制浆液浓度。

（2）浆液浓度。浆液中所含干燥的浆料质量对浆液质量的百分比称为浆液含固率即浆液浓度，是影响上浆率的决定性因素。水的蒸发或蒸汽冷凝水使浆液变稠或变稀，会对上浆质量带来影响，因此，对供应桶的混合生浆和浆槽中的熟浆液都应检测浆液浓度。常用透明溶液中浓度或溶质性质的不同，产生光的折射率不同的原理来测定。

（3）浆液黏度。要使经纱上浆率稳定，必须使浆液黏度稳定。浆液的黏度影响着经纱上浆率的稳定性。同种浆料黏度高，则黏附力大。常用旋转式黏度计、恩格拉黏度计来测量，生产现场采用漏斗式黏度计测量。

（4）浆液的 pH。pH 的大小，不仅影响纱线、织物的物理力学性能，而且对浆液黏度、黏附力和浸透性等都有很大的影响。如酸性太大，会降低淀粉浆液的黏度和黏着力等。棉纱宜中性上浆，毛纱宜中性或弱酸性上浆，黏胶丝宜中性上浆，合纤除强酸碱外影响不大。pH 常用 pH 试纸或 pH 计测定。

（5）浆液温度。浆液温度不仅与纱线强力、弹性、定形等有关，而且影响浆液的黏度和浸透性。浆液温度应依据纱线特性、浆液特性和上浆工艺特点等来决定。如黏胶纤维受热湿处理时的强力、弹性会受损失，浆液温度宜低一些。棉纤维表面有棉蜡，浆液温度宜高一些。浆液温度高，浆液黏度下降，增强了对经纱的渗透性，浆膜较薄。浆液温度低，渗透少，多为表面上浆。棉纱淀粉上浆温度为 85 ~ 100℃，一般多为 98℃，用化学浆时为 80℃左右；涤 / 棉纱一般在 90 ~ 95℃。

五、浆纱质量控制

浆纱的质量直接影响织机的产量和织物的质量，必须预防、消除浆纱疵点，并严格控制浆纱工艺要求，提高浆纱的质量。

1. 浆纱疵点

（1）上浆不匀。若浆液黏度、浆槽温度、浆纱车速不稳定，压浆辊包卷不良，两端压力不一致，则会造成上浆不匀，使织机开口不清，产生断边、断经，形成棉球、三跳、吊经、纬缩等疵布。

（2）回潮不匀。若蒸汽压力、浆纱车速不稳定，压浆辊包卷不平或表面损坏，两端加压不均匀，散热器、阻汽箱失灵，烘房热风不匀或排湿不正常，则会造成回潮不匀，使织机开口不清，增加三跳疵布。

（3）张力不匀。若拖引辊包布包卷不良或损坏，各导辊或轴不平行、不水平，轴架加压两端不一致，经轴千米纸条调节不好，则会造成张力不匀，使断经增多而影响织物质量。

（4）浆斑。若浆槽内浆液表面凝固成浆皮或停车时间过长，造成横路浆斑；湿分绞棒转动不灵或停止转动而附上余浆，一旦再转动时会造成横路浆斑或经纱黏结；压浆辊包布有折皱或破裂，压浆后纱片上会出现云斑；蒸汽压力过大，浆液溅在已被压浆辊压过的浆纱上，会形成各种浆斑，使相邻纱线黏结，使分纱、织造时断头增加。

（5）黏、并、绞。若溅浆、溅水或干燥不足，浆槽浆液未煮透或黏度太大，经轴退绕松弛、经纱横动、纱片起缕、分绞时撞断或处理断头没分清层次，排头（割取绕纱）操作处理不妥，则会造成黏或并或绞，从而影响穿经，增加吊综、经缩、断经、边不良等疵布。

（6）多头少头。若各导辊有绕纱而浆纱缺头，经纱附有回丝、结头不良等，使浸没辊、导纱辊、上浆辊发生绕纱，筘齿碰断，整经头分出错，会造成多头或少头，降低织机效率，产生疵布。

（7）软硬边。若伸缩筘位置走动，织轴轴片歪斜，压纱辊太短或转不到头，两端高低不一；内包布两端太短，形成嵌边或松边，织造时易断头而影响织物的外观质量。

此外，还有流印或漏印、经纱长短不一、油污污渍等疵点。

2. 浆纱工艺

（1）上浆率。上浆率的大小是以上浆后浆纱的干重增量与上浆前经纱干重的百分率来表示，反映了经纱上浆后附着其上浆料的多少。因此，上浆率在一定程度上表示了经纱上浆后的强力和耐磨性能的高低。上浆率是浆纱质量的重要指标，浆纱质量要求上浆率大小要符合上浆工艺要求，且均匀稳定。上浆率指标应根据线密度、捻度、织物组织与织物密度来确定。纱越细，上浆率应越高；纱线的捻度越小，上浆率越高；织物的密度越小，织造时受摩擦少，上浆率应适当低些；平纹组织比斜纹组织、缎纹组织交织点多，屈曲、拉伸多，上浆率应较高些。上浆率偏高，浆纱粗硬，脆断头增多，浆液耗用多，且损伤纱线弹性伸长，增加断头。上浆率偏低，浆纱强力和耐磨性差，也易断头。在浆纱时应严格控制上浆率，差异范围尽可能小，一般规定不超过 ±1%；上浆率在6%以下时，则不超过 ±0.5%。

（2）回潮率。浆纱回潮率是浆纱中所含有的水分对浆纱干重之比的百分率，对浆纱的织造性能影响很大。回潮率小，浆膜粗糙，易发生脆硬而断头；回潮率高，浆膜发黏，片纱易黏结，分纱或织造易破坏浆膜，落浆多，耐磨差，经纱发毛，开口不清，断头增加，且易发霉。一般上浆率大、线密度低、总经根数多，回潮率高。适当的回潮率可使浆纱具备适当的耐磨性和坚韧性，这与织物质量密切相关。浆纱回潮率的大小，应根据纤维的种类、线密度、织物经密和上浆率大小来确定，必须合理控制上浆过程中的影响因素。如烘房温度高，则回潮低；浆纱速度快，烘燥时间短，回潮低。同样，浸浆时间长短、浆液浸透能力、上浆辊圆整度、压浆辊压浆力和包卷质量、纱线结构及张力等均会影响吸浆率的大小和均匀，从而影响回潮率的大小和均匀。

回潮率通常掌握在：棉纱为7% ±0.5%，黏胶纤维为10% ±0.5%，涤棉混纺纱为2%～3%。

（3）伸长率。浆纱伸长率是上浆后经纱的伸长量与上浆前经纱长度的百分比，反映经纱上浆后弹性的损失程度。经纱在上浆过程会受到一定的拉伸作用，可使织轴卷绕紧密，层次清晰，改善张力均匀性，使织物表面平整，但其张力、伸长必须控制在适当的范围内。若伸长过小或负值，则不利于浆纱机正常运转和织轴卷装的良好；若伸长过大，则纱线的弹性损失太大，使织物断裂强度降低，或出现织物短码。棉纱、涤 / 棉纱一般分别掌握在1%、0.7%左右。要合理控制浆纱伸长率的因素，掌握恰当的浆纱伸长。

六、新型浆纱技术

1. **高压上浆** 常压浆纱机由于压浆力不足，使得浆纱回潮率高，烘房蒸汽消耗大，车速慢，落浆多，浆料浪费等。高压上浆压浆辊采用了气动加压杠杆加压（现代浆纱机的压浆力可达40kN），高压上浆时的上浆辊与压浆辊综合考虑了表面的形状和硬度，配有压浆力调节装置，上浆效果较好，而且降低了湿浆纱的含水，减轻烘燥负担，既提高车速40%左右，又可节约能源。在黏着剂的选择上，要力求使浆液具有高含固量、低黏度、高流动性的特点，使浆纱顺利进行。

2. **干法上浆** 这种方法克服了传统上浆热能消耗大，易造成环境污染的不足。

（1）溶剂上浆。利用有机溶剂沸点低、比热小、潜热小、烘燥时蒸发溶剂要比蒸发水节能数倍的特点，以有机溶剂代替传统的浆料对长丝进行干法上浆。

（2）热熔上浆。在整经机上加装一根带沟槽的罗拉，固体浆料受热流入沟槽底部，经纱穿行于沟槽时形成表面上浆，当卷到轴上时熔融浆料已冷凝，不需要浆槽和浆房烘燥，浆料易回收、退浆，比传统浆纱机节能80%左右。

3. **泡沫上浆** 选用易成泡沫的浆液，搅拌形成泡沫，经纱在泡沫中穿行，泡沫破裂从而达到上浆的目的。由于湿浆纱的含水很少，故能起到节能的作用。

七、浆纱机的发展趋势

新型浆纱机主要向阔幅化、适当高速、自动化、通用化、联合机和节能方向发展。

1. **阔幅化** 为适应阔幅织物的需要，浆纱幅宽也相应增加，有的浆纱机能浆3.2m的织轴，并且采用直径800mm的大卷装。有的浆纱机能双织轴生产。

2. **适当高速** 在提高自动化和提高烘干效能的前提下，以提高浆纱质量为主，适当提高车速。

3. **自动化** 除了继续提高和完善已有的一些自动控制装置，正在研究用计算机进行控制，以实现浆纱各种参数自动控制的要求。

4. **通用化** 一机多用，适应品种的多样性。通过轴架、浆槽、烘燥机构等部件的不同组合，能适应不同原料、织物的上浆要求。如单双浆槽的选用、热风、烘筒的选用或联合使用。

5. **联合机** 可缩短工序，降低成本，目前已有整浆联合机、染浆联合机。

6. **节能** 采用多烘筒烘燥对节能很有利。新型浆纱技术如高压上浆、干法上浆、泡沫上浆等，在很大程度上也是从节能出发进行研究的。

第五节 穿结经

穿结经是经纱织前准备的最后一道工序，是根据织物工艺设计要求，将织轴上的经纱按一定的规律穿入（或后插放）经停片、综眼和筘齿，正确控制经纱运动。

穿结经的工艺直接影响织造工程和成品质量，因此，要严格按要求穿结经，以满足织造工程的需要。

一、穿经

如图 4–12 所示为穿经工艺过程。

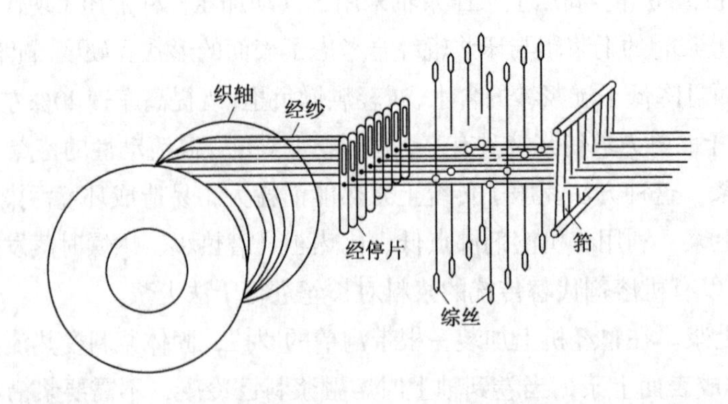

图 4–12　穿经示意图

1. **穿经方法**　常见的穿经方法有手工、半自动和自动穿经三种。

（1）手工穿经。即人工分纱，用穿综钩将经纱按工艺要求穿入经停片和综眼中，用插筘刀把经纱穿入筘齿。每人每小时可穿 1000 ~ 2000 根经纱，适应性广，穿经质量高，绞头少，综筘和经停片可拆卸，便于维修，但劳动强度高，产量低。

（2）半自动穿经。即将手工变为机械操作，自动分纱、穿经停片和插筘。每人每小时可穿经 2000 ~ 2500 根，可提高穿经速度和穿经效率，减轻劳动强度。

（3）自动穿经。分纱、分经停片、分综丝、穿引和插筘全部自动化，大大减轻了工人的劳动强度，提高了生产效率。

2. **穿经主要构件**

（1）综框。综框的作用是在开口机构的带动下，使经纱按规定的织物组织要求做有次序的升降，形成梭口。综框由综丝、综框架和综丝杆等组成。综丝中部有综眼，与综丝耳环平面成 45°，以便经纱与综框平面大致垂直通过，减少经纱受到的摩擦。综丝要有足够的弹性，综丝表面必须光滑，以减少对经纱的摩擦。其粗细依据经纱的粗细而定，长度依据织机开口大小而定。综丝杆的列数按织物品种确定，综框页数依据织物组织规律而定，每页综框上综丝数依据织物总经根数决定。列数多，综丝密度少，相互间的摩擦小。高经密织物常用单列或复列式的飞穿法。

（2）钢筘。钢筘的作用是控制织物的经密和幅宽，将纬纱推向织口，并作为梭子运动的导向。棉织生产中多用胶合筘，特厚和密度大的织物多用焊接筘，较牢固。钢筘中筘齿的密度用筘号来表示，10cm 长度内的筘齿数称为公制筘号，2 英寸内的筘齿数称为英制筘号。筘号大小随织物的经密和经纱线密度而定，每筘齿穿入数根据织物的结构和织造条件而定，一般可选用 2 入、3 入、4 入等。

（3）经停片。经停片的作用是使织机在经纱断头时立即停车，防止断经织疵的产生，提高产品质量。经停片穿在经停杆上，经停杆可有 4 ~ 6 排。经停片在经停杆上的允许排列密度和经纱线密度有关。经停片密度过密时，会使断头停车的发动不够灵活。一般经纱线密度低，允许密度大；线密度高，允许密度小。经停片的穿法有顺穿、飞穿和重叠穿法三种。

二、结经

1. **手工结经** 用手工结经代替手工穿经，将机后的纱尾与新织轴上的经纱通过打结连接起来，再拉过经停片、综眼和钢筘。手工结经效率高，但停机时间长，且钢筘易单向磨损，适用于复杂组织织物。

2. **自动结经** 用自动结经机将新轴上的经纱与带有经停片、综框和钢筘的了机经纱逐根打结，再拉过经停片、综框和钢筘。自动结经降低了工人劳动强度，提高了劳动生产率，但要注意综框和钢筘的维修和适时更换，适用于品种不变的生产。

第六节 纬纱准备和定捻

一、纬纱准备

纬纱准备是将纬纱卷绕成适当的卷装形式，供织造时使用。有梭织机使用的纬纱要求卷绕成纡子，在无梭织机使用的纬纱卷装要求是筒子，纱线通过络筒工序就可获得筒子。而纡子分为两种，一种是在细纱机上由纬管直接纺成的直接纬纱，另一种是经卷纬装置卷成纡子的间接纬纱。

1. **卷纬的作用** 采用卷纬工序，可改善纱线的工艺性能，去除部分纱疵，改善纱线张力的均匀性，提高纬纱的质量，减少织造时纬纱断头和纬向疵点，并增大卷装密度和容量，减少换纬次数和换纬回丝，提高织机生产效率。因此，高档织物多用间接纬生产，一般中、低档原色织物采用直接纬。纬纱通过给湿、加热定捻，稳定捻度，减少脱纬，有利于织造。

2. **纡子的结构** 纡子的卷装形式因织机型号、使用梭子规格不同而异。纡子纱的卷绕结构与经纱管相似，通过锥形纱层的叠加，形成头部锥形的圆柱体形状，纡管底部略成锥形，可减少底部纱层退绕时的脱圈和断纬。纡管表面有细槽，可增加对纬纱的摩擦，防止击梭时产生脱纬、崩纬现象。

二、卷纬机

生产中常见的 G191 型半自动卷纬机是一种卧管、无锭、单面卷纬机，四锭一节，每五节一台，能自动完成卸纡、换纡、生头、剪断纱尾和卷绕备纱等一系列动作。锭速多为 4000r/min，机构小，精细，动作可靠。但纬纱断头时，四锭同时停车，故效率不够高。

三、纬纱定捻

若纬纱张力过小、捻度较大或纱的弹性好且反捻强，在织造时有可能出现脱纬、纬缩和起圈的现象。通过定捻，可使纬纱具有适当的回潮率，有利于提高纬纱的强力，稳定纬纱的捻度，增加纱层间的附着力，加大纬纱通过梭眼时的摩擦力，减小纬缩或脱纬现象。定捻的方法主要有给湿定捻和热湿定捻两种。

1. **给湿定捻** 纬纱给湿定捻可通过喷雾器喷出水分，使纬纱吸收空气中的水达到适当的回潮率，或将纬纱放入竹筐或铜篓内，用热水浸渍或用毛刷、喷雾器或喷嘴用水直接对纬纱给湿。

2. **热湿定捻** 热湿定捻常用于涤/棉混纺纱的定捻，在热和湿的共同作用下，定捻效果大大提高。常见有SFVC—1型和HO32型热定捻锅，利用蒸汽进行热湿定捻。经定捻后的涤/棉纱，强力有所下降，且会产生收缩而细度有所增加的现象。因此，要控制好温度和时间。

第七节 开口

要形成机织物，经、纬纱线必须交织，经纱必须产生一定的沉浮，分成上、下两层，使经纱形成一个可供纬纱引入的空间。由于综框的升降运动使经纱上、下分开的运动，称为开口运动，即开口。开口运动的机构即为开口机构。在满足顺利引纬的条件下，要尽量减小开口过程中经纱所受的各种负荷，以减少经纱断头，提高织机的产量和织物的质量。

一、梭口

如图4-13所示为梭口的侧视图，综框的上、下升降使经纱分成上、下两层，形成一个菱形的空间$AB_1CB_2'A$，即为梭口。在综框平齐、经纱不分开时称为综平时间。

1. **梭口大小** 梭口大小通常以梭口的高度、深度（或长度）和梭口角等来衡量。

（1）梭口高度。梭口满开时，经纱的最大升降动程（即开口时经纱在垂直方向上的最大位移）H称为梭口高度。

（2）梭口角。上、下两层经纱在织口A与中导棒C处所形成的夹角叫梭口角，$\angle\alpha$为前梭口角，$\angle\beta$为后梭口角。

（3）梭口深度（或长度）。织口到经停架中导棒的水平距离L称为梭口长度或深度，

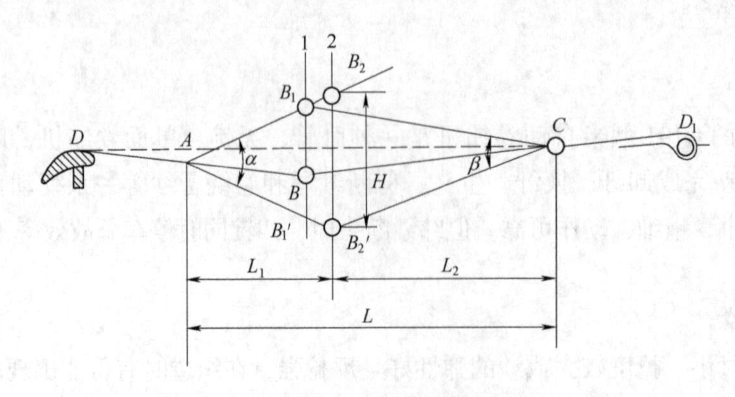

图4-13 梭口的侧视图

L_1、L_2为前后部深度，当$L_1=L_2$时称为对称梭口。一般采用$L_1 < L_2$的不对称梭口，这样可在梭口高度不变的条件下，得到较大的前梭口角和前梭口高度，有利于梭子的运动，且可减少经纱伸长变形；反之，伸长变形大，易打紧纬纱。

2. **梭口清晰度**　织机上采用多页综框织造时，各页综到织口的距离不等，且受机构的限制和综框高度等因素的影响，在梭口满开时，会形成不同清晰程度的梭口。梭口的清晰度与引纬运动、经纱的断头及织物质量密切相关。梭口常有清晰梭口、半清晰梭口和不清晰梭口三种之分。

（1）清晰梭口。在梭口满开时，梭口前部的上、下两层经纱各处在同一平面上的梭口为清晰梭口。在其他条件相同的情况下，清晰梭口的前部具有最大的有效空间，引纬条件最好，适合任何引纬方式，对喷射引纬尤为重要。织机上一般多用清晰梭口。但综片较多时，后综的经纱张力大于前综的经纱张力，且张力差异较大，易造成后综经纱断头。故上、下运动频繁或弹性和强力较差的经纱尽量穿在前综，以减少经纱断头。

（2）半清晰梭口。在梭口满开时，梭口前部的下层经纱都处在同一平面上，而上层经纱不在同一平面上的梭口为半清晰梭口。该梭口下层经纱完全平齐，有利于梭子飞行平稳，且经纱张力较均匀。但此梭口的开口机构较复杂，在车速不很高时可采用。

（3）不清晰梭口。在梭口满开时，梭口前部的上、下层经纱都不在同一平面上的梭口。其梭口的前部有效空间最小，梭口不清，不利于引纬，易造成跳花、断经、飞梭及轧梭等现象。一般不采用这种梭口，但因各综框动程相等，经纱张力较均匀，且上、下两层经纱不在同一平面上，可防经纱间粘连，故对经密大和平整度要求高的织物，可考虑使用。

3. **梭口的种类**　不同类型的织机、不同种类的开口机构，形成梭口的方式也不完全相同。根据开口过程中经纱运动的特征，可分为以下几种梭口。

（1）中央闭合梭口。在完成每次开口运动后，所有的经纱都要回到综平位置，再分别向上、下两个方向运动形成新梭口的开口方式。其优点是：在形成梭口的过程中，经纱同时运动，故经纱张力较均匀；梭口闭合时，经纱在综平位置，处于同一平面上，便于挡车工处理断头。缺点是每一次开口，经纱都要上下运动，增加了经纱受力的次数，易磨损经纱，增加断头，且经纱变位频繁，影响梭口的稳定性，对引纬不利。

（2）全开梭口。在完成每次开口后，需要改变运动规律的经纱上、下变换，不需改变运动规律的经纱保持原位不动的开口方式。其优点是在每次开口运动中，并非所有的经纱都要运动，故经纱摩擦少，断头降低，且动力消耗少；同时，经纱变位次数少，梭口较稳定，利于走梭引纬。缺点是开口过程中，各层经纱张力有差异，对织物外观有影响，且部分经纱在梭口满开、张力较大时停留时间长，易受损而断头；同时，在综平时除平纹织物外，经纱不在同一平面，不便于断头处理，需加平综装置。

（3）半开梭口。在完成每一次开口后，需要改变位置的经纱上下变换，而保持原位的上层经纱略微下降后再上升，下层经纱不动的开口方式。其优点与全开梭口的相仿，但经纱张力差异则稍有改善。

采用何种开口方式，应视纱线性质、织物结构和织机的速度等因素而定。毛茸多、表面粗糙的经纱，宜选中央闭合梭口，以防经纱黏结而开口不清形成织疵和断头。经纬密较大，且织物表面平整度要求较高的织物，经纱张力差异应小，同时采用摆动后梁调整经纱张力，宜选中央闭合梭口。而织机速度较高，梭口应稳定，引纬条件要好，经纱间摩擦也需较小，则宜选全开梭口。

二、开口机构

开口机构可使综框做升降运动而形成梭口，控制综框的升降顺序。常用的开口机构有以下几种。

1. **凸轮开口机构** 凸轮开口机构是利用凸轮控制综框的升降运动和升降次序，由凸轮外廓曲线的形状来决定综框升降运动的规律。一般控制 8 片以内的综框，常用于织制平纹、斜纹和简单的缎纹织物。

2. **多臂开口机构** 综框的升降顺序由机构的不同部件完成，由提综执行装置和提综控制装置两部分组成。

（1）提综执行装置。提综执行装置有往复运动的拉刀和拉钩组成的提综机构、或由回转件组成的提综机构，其高速适应好。

（2）提综控制装置。即选综装置，对经纱提升的次序进行控制，有机械式和电子式两种。机械式由花筒、纹板等实现对综框的选择，控制经纱的升降次序。电子式则通过计算机、电磁铁等实现对综框的选择，品种变换快速、可靠。

多臂机的回综靠机构或弹簧使综框下降，分别称为积极式和消极式多臂开口机构。织物组织循环大于 8 时，就需要用多臂开口机构。其开口能力较大，一般可控制在 25 页以内，最多可达 32 ~ 43 页综，适用于织制较为复杂的小花纹织物。

3. **提花开口机构** 提花开口机构实现了每根经纱的独立上下运动，开口能力大大提高，可织制运动循环经纱数为 100 ~ 2000 根的大花纹织物。常见的提花开口机构有机械式和电子式两种。机械式包括单动式和复动式，是利用花筒中纹板上的孔眼来控制横针、竖针的运动，从而控制与竖针相连的经纱的升降。而电子式则是通过计算机、电磁铁等实现对竖针的选择，响应速度快，能适应织机高速运动的要求，且花纹变化方便。

三、开口工艺参数

1. **开口时间** 在开口过程中，上下运动的综框相互平齐的瞬间称为开口时间（又称综平度或综平时间），实际生产中通常是以综平时筘面离胸梁内侧边缘的距离来表示。开口时间决定了开口运动在织造循环中的位置，影响到开口与引纬、打纬的配合。开口时间早，打纬时织口处的梭口角大，经纱张力大，有利于开清梭口，使经纱充分伸直，布面平整，经纱对纬纱的包围角大，打纬后的纬纱不易反拨后退，有利于打紧纬纱，使织物紧密厚实。同时，钢筘对经纱的摩擦及打纬过程中经、纬纱间的摩擦加大，经纱易起毛茸，若采用不等张力梭口，可使织物获得丰满的外观。但开口早，闭口也早，不利于梭子顺利飞出梭口，且因打纬时经纱张力大，易产生断头。

开口时间的早晚，对经、纬纱的缩率也有影响。开口早，打纬时经纱张力大，经纱屈曲小，纬纱屈曲大，则经缩小、纬缩大，直接影响织物的结构和经、纬用纱量。开口时间的早晚，要根据织物品种、原纱情况、质量要求及织造条件、实际生产等因素综合确定。

2. **梭口高度**　为保证引纬顺利进行，梭口必须达到一定的高度。不同的机型、不同的引纬方式，具有不同的梭口高度。有梭织机梭口高度大，无梭织机则比较小，其中喷气织机、喷水织机较片梭织机、剑杆织机梭口高度小。若梭口高度大，则引纬方便，但经纱伸长大，经纱张力大，使经纱断头增加。在保证正常引纬的条件下，为减少经纱断头，应尽量降低梭口高度。

梭口高度的确定，应考虑引纬器的结构尺寸、引纬与打纬运动的配合。同时，必须考虑织物的结构、纱线性质和织物品种等因素。

3. **经位置线**　经位置线是指综平时的织口、综眼、经停架中导棒和后梁握纱点等各点所连接成的一条折线。经位置线不同，经纱张力不同，对织物结构、外观质量和织机生产率都有不同的影响。实际生产中，常通过调节后梁的高低来改变经位置线，使梭口上、下两层张力不同，尽量减小经纱在综眼处的曲折角度。同时使综眼、中导棒和后梁握纱点处于一直线上，以减少经纱断头。

第八节　引纬

引纬是在梭口形成后，通过引纬器将纬纱引入梭口，以实现经纱和纬纱的交织。一般分为有梭引纬和无梭引纬两大类。

有梭引纬是通过装有纡子的梭子通过梭口引入纬纱，梭子在一次引纬过程中，必须完成梭子在梭箱中静止→飞行→静止的运动过程。因此，有梭引纬织机必须配置投梭、制梭等装置，产生投梭、制梭等动作，并配有探纬、自动换梭及梭箱升降、梭箱变换控制等装置。有梭织机的投梭和制梭机构如图 4-14 所示。

有梭引纬结构简单，调节方便，适应性广，布边光洁平直；但噪声大，动力和机物料消耗大，织疵多，且不适应高速生产，产量低。为克服有梭引纬的缺陷，进而发展出了无梭引纬。下面将对无梭引纬方式进行详细介绍。

一、无梭引纬的类型

生产中常见的无梭引纬有剑杆引纬、喷气引纬、片梭引纬和喷水引纬四种。

1. **剑杆引纬**　剑杆引纬利用剑杆的往复运动将纬纱引入梭口，是最早使用的无梭引纬方式，应用也最为广泛。其结构简单，运转平稳，价格适中，产品适应性广，噪声低，适用于多色纬、阔幅及特种织物的织造。剑杆引纬的主要机构及工艺原理如下所述。

（1）剑杆。剑杆的形式和配置有很多种，主要可按以下特征分类。

①按剑杆材料分：剑杆有刚性和挠性之分。刚性剑杆刚直坚牢，退出梭口后所占空间大，

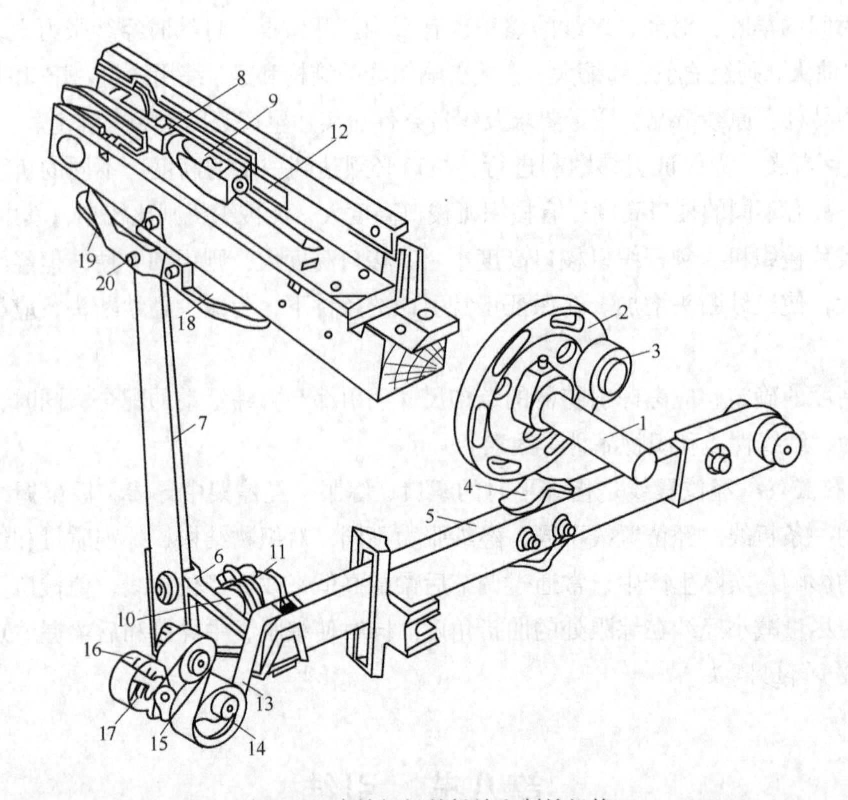

图 4-14　有梭织机的投梭和制梭机构

1—中心轴　2—投梭盘　3—投梭转子　4—投梭鼻　5—侧板　6—投梭棒角幅　7—投梭棒　8—皮结　9—梭子　10—十字炮脚　11—扭簧　12—制梭板　13—缓冲带　14—偏心轮　15—固定轮　16—弹簧轮　17—缓冲弹簧　18—皮圈　19—皮圈弹簧　20—调节螺母

比较笨重，惯性大，不利于高速生产。挠性剑杆由柔性扁平的尼龙剑带和剑头组成。引纬靠挠性剑带的伸卷完成，退出梭口后的剑带可卷绕到传剑盘上，这使得织机的占地面积小，而且剑带质量轻，有利于高速和宽幅。

②按剑杆数目分：剑杆织机有单剑杆和双剑杆之分。单剑杆引纬是仅在织机的引纬侧安装一根比布幅宽的刚性单剑杆，由它的往复运动将纬纱引入梭口。这种引纬方式可靠，剑头结构简单，但剑杆尺寸大，占地面积大，剑杆动程大，车速受限制。双剑杆引纬是梭口两侧都装有挠性剑杆，分别称为送纬剑和接纬剑。引纬时，送纬剑夹住纬纱并送到梭口中央，然后将纬纱交付给也已运动到梭口中央的接纬剑，完成交接后两剑各自退回，由接纬剑将纬纱拉过梭口。这种引纬方式剑杆轻巧，结构紧凑，便于达到宽幅和高速，加上纬纱交接已很可靠，极少失误，因此目前广泛采用的是双剑杆引纬。

（2）传剑机构。剑杆引纬需要传剑机构，使剑杆进出梭口。在双挠性剑杆织机上，传剑机构的运动必须使得在纬纱交接时，接、送纬剑有一定的交接冲程，使送纬剑上的纬纱能顺利滑过接纬剑的钩口，进入接纬剑钳口，且送、接纬剑进足时间应有一个时间差，使两剑交换的相对速度小，并使纬纱保持小张力，防止纬纱松弛，保证交接纬纱的可靠性。

传剑机构可固装于筘座上或固装于织机的机架上，前者称为非分离式筘座，后者称为分离式筘座。由于分离式筘座的剑杆织机引纬时筘座静止在最后位置，所需要的梭口高度较小，打纬动程也小，且筘座质量轻，有利于提高车速，高速剑杆织机较多采用这种方式。

2. 喷气引纬　喷气引纬是通过喷射气流对纬纱产生的摩擦力牵引纬纱。机构简单，操作安全，自动化程度高。引纬速度高，噪声低，适合低线密度、高密和宽幅、组织简单的织物。喷气引纬的主要机构及工艺原理如下所述。

（1）气源。气源向喷嘴提供优质稳定的高压气流，有单独供气和集体供气两种。集体供气是利用一个中心空压站同时向若干台喷气织机供气，由于设有除水、除杂、除油设备，能制备高质量的压缩空气。现代喷气织机几乎全部采用集体供气的方式。

（2）储纬器。多用定鼓式储纬器，以利于高速引纬。可自动控制储纬量，均衡张力和定长，引纬质量高。

（3）主喷嘴。主喷嘴的作用是将从储纬器进来的纬纱以压缩空气喷射而出，使纬纱获得足够的飞行初速度，并送入梭口。常见有平直的圆形喷嘴、渐缩的圆锥形喷嘴、组合喷嘴。现代喷气织机主要采用由圆锥形气室和平直的圆形导管组成的组合喷嘴。主喷嘴或固装在筘座上或分离，非分离式有利于宽幅和高速，且引纬气压、耗气量可降低。

（4）辅助喷嘴。辅助喷嘴的作用是在引纬过程中，不断向梭口补充高速气流，保持气流对纬纱的牵引作用，稳定纬纱的速度状态，使纬纱顺利飞过梭口。辅助喷嘴固定在筘座上，随筘座一起摆动，其个数随筘幅增加而增加。打纬时它退到布面下，引纬时随筘座的后摆进入梭口。

（5）异形筘。异形筘与平筘的形状不同，钢筘的筘片上有横向凹槽，形成筘槽，是气流的通道，具有限制气流扩散的作用，同时也是纬纱飞行的通道及打纬点。由于异形筘制造困难，精度高，对材料要求高，因此价格比较贵。

3. 片梭引纬　片梭引纬是用片状夹纱器即片梭的梭夹钳口夹住纬纱头端，将纬纱引入梭口。片梭的尺寸、重量很小，适用于高速、宽幅引纬。产品适应性广，质量好，产量高，噪声小。片梭引纬的主要机构及工艺原理如下所述。

（1）储纬器。储纬器是无梭织机上为适应高入纬率而采用的机电一体化装置。将纬纱从筒子上退绕到绕纱鼓上，引纬时纬纱再从绕纱鼓上退出。纬纱张力大大降低，张力更均匀。

（2）扭轴投梭。通过扭轴的变形储能，最大扭转状态的保持，扭轴的复位，释放储能，使片梭加速到所需的飞行速度，再由油压缓冲制动。另外还有扭簧、气动、电磁力等投梭机构，但以扭轴性能最好，应用普遍。

（3）片梭的制动。片梭出梭口的速度很高，制动定位必须快速、准确。主要由接梭箱中两只并列的制梭块起作用，其中制梭块对飞入和飞出接梭箱的片梭起或不起制动作用，固定制梭块靠弹簧产生制动压力，保证片梭正确制位。

4. 喷水引纬　喷水引纬是利用喷射水流对纬纱产生摩擦牵引力将纬纱引入梭口，纬纱飞行速度快，织机速度最高，噪声最低。因为使用水流作为引纬介质，一般限用于疏水性纤维织物的织造。

喷水引纬的原理、装置与喷气引纬相似，但也有其特有的装置。喷水引纬的主要机构及工艺原理如下所述。

（1）喷射泵。利用立式或卧式吸入型水泵的定速喷射或定角喷射方式产生高压水流供给喷嘴，同时消除水中气体并过滤杂质。

（2）喷嘴。喷水织机上只有一只喷嘴，整个引纬过程靠它完成，不需要辅助喷嘴。常见的有封闭式和开放式两种。封闭式喷嘴，始喷压力较高，压力稳定，纬纱飞行稳定，纬缩疵点少，但结构复杂。开放式喷嘴结构简单，使紊态水流改善成近似层流状态，水流集束性高，流速快，但每纬间有水泄漏，耗水量较大。

（3）织物干燥装置。喷水引纬织造的织物，下机后含水量较高，有时可达40%以上。在生产和存储中易产生霉变、虫蛀或变色等疵点，影响产品质量，故需要进行干燥。织物的干燥多采用机上除水与机下烘燥相结合的方式。机上除水的方法有两种，一种是挤压去水，另一种是真空吸水。机下烘燥也有两种方法，织物用烘筒烘干和用装在织机上的红外线风干装置干燥。

二、无梭织机的比较和选用

1. **入纬率**

入纬率（m/min）= 筘幅 × 车速

入纬率综合了织机主轴转速、上机幅宽、纬密等因素，反映了织机的生产速度。喷水织机入纬率可达1900m/min，喷气织机入纬率最高达1800m/min，片梭织机最高可达1600m/min，剑杆织机最高可达1000m/min。

2. **织机效率** 无梭引纬时经纱张力较大，对经纱的要求较高。故原纱质量和引纬的可靠程度会影响织机的效率。喷水、喷气属于消极引纬，片梭、剑杆是积极引纬。一般的平均效率从高到低依次为：片梭织机、剑杆织机、喷水织机、喷气织机。

3. **纬纱回丝率** 采用机外筒子供纬方式，大多形成毛边，需剪掉纬纱纱头，故纬纱回丝率都大于有梭织机。

4. **纬纱线密度要求** 剑杆织机和片梭织机是积极引纬，因而对纬纱适应性都较强较广，片梭织机对纬纱的控制性更强些，而剑杆织机对纬纱品种的适应性更广些。喷水织机、喷气织机是消极引纬，牵引力有限，对纬纱线密度的使用范围比剑杆织机、片梭织机小。喷气引纬时，纬纱太细易被吹断，太粗则气流牵引力不足。

5. **织物组织及幅宽** 喷气织机和喷水织机对梭口的清晰度要求高，故适合简单的组织；片梭织机配有多臂开口机构，组织可复杂些；剑杆织机可配备多臂或提花开口机构，适应的组织范围最广。喷气织机、喷水织机对气压和水压有一定的要求，剑杆头及剑杆运动的平稳性影响机速的提高，而片梭飞行速度高，且飞行减速小，故片梭织机幅宽变动的灵活性最大，其次为剑杆织机。片梭织机上机筘幅可超过5m，剑杆织机可达4.5m，喷气织机可达3.5m，喷水织机可达2.5m。

6. **织机的选用** 小批量、多品种、组织较复杂的织物，选用剑杆织机；质量要求较高、产品附加值大、特种装饰和特宽织物，选用片梭织机；大批量低、中特纱的简单组织织物，选用喷气织机；疏水性长丝织物大批量生产，选用喷水织机；牛仔布，选片梭织机或剑杆织机；

防羽绒布，选剑杆织机、片梭织机或喷气织机；真丝织物，选片梭织机或剑杆织机；仿真丝织物，选片梭织机、剑杆织机或喷水织机。

第九节　打纬

将引入梭口的纬纱推向织口，与经纱交织形成规定纬密织物的过程称为打纬运动。由打纬机构来完成，而织物的经密和幅宽则由钢筘来控制。有梭织机、片梭织机和剑杆织机中，钢筘还能组成引纬器的通道，引导梭子、片梭和剑杆；在喷气织机上，异形筘的筘槽可防止气流扩散。

一、打纬机构

打纬机构的类型很多，采用何种打纬机构主要与织制织物的原料、组织结构、幅宽、车速、引纬方式等因素有关，常用的打纬机构有连杆打纬机构和凸轮打纬机构等。

1. **连杆打纬机构**　连杆打纬机构是织机上使用最为广泛的打纬机构。其中，四连杆打纬机构结构简单、制造方便，但筘座运动无静止时间，因而对打纬不利；而六连杆打纬机构筘座相对静止时间较长，可提供较长的纬纱飞行时间，利于引纬。

2. **凸轮打纬机构**　凸轮打纬机构可大幅度扩大打纬角，对引纬有利，也可提高织机的速度或织机的筘幅，并可通过更换打纬凸轮来满足不同工作幅宽的要求。

二、打纬机构的工艺要求

打纬机构的运动必须与生产的织物品种相适应，必须符合织造工艺的要求，以达到最为理想的经济效益。因此，打纬机构必须满足下面的工艺要求。

1. **有利于打入纬纱**　打纬力的大小必须与织物种类的要求相适应。如织物紧密，则要求打纬坚定有力；织物轻薄，则要求打纬柔和。而要使织物达到一定的纬密，则钢筘必须在经纱方向有足够的刚度。尤其是高纬密织物，若刚度过小，则达不到一定的纬密，也会产生纬档疵点等。

2. **有利于梭子安全飞行**　梭子通过梭道时，筘座运动应相对缓慢而平稳，并使梭子紧贴钢筘和走梭板飞行。

3. **有利于扩大纬纱飞行角**　引纬时，筘座相对静止或停顿的时间尽可能长些，使纬纱通过的时间角度尽可能增加，可达到增加织机幅宽、提高车速、降低梭子飞行速度及减小机物料消耗等目的。

4. **有利于织机高速**　在保证打纬力要求的前提下，筘座的质量要轻，运动要平稳，以减轻机台的振动。

此外，打纬机构要结构简单、牢固，使用可靠，装配方便。应尽可能地减小打纬动程，减少钢筘对经纱的磨损。

三、打纬工艺与织物的形成

产品的质量要求与织机打纬工艺特点密切相关，织物的特征决定了打纬的工艺要求。

1. *织物组织结构与织物的形成* 织物组织不同，经纬交织点数也不同。在其他条件相同的情况下，经纬交织点数少，打纬阻力小，打纬区宽度也小。织物的经纬密、紧度大，打纬阻力和打纬区也大，而纬密的影响远大于经密。实际生产中常使织物的纬密小于经密，易于织造，也可提高产量。

2. *上机张力与织物的形成* 经纱上机张力是指综平时的经纱静态张力。上机张力的大小，对打纬阻力和打纬区有着显著的影响。生产中常采用调节上机张力的大小，来控制打纬区的大小。上机张力大，经纱屈曲小，纬纱屈曲大，打纬时经纬纱的相互作用加剧，打纬阻力增加，但由于经纱和织物刚性系数增大，经纱不易伸长，打纬过程中织口移动量减小，因而打纬区减小。

对于各种织物，都应确定适当的上机张力，以求织造顺利。一般情况下，紧密织物的上机张力可适当加大，可使开口清晰，便于打紧纬纱，但不宜过大，否则断头增加。稀薄织物的上机张力应适当减小，以减少经纱断头，但若过小，则打纬使织口移动量大，经纱与综眼摩擦加剧，断头也会增加。

3. *后梁高度与织物的形成* 后梁高度决定打纬时上、下层经纱间的张力差异。一般后梁高，下层经纱张力大于上层经纱张力，纬纱沿下层经纱较易织入织口，减小了打纬阻力，且因下层经纱的作用，织口移动也小，打纬区也小。但后梁过高，会造成上层经纱过于松弛、梭口不清、下层经纱张力过大等，引起跳花、跳纱或断经。

后梁高，上层经纱松，易屈曲且横向移动，可调整经纱排列的不均匀规律，有助于清除筘痕，使织物外观平整、丰满。

低特高密府绸织物，筘齿厚度影响小，后梁可低一些。双面斜纹类织物，则用低后梁，使上、下层经纱张力接近相等，使织物外观纹路突出、清晰而挺直。单面斜纹后梁高于双面斜纹，使织物正面纹路突出。缎纹织物一般用低后梁，上层经纱不宜太松，使布面平整光滑。

4. *开口时间与织物的形成* 开口时间的迟早，决定着打纬时梭口的高度和经纱张力的大小。开口时间早，打纬时梭口高度高，经纱张力大，经纬纱作用加剧，打纬阻力增大，且上、下层经纱张力大，织口移动量减小，打纬区小，纬纱不易反拨后退。若过早，会使筘齿对经纱的作用加剧，损伤纱线，断头增加。因此，开口时间的迟早要根据织物品种、其他工艺条件以及梭子进出梭口挤压的适宜度等因素来确定。

第十节 送经和卷取

为了使织造顺利进行，必须从织轴上适时有规律地送出定量长度的经纱，并将已形成的织物及时引离织口，绕到卷布辊上，这样的运动称为送经和卷取运动。它们分别由送经机构和卷取机构来完成。

一、送经机构

作为送经机构，必须保证从织轴上均匀地送出经纱，以适应织物形成的要求；使经纱具有符合工艺要求的上机张力，并在织造过程中保持张力的稳定，张力波动小。常见的送经机构主要类型有以下几种。

1. **消极式送经机构**　适当制动织轴，当经纱张力超过对织轴的制动力和织轴自身的惯性阻力后，由经纱拖动织轴回转送出经纱。适用于送经量大，而张力和送经均匀性要求较低的品种。

2. **积极式送经机构**　由驱动装置使织轴主动地适时送出固定长度的经纱，没有张力调节装置，应用少。

3. **调节式送经机构**　由送经机构驱动织轴回转，送出经纱，而织轴回转时送经量由张力调节机构控制。该机构种类多，应用最广泛。调节式送经装置可分为机械式和电子式两种。如片梭织机和喷气织机中的摩擦离合器式送经机构，由经纱送出传动装置、经纱张力调节装置组成。结构简单，送经量易控制。若送经量不足时，经纱张力增大，可增加织轴的转动量和经纱的送经量。剑杆织机中常用亨特式机械送经机构，喷气织机、喷水织机中多为Zero—Max式机械送经机构。GTM型剑杆织机、PAT型喷气织机中的电子调节式送经机构，使用单独传动的送经装置，控制经纱张力，调整织轴的转动量，送出张力均匀的经纱。

二、卷取机构

卷取机构将织物卷绕成一定的卷绕形式，并通过织物的引离速度大小调整织物的纬密。常见卷取机构的主要类型有间歇式和连续式两大类。

1. **间歇式卷取机构**　织物的卷取周期性地发生在织机主轴回转的一定时期。机构较为简单，调节方便。但卷取时有冲击，机件易磨损，易传动失灵，会使织物纬密不匀，且布面游动会造成边经断头。适用于车速不高的织机中。

2. **连续式卷取机构**　织物卷取随织机主轴的回转连续不断地进行。卷取运动平稳，没有冲击，机件磨损轻，但结构复杂，多用于新型织机中。如JHT600型喷气织机等使用了电动卷取机构，可自动控制和调节纬密，品种的适应性增强。

第十一节　下机织物整理

下机织物的整理是纺织生产的最后一道工序。当织机上织成的织物卷到卷布辊上，达到规定的落布长度后，将卷布辊取下，送入整理车间对织物进行检验、折叠、定等和打包等一系列工作。经此工序后，布匹可供市销或印染加工。

一、整理工序的目的和要求

（1）按国家标准和用户要求，逐匹检验布匹外观疵点，正确评定织物品等，保证出厂的产品质量和包装规格。

（2）在一定程度上对布面疵点进行修、织、洗，以消除产品疵点，提高织物外观质量。

（3）通过整理工序，发现连续性疵点等质量问题时，可采取跟踪检查、分析原因等措施，防止产品质量下降，并落实责任。

（4）检验评分和定等时应力求准确，避免出现漏验、错评、错定。

（5）计长正确，成包合格。

二、整理工艺流程

整理的工艺流程要根据具体的织物要求而定，一般包括以下工艺过程。

1. **验布** 检验织物外观质量。典型的验布机有 G312—110 型、G312—130 型、C312—160 型、G312—180 型，最大工作幅宽分别为 1100mm、1300mm、1600mm、1800mm。

2. **刷布** 清除布面杂质和回丝，改善布面光洁度。典型的刷布机有 G321—110 型、G321—130 型、G321—160 型、G321—180 型，最大工作幅宽分别为 1000mm、1200mm、1500mm、1700mm。

3. **烘布** 降低织物回潮率，防止霉变。典型的烘布机有 G331 型。

4. **折布** 将织物按规定长度折叠成匹，以便计算产量和成包。折幅一般为 1m 或 1 码。典型的折布机有 G331 型。

5. **分等** 根据质量标准，准确评定织物品等。

6. **整修** 在规定的范围内整修布面疵点，改善织物外观。

7. **开剪、理零** 按规定对织物进行开剪并理清大、中、小零布。

8. **打包** 按成包规定，将布匹打包，以便运输。

第十二节　织物织疵分析与质量分析

一、常见织疵分析

1. 有梭织机常见疵点分析

（1）断经。断经是影响有梭织机效率的最主要因素。原纱质量、浆纱质量、综筘保养、经纱上机张力、工艺参数选择及车间温湿度等都与断经有密切关系。

（2）筘痕。筘痕是指布面经向的条状稀密不匀。经纱在筘齿中排列不均匀、筘齿变形、经纱绞头、综框变形等都会产生筘痕。

（3）双纬、百脚。布边外的纬纱断头，纱尾织入织口，或断纬关车不及时，在织口内缺一根纬纱，便形成平纹中的双纬疵点或斜纹中的百脚疵点。

（4）脱纬。投梭力过大而使梭子回跳，卷纬过松，使纬纱退绕过多，在织物表面形成纬圈的现象。

（5）云织。送经、卷取不均匀，使织物表面局部稀密不匀或稀疏方眼，形成云斑状的疵点。

（6）纬缩。纬纱捻度过大、给湿不足、开口不清、纬纱张力不足、梭子回跳过大，都会使织物中的纬纱呈扭结状，或在织物表面出现纬圈的疵点。

（7）锯齿边。纬纱退绕不顺利、张力不均匀，使布边内卷而形成锯齿；或是织轴上机不良，边经张力不匀，使布边不平整而呈锯齿状。

（8）方眼。织造平纹时，后梁过低，开口时间过迟，打纬后上、下层经纱张力接近，与纬纱交织时，部分经纱不能横向移动，而在布面呈网针孔状的现象。

（9）轧梭结头。织机刹车制动、经纱保护装置失灵，造成轧梭时大量断经，形成密集的结头。

（10）经缩。经纱片纱张力不匀，部分经纱松弛，张力调节不当，使部分经纱以松弛状织入布内，呈毛圈状的波浪纹形。

（11）跳花、跳纱、星跳。因开口不清或开口和引纬时间配合不当，断经不停车，投梭太早或太迟，制梭等装置不良，造成三根或三根以上的经纱或纬纱脱离组织，并列地跳过多根纬纱或经纱而浮于织物表面成跳花疵点；一根或两根经纱或纬纱，跳过三根及以上的纬纱或经纱成跳纱疵点；一根经纱或纬纱，跳过两根至四根纬纱或经纱，形成星点状的星形跳花疵点。

（12）幅宽宽或窄。筘号选择有误、车间温湿度控制不当、上机张力过大或过小等造成。

（13）吊经。部分经纱在织物中张力过大而形成吊经疵点。

2. *无梭织机常见疵点分析*

（1）断纬。右侧布边的纬纱头端处有轻微的缠结或弯曲，或引纬力不足、开口不良、纬纱延时到达或开口时间与纬纱飞行时间配合不当，纬纱被左侧布边的经纱绞住、经纱片纱张力不匀或经纱附有纱疵等，引纬的喷射压力太高或纬纱有弱节，测长储纬不稳定、引纬力太强、作用时间太长或纬纱细节在布幅宽度范围内被吹断，纬纱飞行不正常等均会引起断纬织疵。

（2）烂边、散边、豁边、毛边。烂边是边经未按组织要求与纬纱交织，致使边经纱脱出毛边之外；豁边是边经与纬纱交织不紧，致使绞边纱滑脱；散边是绞边经与纬纱交织松散，使边部经纱向外滑移；毛边是废纬纬纱不剪或剪纱过长。

（3）纬缩。张力较小情况下，纬纱扭结织入布内或起圈于布内的现象。

（4）双脱纬、稀纬、缺纬、双纬。纬停探测器失灵，发生引纬故障而不停车；或引纬失误、送纬器调节不当等所致。

（5）断经。张力过大等形成断经。

（6）破洞。卷取机构故障造成的拉扯破洞。

（7）稀密布。送经机构故障造成一侧布面纬纱特别密，另一侧特别稀。

（8）跳花、星跳。跳花：3 根及以上的经 / 纬纱相互脱离织织，并列跳过多根纬 / 经纱而呈现“#”字浮于布面。星跳：1 根经 / 纬纱跳过 2 ~ 4 根纬 / 经纱，在布面形成一直条或分散星点状。

二、织物质量分析

织物质量是指织物能够满足人们需要或要求的程度，它包含的内容是多方面的。而用途不同，人们对织物的需求和要求也不一样，同样织物质量检验和分析的内容也不同。

织物的质量可根据质量检验结果和质量标准确定织物的品等来反映。如本白棉布以匹为单位，分优等、一等、二等、三等及等外品。通过检验织物组织、幅宽、密度、断裂强力、棉结杂质疵点格率、棉结疵点格率和布面疵点来单独评等，以其中最低一项的品等作为该匹布的品等。

由此而得的织物品等并不能全面而深入地反映织物的质量。常用实物质量作为考评织物质量的一种方法，通过纱线条干、棉结杂质、布面平整度、布边平直度、织物风格五个方面，深入反映纤维原料、纱线质量、织造及染整加工生产水平的综合质量。

1. **纱线与织物质量**

（1）捻系数。一般纱线均需加一定捻度，捻系数的大小可影响织物的质量。捻系数大，则纱线紧密，影响浆液的浸透，被覆比和上浆率小，若织造时张力小，则易扭结，产生纬缩疵点，影响卷装的卷绕密度；反之，捻系数小，则纱线强力低，易产生断头，影响质量。夏季用麻纱织物，捻系数较大，织物硬、挺、爽、稀薄。内衣用纱线捻系数小，织物松散，毛茸多而厚实。经纱要求强度高，耐摩擦，捻系数较大；纬纱要求柔软，不产生纬缩，捻系数较小。

（2）捻向。捻向不同，则光线的反射方向不同。采用不同经、纬捻向的配置，可获得如隐条、隐格、厚薄、松软不同的外观效应。另外，不同的纱线结构形式，如花式线、包芯纱等将使外观效应丰富多彩。

（3）细度偏差。细度偏差指的是实际生产出的纱线细度与设计细度之间的差异百分数，一般用重量偏差来表示。重量偏差为正值，说明纺出的纱线偏粗，纱线长度不足，织物过密过厚；重量偏差为负值，则纱线偏细，织物稀薄，紧度与布重不够。

（4）纱线条干。纱线条干不匀易形成条纹，影响织物平整度，织造易断头，影响外观。

（5）棉结杂质、纱疵。棉结杂质、纱疵多，织物外观差，手感粗糙，毛羽多，开口不清，易断头或烂边或出现跳花。

2. **温、湿度与织物质量** 适当的温、湿度可使纱线具有良好的强度，毛羽少，断头少，织物长度和幅宽符合工艺要求，布面平整，外观良好。若棉织生产时相对湿度过高，则络筒除杂困难，浆纱不易烘干，经纱易黏并，织造时开口不清，经纱张力大，伸长大，布幅窄而布长增加，织物易发霉；反之，则纱线毛羽多，飞花多，易脆断，纱线松弛且张力不匀，布幅变阔而布长缩短，纱线强度下降，布面毛糙不平，纬缩、脱纬疵点增多。棉、麻纱线相对湿度可适当高些，可提高其强度，有利于降低断头，提高生产质量；合纤一般相对湿度较低；纱线粗，相对湿度可高些，以改善柔软性，防止脆断头。若棉纱选用淀粉上浆，则相对湿度高些，可防浆膜硬而脆、落浆、脆断等。

因此，要提高织物质量，既要严格控制原料、纱线质量，还要提高织造设备条件和技术管理水平，减少疵点，使织物的各项指标达到和符合产品规格或设计要求。

第十三节　织造技术的发展趋势

有梭织机有噪声大、车速低、生产效率不高、产品质量差、机物料消耗多、工人劳动强度大、用工多、安全性低等缺点。而无梭织机的优势在于：产品档次高，能适应细密织物的要求；同时，无梭织机自动化程度高、能对织造全过程进行监控，而且所使用的载纬器或载纬介质体积小，质量轻，从而为采用小开口、短打纬动程的织造工艺创造了条件，使无梭织机具有产品质量好、劳动生产效率高、速度快、噪声低等优点。所以，无梭织机取代有梭织机是织机发展的总趋势。无梭织机的发展趋势简介如下。

1. **剑杆织机**　剑杆织机由于品种适应性强，在无梭织机中占有相当比例，在生产高密度防水布、帆布、汽车安全气囊、夹层织物、高性能纤维织物等产业用布具有一定优势。从技术发展看，剑杆织机的速度和引纬率近期不会有大的变化，发展重点是进一步提高自动化水平。

典型的剑杆织机有：意大利舒密特 SM 系列、天马系列，比利时必佳乐 GTM 系列、GamMax 型，意大利泛美特 C401S 型，德国多尼尔 H 和 HS 系列刚性剑杆织机等。

2. **喷气织机**　喷气织机有速度和效率方面的优势，自动化程度也是无梭织机中最高的。但由于喷气织机中采用消极引纬，品种适应性受到一定的限制。国际技术发展趋势是继续提高电子技术应用水平，扩大品种适应范围，进一步扩大市场份额。

典型的喷气织机有：日本丰田 LAT 系列，日本津田驹 ZAX 系列，比利时必佳乐 PAT、Olympic 系列等。

3. **喷水织机**　喷水织机由于工作环境湿度大，对电气元件防潮要求高，以致长期以来喷水织机生产的品种限于疏水性纤维织物，技术方面侧重于提高速度，电子技术的应用进展不快。随着新型浆料的应用，适应的产品扩大到一些亲水性织物。电子送经、电子卷取等电子技术已有所应用。

典型的喷水织机有日本津田驹 ZW 系列和日本日产 LW 系列等。

4. **片梭织机**　片梭织机的技术曾处于领先地位，但电子技术的应用较慢，价格也较贵，相当一部分市场被喷气织机和剑杆织机取代。但片梭织机打纬力大，纬纱适应范围广，在特宽幅织物、工业用布、土工布等方面仍有优势。

典型的片梭织机主要是瑞士苏尔寿 P7100、PU 系列。

无梭织机由于投资大，运行成本高，只有用于生产充分利用无梭织机优势的产品，才能取得较好的经济效益。

第十四节　机织物的组织构成及其结构与特征

一、机织物的组织构成

1. **经纱**　在织物内与布边平行的纵向排列的纱线称为经纱。

2. **纬纱**　与布边垂直的横向排列的纱线称为纬纱。

3. **组织点**　在机织物中，经纱和纬纱的交错点，即经、纬纱相交处，称为组织点，用 R 表示。经组织点（经浮点）指经纱浮在纬纱之上的点，纬组织点（纬浮点）指纬纱浮在经纱之上的点。

4. **组织点飞数**　在织物组织循环中，同一系统纱线中相邻两根纱线上相应的组织点之间间隔的纱线数，称为组织点飞数，用 S 表示，经纱和纬纱的组织点飞数分别用 S_j 和 S_w 表示。

5. **组织循环**　当经组织点和纬组织点的沉浮规律达到循环时，构成一个组织循环，或称一个完全组织。组织循环数量也叫枚数，用 R 表示，经纱和纬纱的组织循环数分别用 R_j 和 R_w 表示。

6. **组织图**　表示织物组织的经纬纱沉浮规律的图案即组织图，如图 4–15 所示。

7. **意匠纸**　意匠纸是用来描绘织物组织的带有格子的纸，其中的纵行代表经纱，横行代表纬纱，每个格子代表一个组织点。

二、机织物的组织结构与特征

机织物的组织结构一般分为基本组织、变化组织、联合组织、复杂组织。

1. **基本组织**　包括平纹、斜纹和缎纹三种组织，又称为三原组织。

（1）平纹组织。这是所有织物组织中最简单的一种。

①组织图如图 4–16 所示。

②组织参数为：

$$R_j=R_w=2，S_j=S_w=1$$

图 4–15　组织图

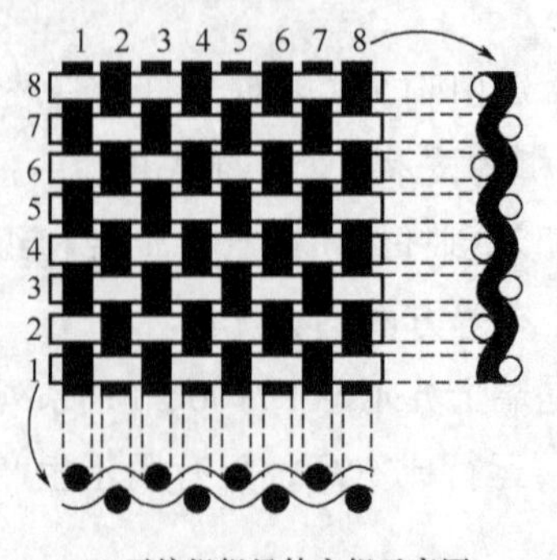

(a) 平纹组织经纬交织示意图

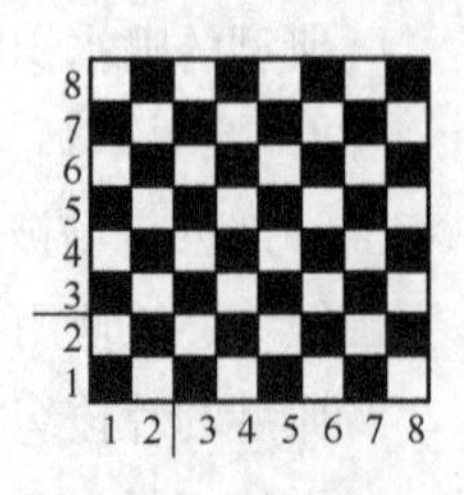

(b) $\frac{1}{1}$ 平纹组织

图 4–16　平纹组织示意图

③分式表示法为：

$$\frac{1}{1}$$（读作一上一下）

④组织特点。平纹组织的经纬纱交织点最多，纱线屈曲多，织物布面平坦、挺括，质地坚牢，外观紧密，但手感偏硬，弹性小。

（2）斜纹组织。经（纬）纱连续地浮在两根（或两根以上）纬（经）纱上，且这些连续的线段排列呈一条斜向织纹。

①组织图如图 4–17 所示。

图 4–17 斜纹组织示意图

②组织参数为：

$$R_j=R_w \geqslant 3，S_j=S_w=\pm 1$$

③分式表示法为：

$\frac{A}{1}$↖（↗） 或$\frac{1}{A}$↖（↗） （$A \geqslant 2$）

④斜纹组织的分类。有经面、纬面及双面斜纹之分。

经面斜纹：凡织物表面经组织点占多数的，如$\frac{2}{1}$。

纬面斜纹：凡织物表面纬组织点占多数的，如$\frac{1}{3}$。

双面斜纹：正反两面两种组织点的比例相同，但斜向相反。

注意：经面斜纹的反面是纬面斜纹，但斜向相反。

⑤组织特点。斜纹组织的纱线空隙较少，排列紧密，紧密度大于平纹组织。织物柔软、厚实，光泽、弹性、抗皱性能比平纹织物好，耐磨性和坚牢度比平纹织物差。斜纹织物有正反面之分，其表面的斜纹线可根据需要选择捻向和经纬密度比值而达到清晰明显或纹路饱满突出、均匀平直的效果。

（3）缎纹组织。习惯上用分式表示法，经面缎纹以经向飞数绘制，纬面缎纹以纬向飞数绘制。如 R=8，S_j=3，称为 8 枚 3 飞经面缎纹，记作$\frac{8}{3}$，如图 4–18 所示。

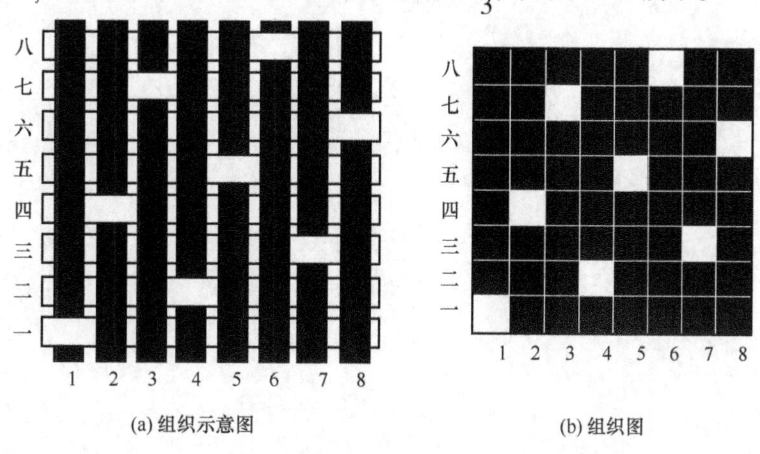

图 4–18 8 枚 3 飞经面缎纹组织示意图和组织图

2. **复杂组织** 复杂组织是指经纬纱中至少有一种由两组或两组以上的纱线组成的组织。这种组织结构能增加织物的厚度，提高织物的耐磨性或得到一些特殊性能等，可分为二重组织、双层组织、起毛组织、毛巾组织、纱罗组织等，它们广泛应用在秋冬季服装、装饰用布（床毯、椅垫）及工业用布中。

思考题

1. 什么是机织物？
2. 机织的基本原理是什么？
3. 络筒的任务是什么？筒子的形式有哪些？络纱工艺的主要参数有哪些？
4. 整经的目的是什么？整经的方法有哪些？整经工艺的主要参数有哪些？
5. 什么叫分批整经、分条整经？说明各自的应用范围。
6. 浆纱的目的是什么？常用的主浆料和辅助浆料有哪些？
7. 按烘燥方式分，浆纱机有哪些类型？
8. 什么是上浆率、回潮率、伸长率？对浆纱质量有何影响？
9. 穿结经的任务是什么？结经与穿经在应用上有什么区别？
10. 纬纱为什么要定捻？定捻的方法有哪些？
11. 什么叫开口运动？梭口有哪些种类？梭口清晰度有哪些类型？开口机构有哪些类型？
12. 常见的无梭引纬有哪些类型？说明各自的特点及适用范围。
13. 无梭引纬的布边形式有哪些？
14. 什么是打纬运动？对打纬机构有何要求？
15. 什么是送经运动和卷取运动？常见的机构有哪些主要类型？
16. 下机织物整理包括哪些工艺过程？

第五章　针织技术

本章知识点

1．线圈结构及针织物的主要物理指标。

2．纬编圆纬机和经编机的主要成圈机件和成圈过程。

3．纬编针织物和经编针织物的基本组织和结构。

第一节　针织生产概述

一、针织及其分类

针织是利用织针把纱线弯成线圈，然后将线圈相互串套而成为针织物的一门工艺技术。根据编织方法的不同，针织生产可分为纬编、经编与经纬编复合三大类。

纬编针织是将纱线由纬向喂入针织机的工作织针上，使纱线沿横向顺序地弯曲成圈，并在纵向相互串套而形成织物的一种方法，如图 5-1 所示。

经编针织是采用一组或几组平行排列的纱线，由经向喂入针织机的工作织针上，同时弯纱成圈，并在横向相互连接而形成织物的一种方法，如图 5-2 所示。

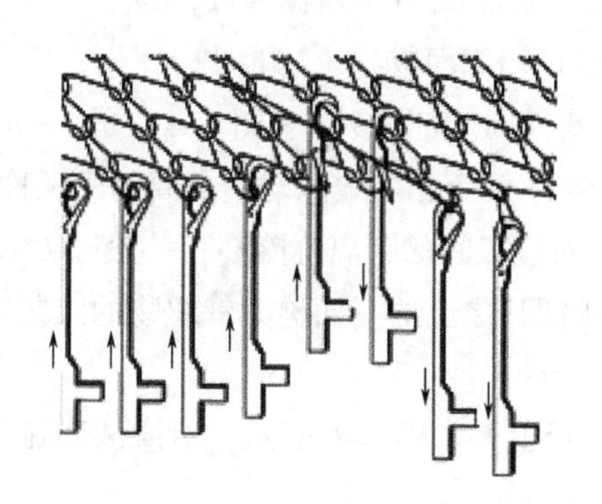

图 5-1　纬编编织

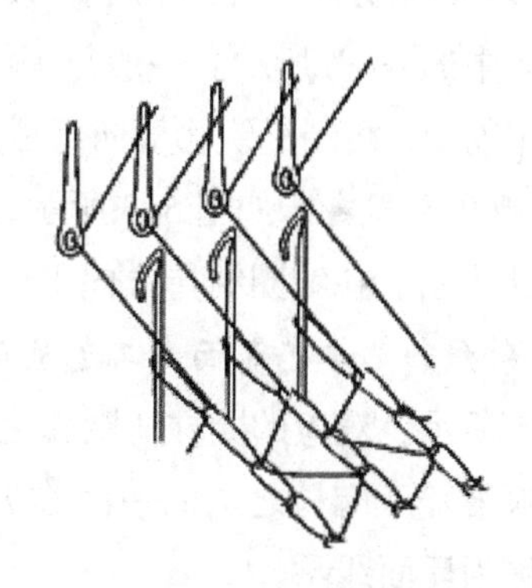

图 5-2　经编编织

经纬编复合指的是在编织过程中，纱线的垫放按照以上两种方法复合而成。

由纬编针织形成的织物称为纬编针织物或纬编布，由经编针织形成的织物通常称为经编针织物或经编布。通常所说的针织物或针织布，指的是由这两种方法形成的织物或成品。

二、针织物的基本概念

1. **线圈** 针织物是利用织针将纱线弯曲成相互串套的线圈而形成的织物，所以线圈是组成针织物的基本结构单元。

图5-3所示纬编织物线圈结构中，一个完整的线圈由圈干1—2—3—4—5和沉降弧5—6—7组成，圈干包括圈柱1—2、4—5和针编弧2—3—4。

图5-4所示经编织物线圈结构中，一个完整的线圈由圈干1—2—3—4—5和延展线5—6组成，且圈干中1—2和4—5称为圈柱，弧线2—3—4称为针编弧。不同于纬编线圈，经编线圈有两种结构形式，K为开口线圈，左右两个圈柱连接的延展线无交叉；Y为闭口线圈，左右两个圈柱连接的延展线有交叉。

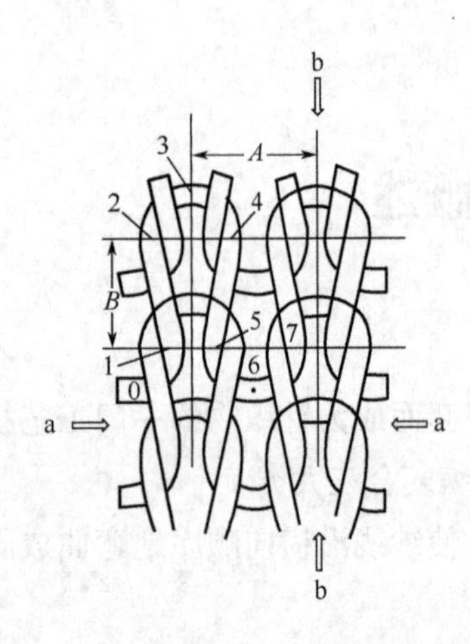

图5-3　纬编组织线圈结构图

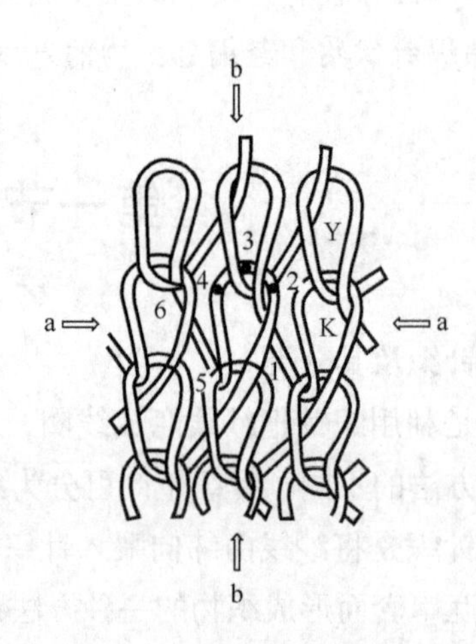

图5-4　经编组织线圈结构图

2. **纵行与横列** 针织物中，线圈沿纵向相互串套而成的一列称为线圈纵行，如图5-3和图5-4中的b—b所示。一般每一纵行由同一枚织针编织而成。

针织物中，线圈沿织物横向组成的一行称为线圈横列，如图5-3和图5-4中的a—a所示。

3. **圈距与圈高** 如图5-3所示，在线圈横列方向，两个相邻线圈对应点间的距离称圈距，一般以A表示。在线圈纵行方向上，两个相邻线圈对应点间的距离称圈高，一般以B表示。

4. **针织物的工艺正面与工艺反面** 圈柱覆盖于圈弧之上的一面称为针织物的工艺正面，如图5-5所示，对应的圈柱压圈弧之线圈称为正面线圈。

圈弧覆盖于圈柱之上的一面称为针织物的工艺反面，如图5-6所示，对应的圈弧压圈柱之线圈称为反面线圈。

5. **单面针织物与双面针织物**

（1）单面针织物。单面针织物由单针床针织机编织而成，其特征为织物的一面全部为正面线圈，而另一面全部为反面线圈，织物正反面具有明显不同的外观。

（2）双面针织物。双面针织物由双针床针织机编织而成，其特征为织物两面都显示有正面线圈。双面织物的正面一般较反面有明显的花色效应，线圈结构更为均匀。

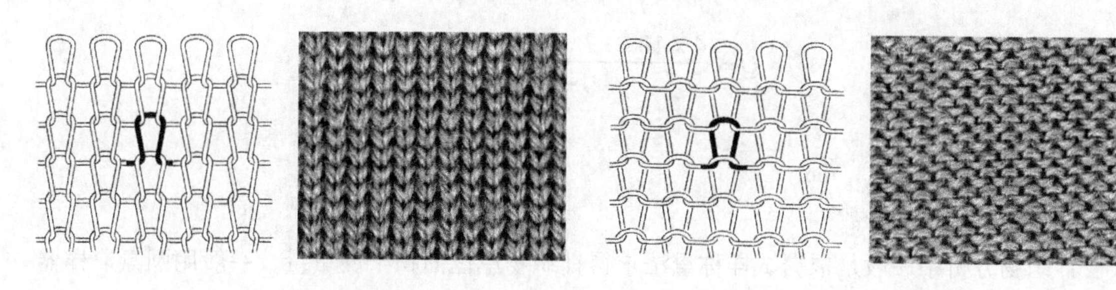

图 5-5 工艺正面　　图 5-6 工艺反面

三、针织物的主要物理指标和性能

1. **线圈长度** 线圈长度指的是组成一只线圈的纱线长度，一般以毫米（mm）作为单位。

线圈长度是针织物的一项重要指物理指标，不仅决定了针织物的稀密程度，而且对针织物服用性能有重要的影响。在其他条件一定的情况下，一般线圈长度越短，针织物的强力、耐磨性、弹性、抗脱散、抗勾丝和起毛起球性等物理性能相对较好，尺寸稳定性也较好，但织物的透气性以及手感会变差。

针织生产中，经编产品生产与工艺设计通常用送经量来表征线圈长度，即经编机每编织一腊克（480 横列）时所耗费的经纱的长度；纬编产品生产与工艺设计通常用纱线长度来表征线圈长度，即编织 100 或 50 个线圈或若干花宽（总纵行数接近 50 或 100）所需纱线的长度来表示。

2. **密度** 在一定纱线线密度条件下，针织物的稀密程度可以用密度来表示。通常以横密和纵密表示。

横密是沿线圈横列方向 5cm（规定单位长度）内的线圈纵行数，用符号 P_A 表示。

纵密是沿线圈纵行方向 5cm（规定单位长度）内的线圈横列数，用符号 P_B 表示。

针织生产中，针织物的横密和纵密也可用 WPI 和 CPI 表示，即横列方向和沿纵行每英寸内的纵行数和横列数。毛衫生产中的单位长度为 10cm。

针织物设计中，纵密、横密的确定可参考已有织物的密度或依据相关公式予以计算。针织物分析中，针织物密度应在没有变形的试样上，用织物分析镜来确定。

3. **未充满系数** 未充满系数表示针织物在相同密度条件下，纱线线密度对其稀密程度影响的指标。未充满系数 δ 为线圈长度 l（mm）与纱线直径 d（mm）的比值。

$$\delta=\frac{l}{d}$$

线圈长度越长，纱线越细，δ 值就越大，表明织物中未被纱线充满的空间越大，织物越稀松。

4. **单位面积干燥重量** 单位面积的干燥重量是指每平方米干燥针织物的克重（g/m^2）。当原料种类和线密度一定时，单位面积干燥重量间接反映了针织物的厚度和密度，是考核针织物质量的重要物理指标。

针织物设计中常用公式计算单位面积的干燥重量，以纬编平针组织为例，计算式如下：

$$Q=\frac{4\times10^{-4}\cdot P_{A}\cdot P_{B}\cdot l\cdot N_{t}}{1+W}$$

式中：W——回潮率；

l——线圈长度，mm；

N_t——纱线的号数。

针织物分析中一般是根据试样称重法求得针织物单位面积干燥重量，一般用圆盘取样器（图 5-7）剪取一定大小的圆形试样，在烘箱中烘干后称重。

5. **厚度** 针织物的厚度取决于它的组织结构、线圈长度和纱线线密度等因素，一般以厚度方向上有几个纱线直径来表示，也可用织物厚度仪在试样处于自然状态下进行测量。

6. **脱散性** 针织物的脱散性是指当针织物纱线断裂或线圈失去串套联系后，线圈与线圈的分离现象，如图 5-8 所示。针织物的脱散性与它的组织结构、纱线的摩擦因数和抗弯刚度及织物的未充满系数等因素有关。

7. **卷边性** 针织物的卷边性是指针织物在自然状态下布边发生包卷的现象，如图 5-9 所示。这是由于线圈中弯曲线段所具有的内应力，力图使线段伸直而引起的。卷边性与针织物的组织结构及纱线弹性、细度、捻度和线圈长度等因素有关。

图 5-7 圆盘取样器

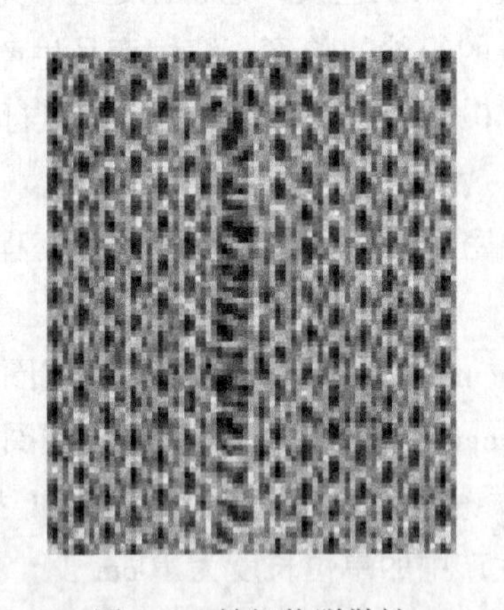

图 5-8 针织物脱散性

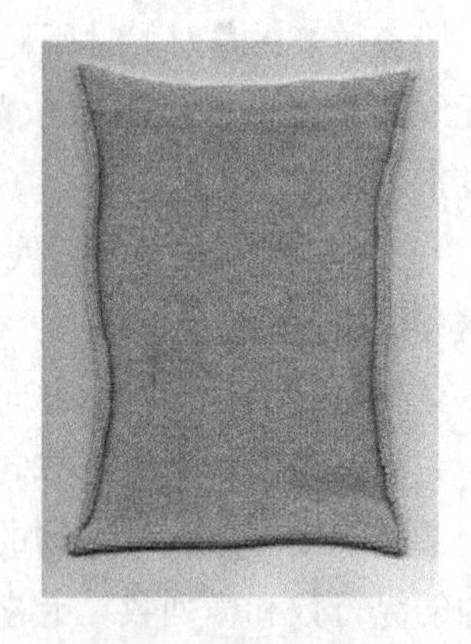

图 5-9 针织物卷边性

8. **延伸性** 针织物的延伸性是指针织物受到外力拉伸时的伸长特性，可分为单向延伸和双向延伸两种。延伸性与针织物的组织结构、线圈长度、纱线性质和纱线线密度有关。

9. **弹性** 针织物的弹性是指当引起针织物变形的外力去除后，针织物形状的回复能力。它取决于针织物的组织结构、纱线的弹性、纱线的摩擦因数和针织物的未充满系数。

10. **断裂强力与断裂伸长率** 针织物的断裂强力是指针织物在连续增加的负荷作用下至断裂时所能承受的最大负荷，用牛顿（N）表示。试样断裂时的伸长量与原来长度之比，称为断裂伸长率，用百分率表示。

针织物的断裂强力取决于针织物的组织结构、密度和纱线强力等。

11. **收缩率** 针织物的收缩率是指针织物在加工或使用过程中长度和宽度的变化。针织物的收缩率 Y 的计算式如下：

$$Y=\frac{H_1-H_2}{H_1}\times 100\%$$

式中：H_1——加工或使用前的尺寸；

H_2——加工或使用后的尺寸。

针织物的收缩率可为正值或负值，如在加工或使用时，纵向伸长而横向收缩，则横向缩率为正，纵向缩率为负。

针织物的缩率可分为下机缩率、染整缩率、水洗缩率以及给定时间内的缩率等。

12. **勾丝与起毛起球**　织物中的纤维或纱线被外界物体钩出，在织物表面形成丝环，这种现象称为勾丝。当织物在穿着、洗涤过程中，不断经受摩擦而使纤维端露出在表面，称为起毛。若这些纤维端在以后穿着中不能及时脱落而相互纠缠在一起揉成许多球状小粒，称为起球。影响起毛起球的主要因素有原料种类、纱线结构、织物组织结构、染整加工及成品的服用条件等。

四、针织机

利用织针把纱线编织成针织物的机器称为针织机。

1. **针织机的分类**　针织机按工艺类别可分为纬编针织机和经编针织机两类。这两类针织机按针床（用来插放织针的机件）数可分为单针床针织机与双针床针织机；按针床形式可分为平形针织机（又称横机），如图5-10所示与圆形针织机（又称大圆机），如图5-11所示；按用针类型可分为钩针机、舌针机和复合针机等。

图5-10　平型针织机

图5-11　圆形针织机

2. **针织机的一般结构**　针织机主要由给纱或送经机构、编织机构、牵拉卷取机构、传动机构和辅助机构组成，如图5-12所示经编机。

给纱或送经机构的作用是将纱线从筒子或经轴上退解下来，不断地输送到编织区域，以使编织能连续进行。

编织机构的作用是将喂入的纱线通过成圈机件的运动编织成针织物。

牵拉卷取机构的作用是将已形成的针织物从成圈区域引出，并卷成一定形式的卷装，以使编织过程能顺利进行。

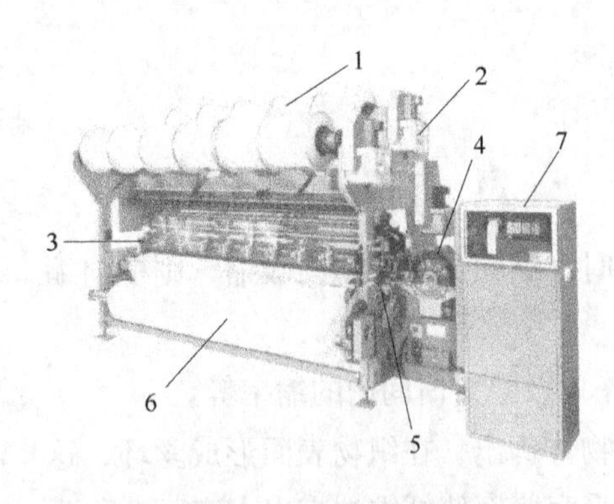

图 5-12　经编机结构示意图
1—经轴　2—送经机构　3—编织机构
4—梳栉横移机构　5—牵拉卷取机构
6—布卷　7—控制箱与操纵面板

传动机构的作用是将动力传送给上述各个机构，使它们协调工作，从而完成各自的任务。

辅助机构包括花型机构、自动控制机构、自动加油装置、自停装置等，其作用是扩大机器的工艺可能性或使机器便于调节和看管，以保证编织顺利地进行。

3. **针织机机号**

（1）机号的概念。各种类型的针织机均以机号来表明其针的粗细和针距的大小。机号是以针床上规定长度内所具有的织针数来表示的，通常，规定长度为25.4mm（1英寸），其关系式如下：

$$E=\frac{25.4}{t}$$

式中：E——机号；

t——针距，mm。

由此可知，针织机的机号说明了针床上植针的稀密程度。机号越大，则针距越小，即植针越密，也就是针床上规定长度内的针数越多，那么所用织针的针杆越细；反之，机号越小，则针距越大，即植针越稀，则针床上规定长度内的针数越少，那么所用织针的针杆越粗。

在单独表示机号时，应由符号E+数字组成，通常标注在机台的铭牌上。如E24，表示该机台的机号为24。此外，不同类型的针织机，针床规定长度有所不同。

（2）机号与加工纱线线密度的关系。机号不同，针织机可加工纱线的粗细也就不同。机号越高，所能加工的纱线就细，编织出的织物就越薄；机号越低，所用纱线则越粗，织物越厚。

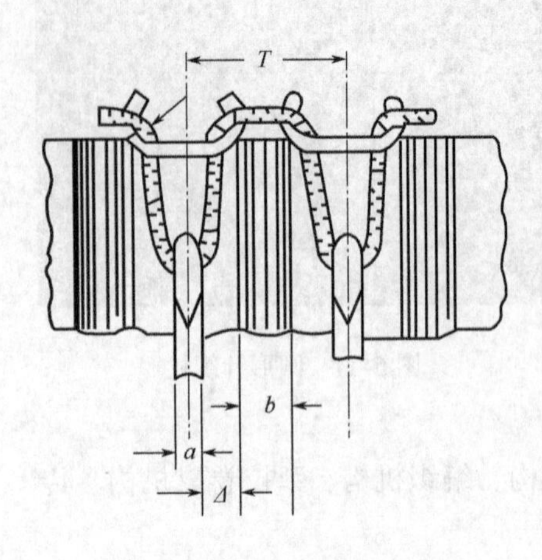

图 5-13　针与针槽间的间隙

在一定机号的机器上，可以加工纱线的线密度是有一定范围的。针织机所能加工纱线线密度的上限，取决于成圈过程中针与其他成圈机件之间间隙的大小，如图5-13中的Δ，一般要求Δ不低于纱线直径的1.5～2倍。纱线直径如果超过这个间隙，则在编织过程中会产生断头。

加工纱线的线密度的下限，理论上不受限制。但因纱线越细，织物就越稀薄，纱线无限地变细，就会影响织物品质，甚至使其失去服用性能。故在实际生产中，一般由经验决定哪个机号的机器最合适加工纱线的线密度。

五、针织用纱

1. **针织用纱种类**　在影响织物性能的诸多因素中，原料性能是主要因素。从原料上讲，服用及装饰用针织产品常用的纱线有棉纱、毛纱、真丝、麻纱、黏胶丝、涤纶丝、锦纶丝、氨纶丝、腈纶纱等常规纤维原料品种的纱线以及其他一些新型纤维材料制成的纱线，如天丝、莫代尔等。从纱线结构上讲，主要有短纤维、长丝纱和变形丝（或变形纱），具体如下：

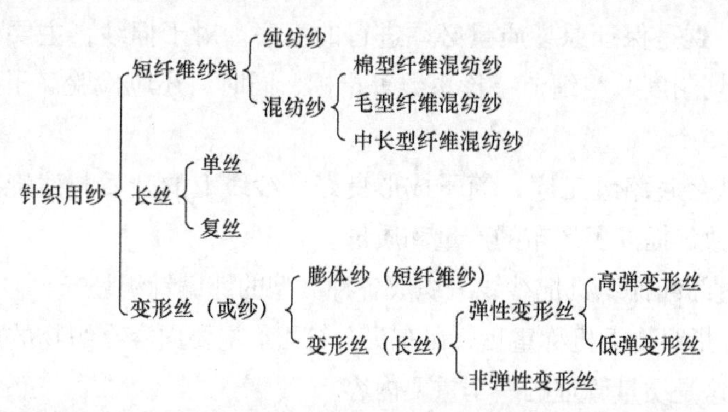

2. **针织用纱的基本要求**　针织物在编织时，织针在勾取纱线弯曲成圈的过程中，纱线会受到包括拉伸、弯曲、扭转、摩擦等较为复杂的机械作用。为保证编织的正常进行及产品质量，针织用纱应满足以下要求。

（1）纱线要有一定的强度和延伸性。由于纱线在准备和织造过程中要经受一定的张力和反复的载荷作用，所以纱线必须要有一定的强度。纬编用短纤纱的断裂强力应在300cN以上；化纤长丝单丝的干强力应在3.52cN/dtex以上。此外，纱线还要有一定的延伸性，以便能够弯纱成圈。

（2）纱线要有一定的捻度，而且捻度要均匀。一般来说，针织用纱的捻度应低于机织用纱。捻度偏高，易导致编结时纱线扭结，影响成圈。但捻度也不能过低，否则会影响纱线的强度，增加编织时的断头。

（3）纱线表面光滑，摩擦因数小。表面粗糙的纱线在与多种机件接触时会产生较高的纱线张力，影响纱线张力的均匀性，从而造成线圈结构的不匀。在纬编机上，纱线摩擦因数小于0.2时，不会产生由摩擦引起的织疵。

（4）纱线线密度均匀、纱疵少。纱线上的细节和粗节会造成编织时断纱或在布面上形成横条纹、阴影等疵病。条干均匀的纱线有利于针织加工的顺利进行和保证织物质量，使线圈结构均匀，布面清晰。

（5）纱线抗弯刚度低，柔软性好。抗弯刚度高，即硬挺的纱线成圈后，线圈易变形。柔软的纱线易于弯曲和扭转，并使针织物中的线圈结构均匀、外观清晰美观，同时还可减少编织过程中纱线的断头以及对成圈机件的损伤。

第二节　纬编

一、纬编生产工艺流程

在纬编中，原料经过络纱，使筒子纱直接上机生产。每根纱线沿纬向顺序垫放在纬编针织机各相应的针上，以编织成纬编针织物。纬编生产包括坯布、成形产品和半成形产品的生产。

这里介绍坯布生产的流程：

原纱检验→络纱→编织→过磅打戳→密度检验→检验修补→入库

1. **原纱检验** 这是保证原纱质量必须进行的工序。对于棉纱，主要检验原纱的实际线密度、强力、条干均匀度、粗细节、捻系数等指标，同时，还应检验筒子的硬度、成形和回潮率。

2. **络纱** 纱线经过络纱工序，筒子成形良好，纱线上的杂质与残疵得到清除，从而减少了针织机停台次数，提高了坯布的产量和质量。

3. **编织** 通过纬编针织机把纱线编织成各种类型的纬编针织坯布。

4. **过磅打戳** 指织物下机称重后，在布头上打戳。主要内容有织物的重量、幅宽、日期、挡车工的工号等，这是质量管理的一个重要内容。

5. **密度检验** 织物下机后，用密度仪测量织物的横密和纵密，或用织物拆散法测100个线圈的纱线长度。若密度不符合工艺要求，则必须调整上机工艺。

6. **检验与修补** 检验是检查织物的外观疵点，而通过修补，则能提高织物外观质量。

二、络纱

进入纬编针织厂的纱线，一般有筒子纱和绞纱两种卷装形式。筒子纱可直接上机编织，亦或必须先行将其卷绕在筒子上形成筒子纱才能上机编织，后者的这一过程成为络纱。

1. **络纱的目的**

（1）将绞纱或筒子纱卷绕成一定形式和一定容量的卷装，满足编织时纱线退绕的要求。

（2）进一步消除纱疵和粗细节，提高针织机生产效率和产品质量。

（3）对纱线进行必要的辅助处理，如上蜡、上油、上柔软剂、上抗静电剂等，以改善纱线的编织性能。

2. **络纱的要求**

（1）在络纱过程中，应尽量保持纱线原有的力学性能，如弹性、延伸性、强力等。

（2）络纱张力要均匀适度，以保证恒定的卷绕条件和良好的筒子结构。

（3）络纱的卷装形式应便于存储和运输，并能在织造过程中顺利退绕。同时应采用大卷装容量，减少织造过程中的换筒，以提高生产效率。

3. **筒子的卷装形式** 筒子的卷装形式很多，针织生产中常用的有圆柱形筒子和圆锥形筒子两种。

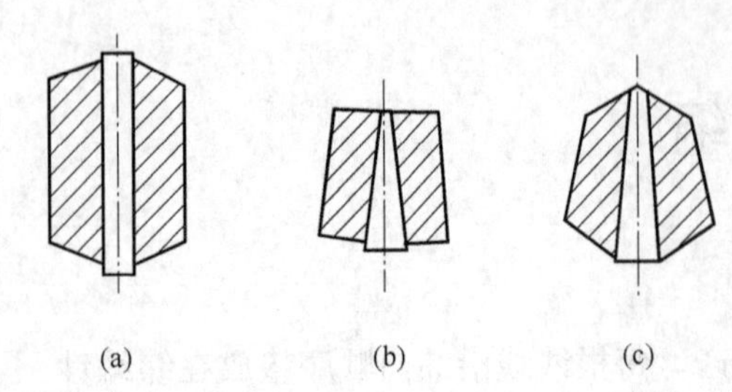

图5-14 筒子的卷装形式

（1）圆柱形筒子。如图5-14（a）所示，主要来源于化纤厂，原料为化纤长丝，如涤纶低弹丝和锦纶低弹丝等，一般情况下，圆柱形筒子可以直接用于针织生产，也可根据需要重新络纱。

（2）圆锥形筒子。圆锥形筒子是针织生产中广泛采用的一种卷装形式，如图5-14（b）所示等厚度圆锥形筒子，适用于各种短纤维纱，如棉纱、涤棉混纺纱等：如图 5–14（c）所示三截头圆锥形筒子，适用于各种长丝，如化纤长丝、真丝等。

三、纬编机主要成圈机件与成圈过程

纬编针织机种类繁多，不同种类的纬编设备，其成圈机件及其配置或外观形态会有差异，但其编织原理相同。本节主要以多三角机为例介绍纬编的编织原理。

多三角机是一种单针筒舌针圆纬机，具有多条三角针道（通常四条），采用不同踵位的织针，配合不同的三角，可以编织成圈、集圈、浮线三种线圈结构形式，可以编织平针、提花、集圈等多种组织结构等。再更换以前成圈机件，还可以编织衬垫、毛圈等花色织物。

1. **多三角机主要成圈机件及其配置** 多三角机主要成圈机件及其配置如图 5–15 所示。

（1）舌针。舌针用钢丝或钢带制成，如图 5–16 所示，插放在如图 5–15 所示的针筒 2 的针槽内。针钩握住纱线，使之弯曲成圈。针舌可绕针舌销回转，用以封闭针口。针踵在成圈过程中受织针三角的作用，使织针在针筒针槽内上下运动或在针盘针槽内径向运动。

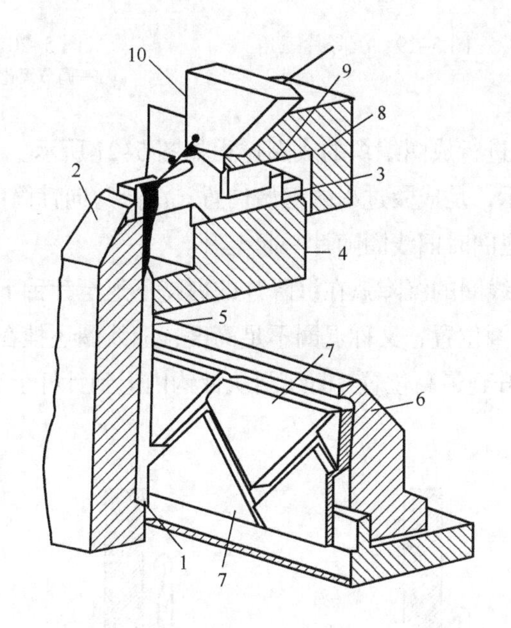

图 5–15 多三角机成圈机件及其配置

1—舌针 2—针筒 3—沉降片 4—沉降片圆环 5—箍簧 6—三角座 7—针三角 8—沉降片三角座 9—沉降片三角 10—导纱器

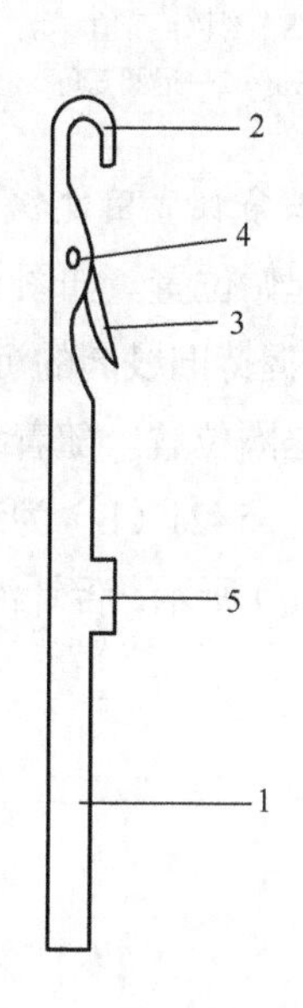

图 5–16 舌针

1—针杆 2—针钩 3—针舌 4—针舌销 5—针踵

（2）沉降片。单面圆纬机具有沉降片，呈水平配置，位于两枚针的间隙中。沉降片用来协助舌针成圈，其结构如图 5–17 所示。片喉握持住旧线圈，防止织物随织针上升；片颚作为弯纱；成圈时线圈的搁持平面；片踵受沉降片三角的作用，控制沉降片沿针筒径向运动。

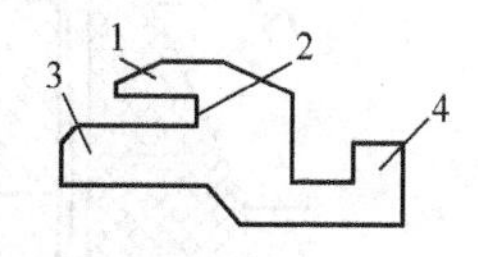

图 5–17 沉降片

1—片鼻 2—片喉 3—片颚 4—片踵

（3）三角。多三角机上，三角有织针三角和沉降片三角之分。

①织针三角。一般由弯纱三角（亦称压针三角）和退圈三角（又称起针、挺针三角）组成，

如图 5–18 所示。织针三角固定在如图 5–15 所示的三角座 6 上，控制织针做上升、下降运动。

②沉降片三角。沉降片三角如图 5–19 所示，沉降片三角 1 固定在如图 5–15 所示的沉降片三角座 8 内，作用于沉降片片踵 2 上，控制沉降片做进、出运动。

（4）导纱器。如图 5–20 所示是一种导纱器，导纱器将穿过导纱孔的纱线喂给织针，同时，导纱器可以防止因针舌反拨而产生非正常关闭针口的现象。

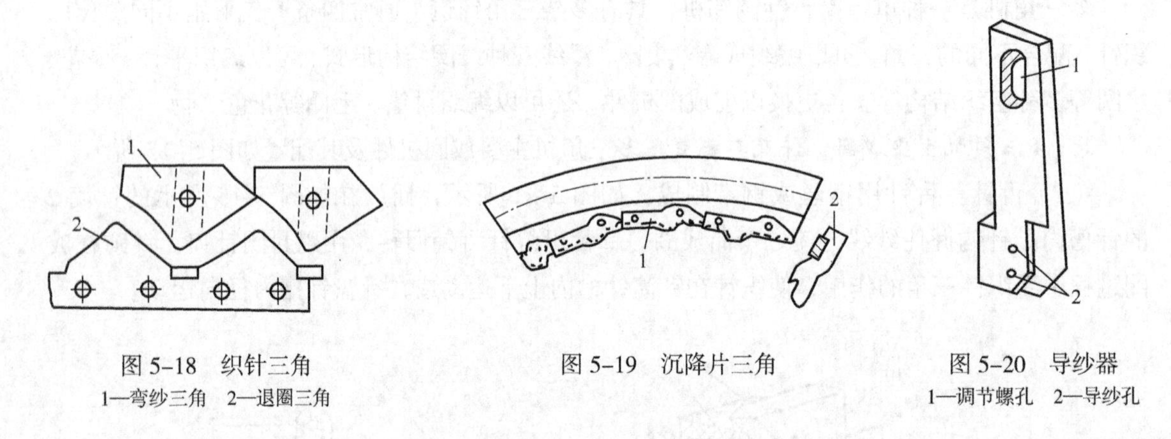

图 5–18　织针三角
1—弯纱三角　2—退圈三角

图 5–19　沉降片三角

图 5–20　导纱器
1—调节螺孔　2—导纱孔

2. **多三角机成圈过程**　单面圆纬机进行成圈编织的成圈过程如图 5–21 所示。

（1）起始位置。如图 5–21（a）所示，是成圈过程的起始位置。沉降片向针筒中心挺足。用片喉握持旧线圈的沉降弧，防止退圈时旧线圈随针一起上升。

（2）退圈位置。随着织针上升，旧线圈的沉降弧在沉降片的握持下退至针舌下方的针杆上称为退圈。5–21（b）为织针上升到集圈位置，又称退圈不足高度，旧线圈还挂在针舌上。如图 5–21（c）所示，舌针沿退圈三角上升到最高位置，旧线圈从针钩内退到针杆上完成退圈，

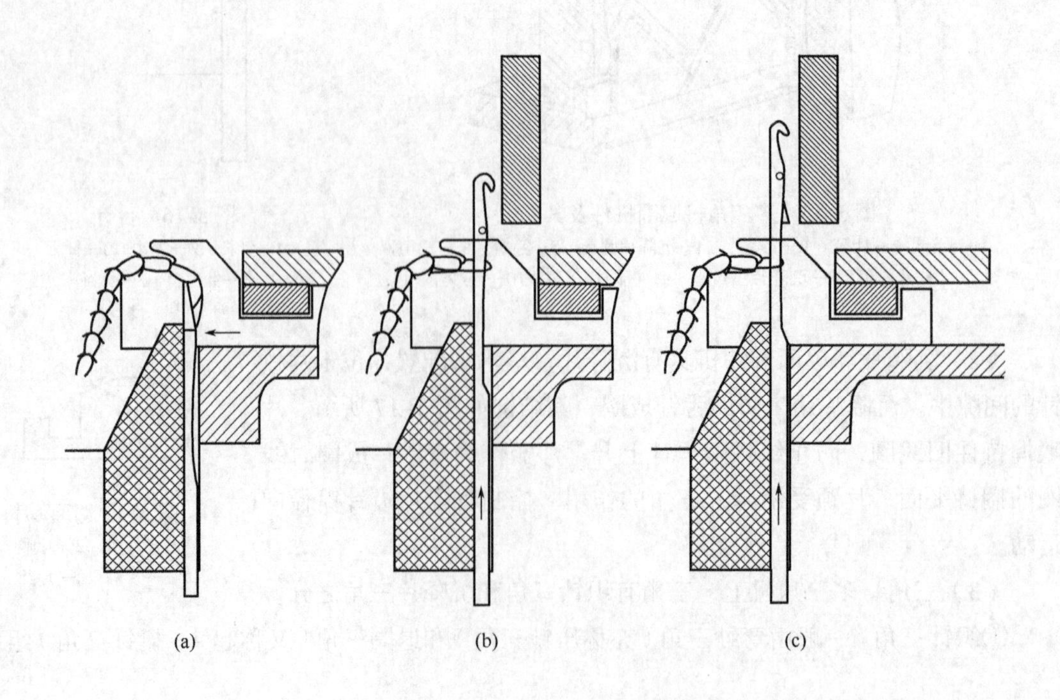

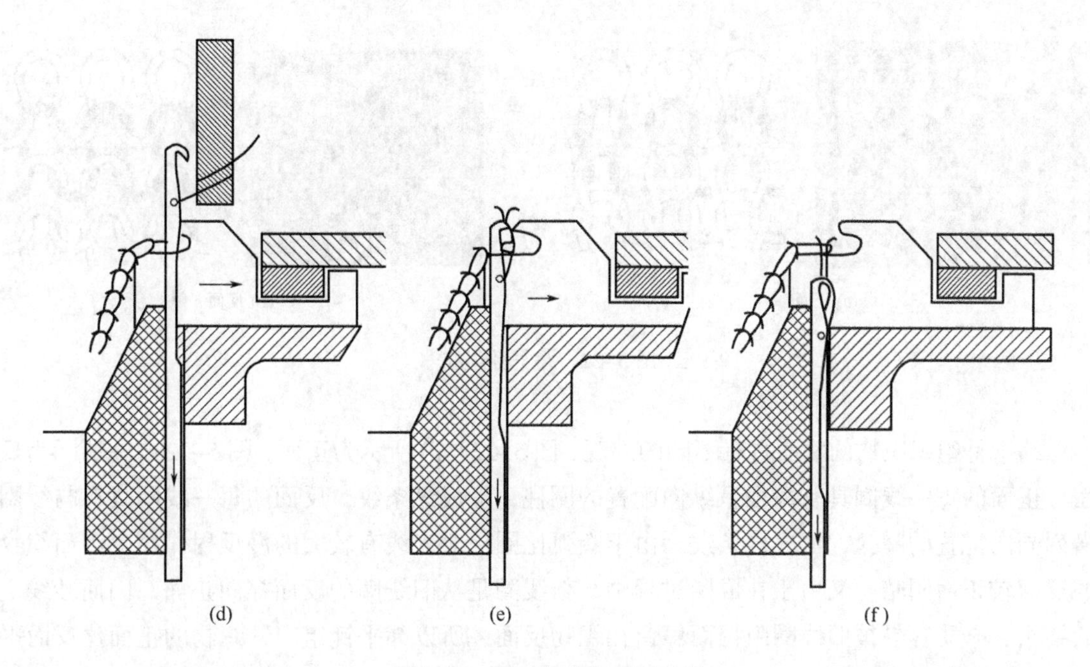

图 5-21 单面圆纬机成圈过程

导纱器防止针舌反拨。

(3)垫纱位置。如图 5-21(d)所示，舌针开始沿弯纱三角下降，并从导纱器垫入新纱线。沉降片向外退出，为弯纱做准备。

(4)套圈位置。如图 5-21(e)所示，舌针继续沿弯纱三角下降，垫上的新纱线被带入针钩内，旧线圈将针舌关闭，并套到针舌上。沉降片已移至最外位置，片鼻离开舌针，以免妨碍新纱线的弯纱成圈。

(5)成圈位置。如图 5-21(f)所示，舌针已下降到最低点，旧线圈脱圈，新纱线搁在沉降片片颚上弯纱，新线圈形成。

(6)牵拉。从图 5-21 中位置(f)到位置(a)，沉降片从最外移至最里位置，用其片喉握持旧线圈并进行牵拉。同时，为了避免新形成的线圈张力过大，舌针作适当的上升。

四、纬编针织物组织与结构

纬编针织物组织可分为原组织、变化组织和花色组织三类。原组织又称基本组织，包括单面的平针组织、双面的罗纹组织和双反面组织。变化组织有单面的变化平针和双面的双罗纹组织等。花色组织主要有提花组织、集圈组织、毛圈组织、衬垫组织等以及由以上组织复合而成的复合组织。

1. 原组织与变化组织

(1)纬平针组织。纬平针组织是单面纬编针织物中的原组织，广泛应用于内外衣、羊毛衫、袜子和手套生产中。纬平针组织的结构如图 5-22 所示，它由连续的单元线圈以一个方向依次串套而成。

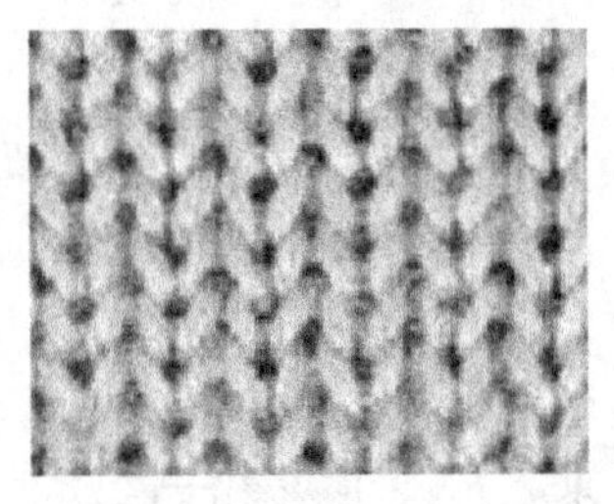
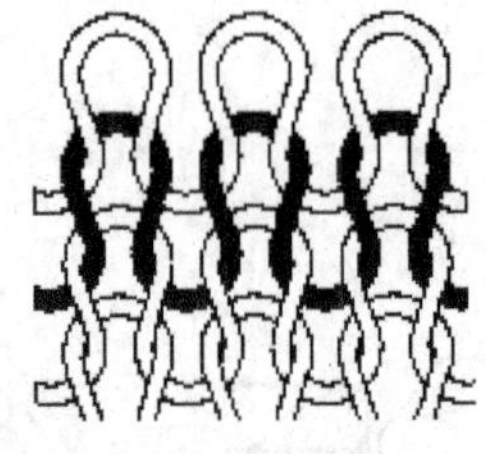

(a) 正面

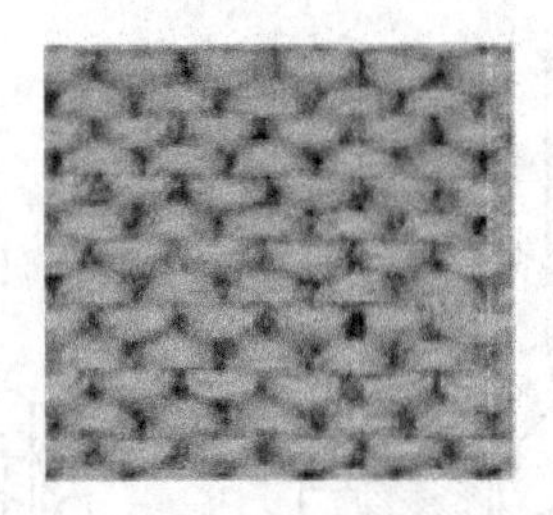
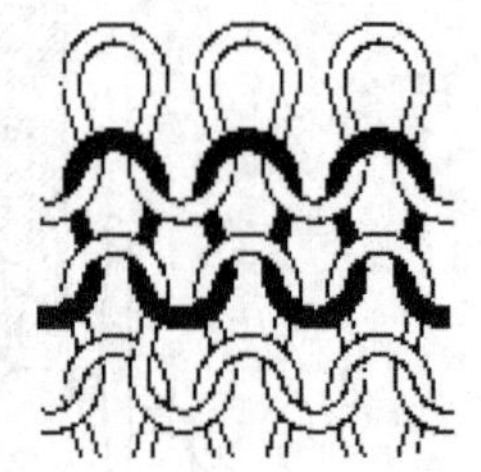

(b) 反面

图 5-22　纬平针组织

纬平针组织织物的两面具有不同的外观，图 5-22（a）所示为正面，图 5-22（b）所示为反面。正面的每一线圈具有两根呈纵向配置的圈柱，形成纵条纹，反面的每一线圈具有与线圈横列同向配置的圈弧，形成横条纹。由于圈弧比圈柱对光线有较大的漫反射作用，因而织物的反面较正面阴暗。又由于在成圈过程中，新线圈是从旧线圈的反面穿向正面，因而纱线上的结头、杂质容易被旧线圈阻挡而停留在织物反面，所以纬平针组织针织物的正面比反面平滑、光洁、明亮。

纬平针组织在纵向和横向拉伸时有一定的延伸性，且横向比纵向更易延伸。但也存在着脱散性和卷边性，并且还会产生线圈纵行的歪斜。

（2）罗纹组织。罗纹组织是双面纬编针织物的原组织之一，它是由正面线圈纵行和反面线圈纵行以一定组合相间配置而成。罗纹组织的种类很多，它取决于正、反面线圈纵行数的不同配置，通常用数字 a+b 表示。a 表示相邻正面线圈纵行的个数，b 表示相邻反面线圈纵行的个数，如图 5-23（a）所示呈一隔一配置的为 1+1 罗纹，图 5-23（b）所示呈二隔二配置的为 2+2 罗纹等。

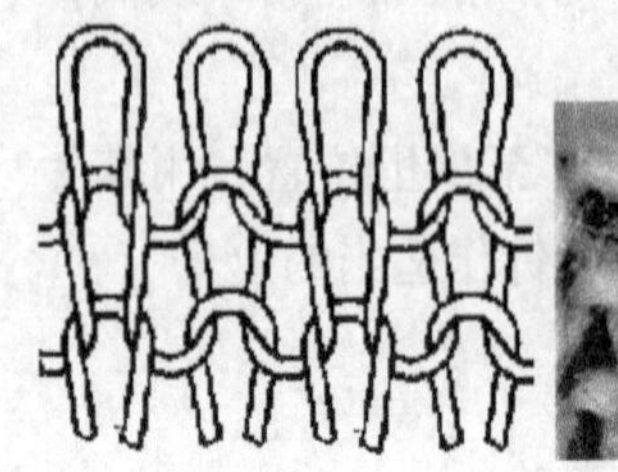
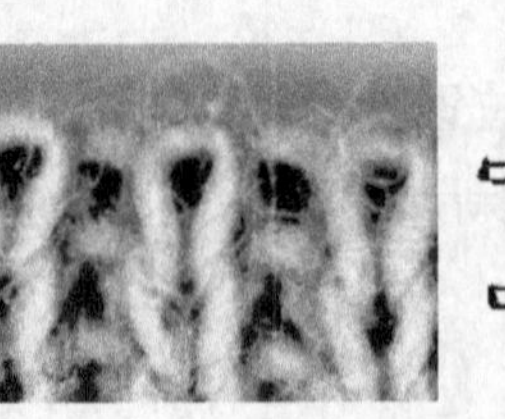
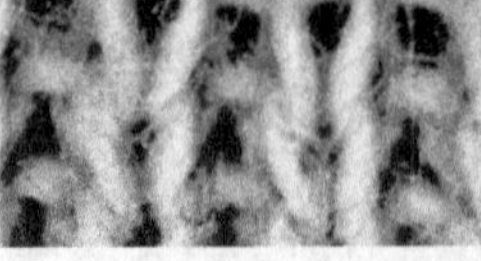

(a) 1+1 罗纹

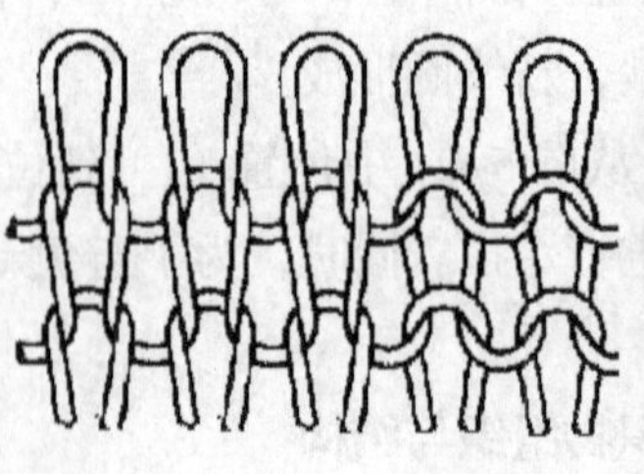

(b) 2+2 罗纹

图 5-23　罗纹组织

由于罗纹组织的正、反面线圈不在同一平面上，因而沉降弧须由前到后，再由后到前把正、反面线圈相连，这就造成沉降弧较大的弯曲与扭转。加之纱线的弹性，沉降弧力图伸直，结果使罗纹组织中相同的线圈纵行相互靠近，两面均呈现织物的正面外观。图 5-24（a）为 1+1 罗纹组织自由状态时的结构，图 5-24（b）是横向拉伸时的结构。

罗纹组织具有较大的横向延伸性和弹性，并只能沿逆编织方向脱散。在正、反面线圈纵行数相同的罗纹组织中，由于卷边力彼此平衡，基本不卷边；在正、反面线圈纵行数不同的罗纹组织中，仍存在卷边现象。

由于罗纹组织的上述特点，常用于服装的领口、袖口、裤口、下摆、袜口等部位，也可用于紧身的弹力衫裤等。

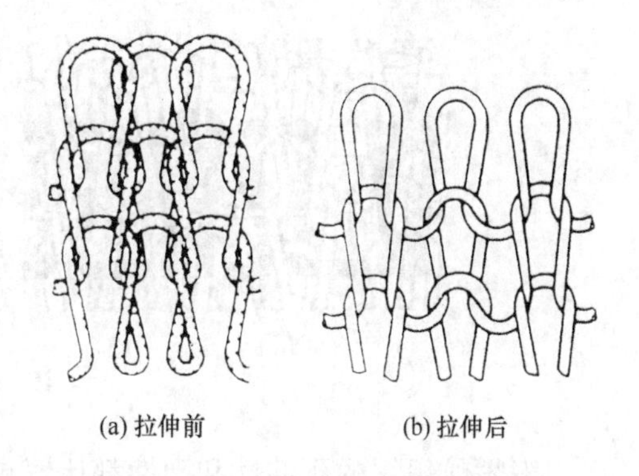

图 5–24　1+1 罗纹组织拉伸前后对比

（3）双反面组织。双反面组织是由正面线圈横列和反面线圈横列相互交替配置而成，是双面纬编针织物的原组织之一。如图 5–25 所示为 1+1 双反面组织，是由一个正面线圈横列和一个反面线圈横列相互交替配置而成。双反面组织的种类很多，它取决于正面线圈横列数和反面线圈横列数的不同配置。

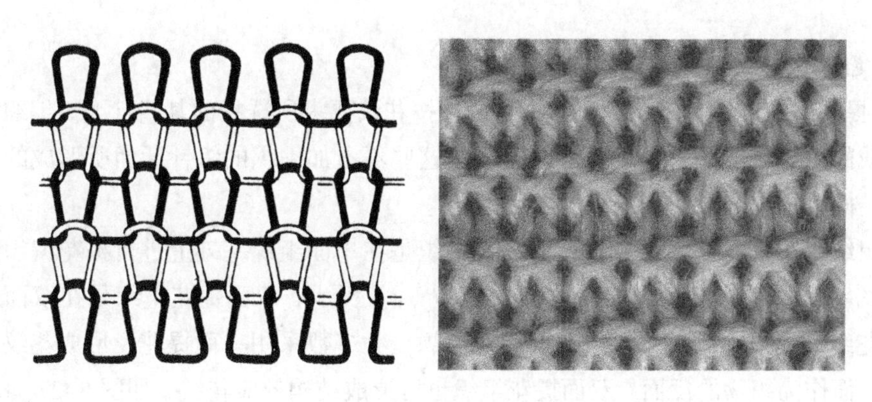
图 5–25　1+1 双反面组织

双反面组织由于弯曲纱线的弹性关系，使织物的两面都有线圈的圈弧突出在表面，圈柱凹陷在里面，织物正、反两面都像纬平针组织的反面，所以被称为双反面组织。

双反面组织在纵向拉伸时具有很大的弹性和延伸性，因而具有纵横向延伸度相近的特点。卷边性随正、反面线圈横列组合的不同而不同。双反面组织的脱散性与纬平针组织相同，可逆、顺编织方向脱散。

双反面组织及在其基础上形成的花色组织广泛应用于羊毛衫、围巾、袜子、帽子以及运动装、童装等。

（4）双罗纹组织。双罗纹组织是由两个罗纹组织彼此复合而成，即在一个罗纹组织的线圈纵行之间，配置了另一个罗纹组织的线圈纵行，它是罗纹组织的一种变化组织，其结构如图 5–26 所示。

双罗纹组织中，一个罗纹组织的反面线圈纵行被另一个罗纹组织的正面线圈纵行所遮盖，在织物两面都只能看到正面线圈，所以也称为双正面组织。由于双罗纹组织是由相邻两个成圈系统形成一个线圈横列，因此在同一横列上的相邻线圈在纵向彼此相差约半个圈高。

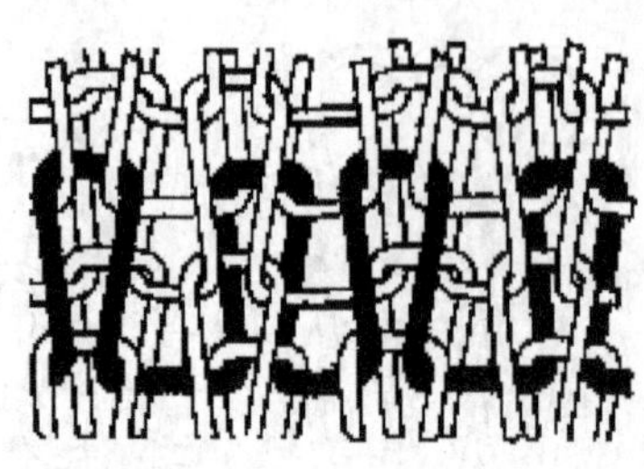
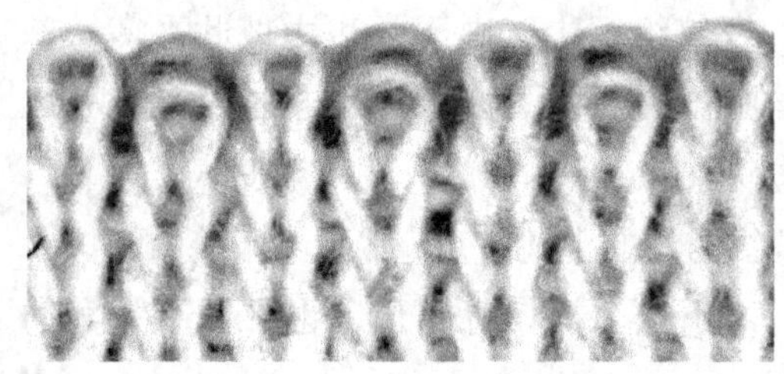

图 5-26 双罗纹组织

双罗纹组织的延伸性和弹性都比罗纹组织小，但织物厚实，表面平整，不卷边。当个别线圈断裂时，因受另一个罗纹组织线圈摩擦的阻碍，因而脱散性小，并且只能沿逆编织方向脱散。

在纱线细度及织物结构参数相同的条件下，双罗纹组织较纬平针组织及罗纹组织要紧密厚实，广泛应用于春、秋、冬季的棉毛衫、棉毛裤，并因其尺寸稳定性好，还可用于生产休闲装、运动装等。

2. **花色组织**

（1）提花组织。提花组织是将纱线垫放在按花纹要求所选择的某些针上。编织成圈，而未垫放纱线的织针不成圈，纱线呈浮线状浮在这些不参加编织的织针后面所形成的一种花色组织，其结构单元为线圈和浮线。

提花组织有单面和双面之分。单面提花组织是在单面组织基础上进行提花编织而成，可形成色彩图案花纹或结构效应花纹，如图 5-27（a）所示。双面提花组织是在双面组织基础上进行提花编织而成。用色纱形成双面提花组织，大多数采用一面提花，形成花纹效应面；不提花的一面作为织物的反面。双面提花组织也可形成结构效应花纹，如图 5-27（b）所示。

提花组织因存在浮线，所以横向延伸性和弹性较小，厚度大，单位面积重量大。提花组织的卷边性与其原组织相同。由于提花组织中线圈横列是由几根纱线形成，当其中某根纱线断裂时，另外几根纱线将承担外力负荷，所以脱散性小。

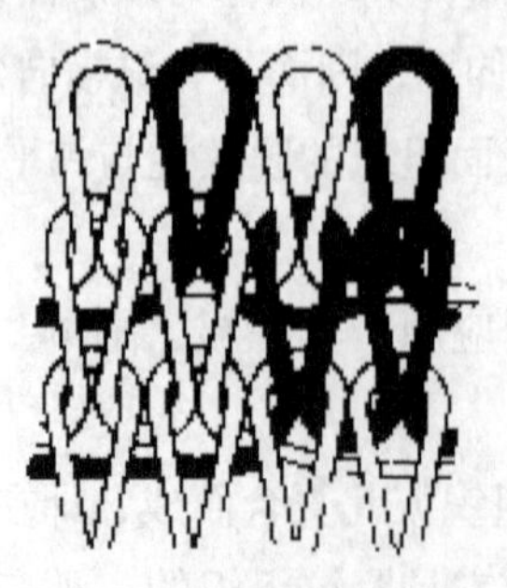

(a) 两色单面提花组织

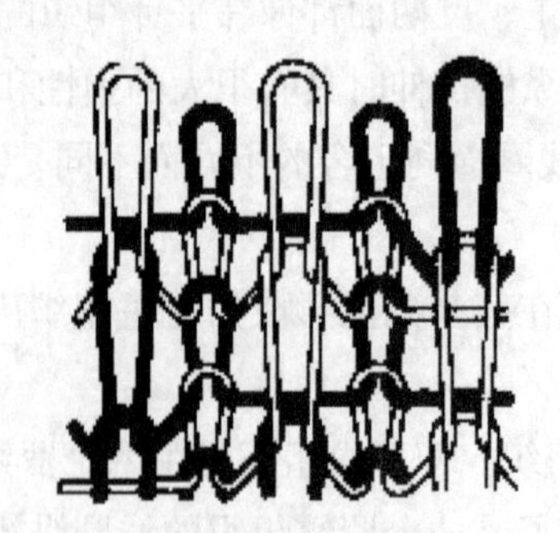

(b) 两色双面提花组织

图 5-27 提花组织

提花组织可用于服用、装饰用、产业用织物等，主要突出其花纹图案特征，其中，服用方面可做 T 恤、女装以及羊毛衫等外衣面料。

（2）集圈组织。在针织物的某些线圈上，除套有一个封闭的旧线圈外，还有一个或几个未封闭的悬弧，这种组织称为集圈组织，其结构单元为线圈和不封闭的悬弧，如图 5-28 所示。

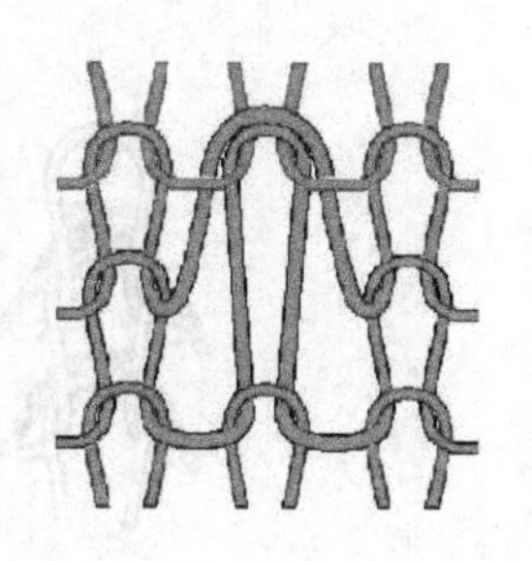

图 5-28　集圈组织

集圈组织有单面和双面两种。集圈组织可形成色彩花纹效应、网眼效应、凹凸效应与横楞效应，广泛应用于T恤、羊毛衫以及运动衣面料。

集圈组织与其原组织相比，宽度、厚度增大，长度缩短，延伸性减小。集圈组织中，与线圈串套的除了集圈线圈外，还有悬弧，所以不易脱散。集圈组织中若线圈大小差异太大时，表面高低不平，故强力减小，且易勾丝起毛。

（3）添纱组织。针织物的全部线圈或一部分线圈是由两根或两根以上纱线形成的组织称为添纱组织。添纱组织可以在单面组织基础上形成，也可以在双面组织基础上编织而成；根据花色效应可分为单色添纱组织和花色添纱组织。单色添纱组织织物一面由一种纱线显露，另一面由另一种纱线显露，如图 5-29 所示。花色添纱组织织物正面可以形成花色效应仅在需要形成花纹图案的地方添纱，图 5-30（a）为绣花添纱组织图（添纱沿纵向过渡，似经编延展线），图 5-30（b）为架空添纱组织图（添纱沿横向过渡，似浮线）。

图 5-29　单色添纱组织

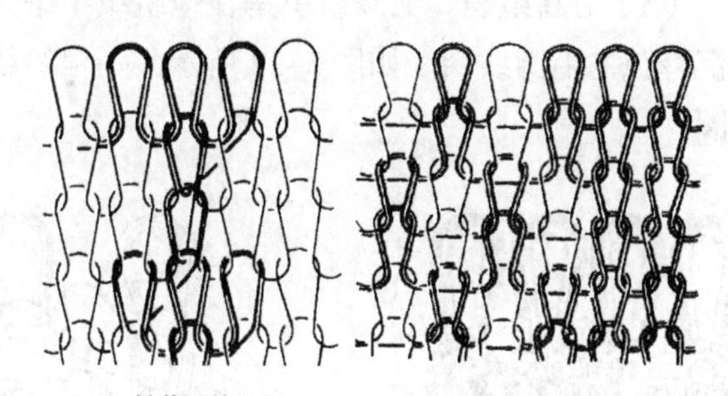

(a) 绣花添纱组织　(b) 架空添纱组织

图 5-30　添纱组织图

单色添纱组织的性质与其原组织相近。绣花添纱与架空添纱组织由于延展线的存在，加之织物结构紧密，延伸性和脱散性较小。

单色添纱组织主要用于功能性、舒适性要求较高的面料，如丝盖棉型导湿排汗型面料等，绣花与架空添纱组织主要用于袜品。

（4）衬垫组织。衬垫组织是以一根或几根衬垫纱线按一定比例在织物的某些线圈上形成不封闭的悬弧，在其余的线圈上呈浮线停留在织物反面。衬垫组织的常用地组织是平针组织和添纱组织。

图 5-31（a）是以平针组织为地组织的衬垫组织。图中地纱 1 编织平针组织作为地组织，衬垫纱 2 在地组织上按一定的规律编织成不封闭的悬弧。该组织衬垫纱在 a、b 处容易显露于织物正面。

图 5-31（b）是以添纱组织为地组织的衬垫组织。图中面纱 1 和地纱 2 编织成添纱平针组织，衬垫纱 3 周期地在织物的某些地纱线圈上形成悬弧。

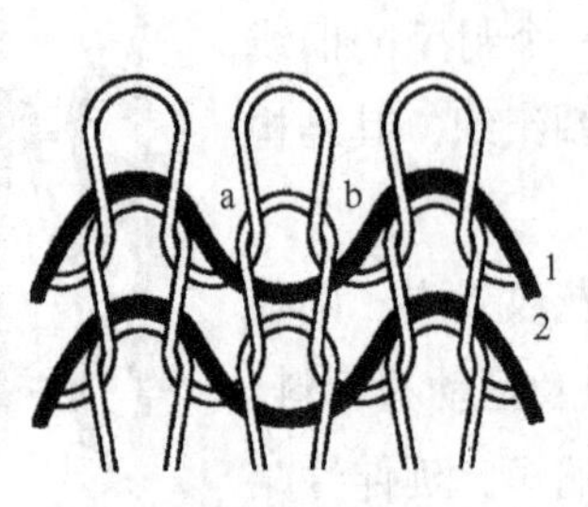

(a) 平针衬垫组织
1—地纱　2—衬垫纱

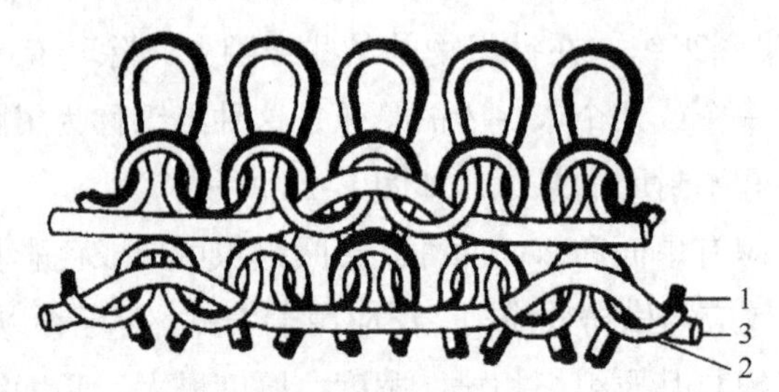

(b) 添纱衬垫组织
1—面纱　2—地纱　3—衬垫纱

图 5-31　衬垫组织

衬垫组织中，衬垫纱垫放的比例有 1∶1、1∶2 或 1∶3。前面一个数字表示垫纱后形成一个不封闭的悬弧，后面的一个数字表示浮线所占的针距数。

衬垫组织的脱散性较小，延伸性小，尺寸稳定。织物的厚度增大，保暖性提高。衬垫组织主要用于绒布生产，在整理过程中进行拉毛，使衬垫纱线成为短绒状，增加织物的保暖性，主要用于服装、运动装、休闲装和 T 恤等。

（5）毛圈组织。毛圈组织是在地组织中编入一些附加纱线，这些附加纱线形成带有拉长沉降弧的毛圈线圈。如图 5-32 所示，一根纱线编织地组织，另一根纱线编织带有毛圈的线圈。

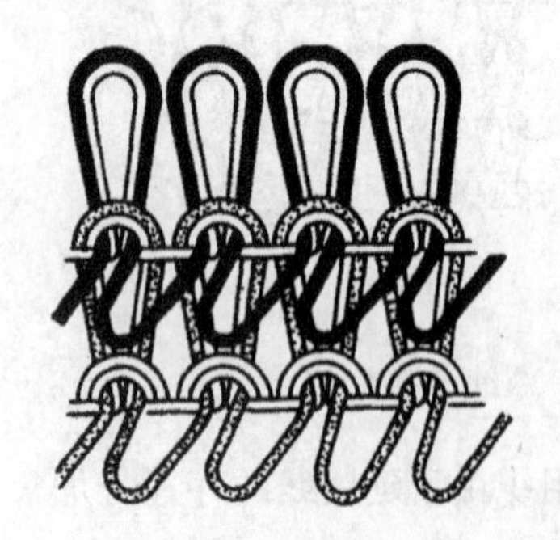
(a) 单面毛圈组织

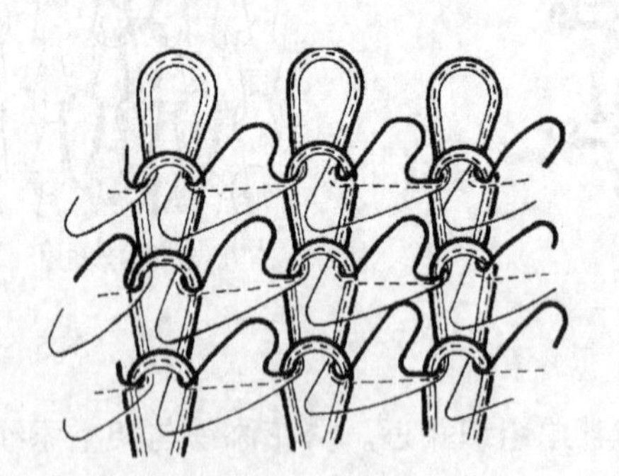
(b) 双面毛圈组织

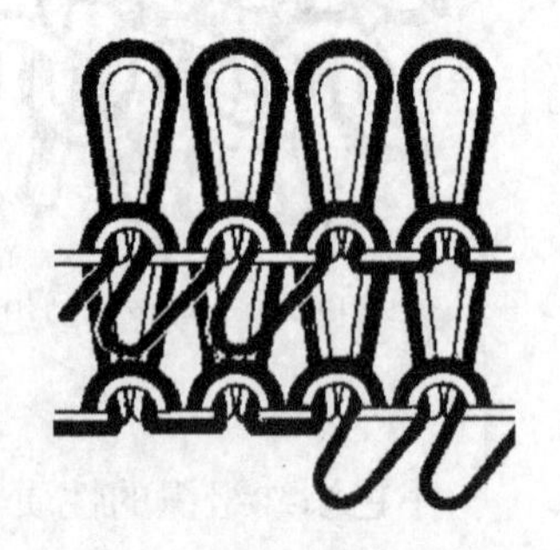
(c) 花色毛圈组织

图 5-32　毛圈组织

毛圈组织可分单面毛圈组织和双面毛圈组织。单面毛圈组织仅在织物工艺反面形成毛圈［图 5-32（a）］，双面毛圈组织则在织物的正反面都形成毛圈［图 5-32（b）］。毛圈组织同时还分为普通毛圈和花色毛圈两类。在普通毛圈组织中，每只毛圈线圈的沉降弧都形成毛圈；在花色毛圈组织中，毛圈是按照花纹要求，仅在一部分线圈中形成［图 5-32（c）］。

毛圈组织具有良好的保暖性与吸湿性，产品柔软，厚实。毛圈组织经割圈、剪毛等后整理，可以形成天鹅绒或双面绒类织物，适宜制作内衣、睡衣、浴衣以及休闲服装等。

（6）复合组织。复合组织是由两种或者两种以上的纬编组织复合而成，可以由不同的原组织、变化组织和花色组织复合而成。如图 5-33 所示，是一种罗纹空气层组织，是由罗纹组织和平针组织复合而成。上、下针分别进行单面编织而形成空气层，根据单面编织的次数不同，空气层的宽度有所不同。罗纹空气层组织中，由于平针线圈浮线状沉降弧的存在，使织物的横向延伸性比较小，尺寸稳定性比较好。同时，罗纹空气层组织厚实、挺括，保暖性好。在空气层中可衬入不参加编织的纬纱，保暖性进一步提高，大量用于保暖内衣。

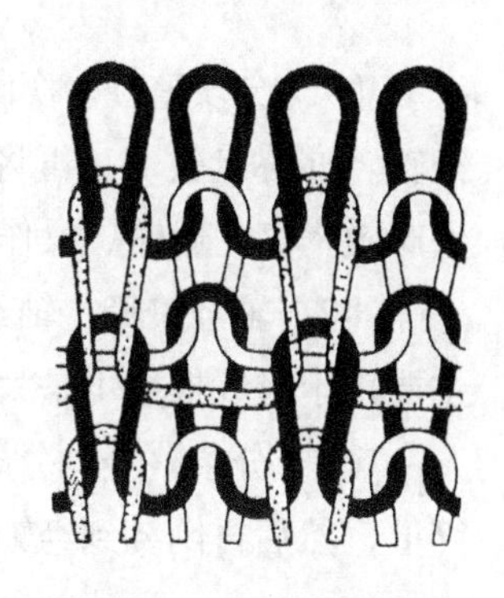

图 5-33　罗纹空气层组织

第三节　经编

一、经编生产工艺流程

在经编中，纱线经过整经平行排列卷绕在经轴上，然后上机生产。从经轴退解下来的各根纱线沿经向各自垫放在经编机的一枚或至多两枚织针上，以编织成经编针织物。经编生产的工艺流程为：

原纱检验→堆置→整经→上轴穿纱→编织→密度检验→过磅打戳→坯布检验→入库

1. **堆置**　纱线进入车间存放一定时间（24 ~ 48h），使原料的温度和回潮率保持一致。

2. **整经**　将筒装的纱线按所需的根数和长度平行卷绕，形成圆柱形的经轴，以供经编机使用，期间对纱线进行必要的辅助处理，如化纤厂长丝的上油处理。

3. **上轴穿纱**　将整经工序制成的经轴安装到经编机上，按照编织工艺的要求，将纱线穿入对应梳栉的导纱针。

二、整经

整经是经编生产必不可少的生产前的准备工序，其质量的好坏将直接影响经编的生产及产品的质量。

1. **整经目的**　将筒子纱按照工艺所需要的经纱根数与长度，在相同张力下，平行卷绕成经轴，以供经编机使用。

2. **整经要求**　整经在经编生产中占有非常重要的位置，实践表明，经编生产中的疵点80% 是由整经不良造成的。所以对整经有以下要求：

（1）整经根数、长度以及不同性质纱线（如不同材料、不同颜色、不同线密度等）的排列规律必须符合工艺要求。

（2）整经过程中张力大小应合适，要保证各根纱线的张力均匀一致，并且整个卷绕过程中保持张力恒定。

（3）经轴成形良好，密度恰当。

（4）在整经过程中消除经纱疵点，并改善经纱的编织性能。

3. **整经方法**　经编生产常用的整经方法有三种，即分段整经、轴经整经、分条整经。

（1）分段整经。实际生产中，将一把梳栉所用的经纱分成数份，分别卷绕成窄幅的分段经轴（亦称盘头），再将分段经轴组装成经编机所用的经轴，称为分段整经。分段整经具有生产效率高，运输、操作方便等特点，是目前经编生产中广泛使用的一种整经方法。

（2）轴经整经。轴经整经是将一把梳栉所用的经纱，全部卷绕在一个经轴上。这种方法主要用于经纱根数不是太多的多梳栉经编机的花梳上，故又称花经轴整经。

（3）分条整经。分条整经是将梳栉上所需的经纱根数分成若干份，一份份的卷绕到大滚筒上，然后再倒绕到经轴上的整经方法。该方法生产效率较低，操作麻烦，现已很少使用。

三、经编机的主要成圈机件与成圈过程

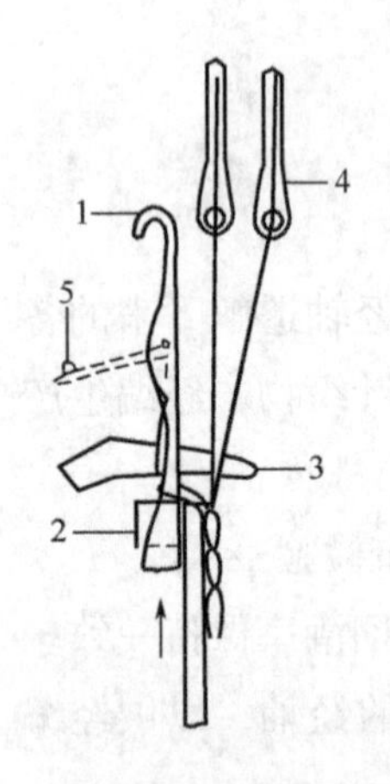

图5-34　舌针经编机成圈机件配置
1—针舌　2—栅状脱圈板
3—沉降片　4—导纱针
5—防针舌自闭钢丝

经编机按照织针类型分为舌针经编机、钩针经编机和槽针（亦称复合针）经编机。不同织针类型的经编机其成圈机件配置及作用等也有所不同。

1. **舌针经编机成圈机件及其配置**　舌针经编机的主要成圈机件及其相互配置关系如图5-34所示。

（1）舌针。舌针是舌针经编机的主要成圈机件，舌针浇铸在合金座片内，如图5-35所示，再将座片平排固装在针床板上形成针床。

（2）栅状脱圈板。栅状脱圈板是一块沿机器长度方向全长配置的金属板条，其上端按机号要求铣有筘齿状沟槽，舌针在其内做上升、下降运动。高机号设备通常采用薄钢片铸在合金座片内，如图5-36所示，再将座片固定在金属板条上。其主要作用为限制织针左右位置，并支撑坯布，辅助脱圈。

（3）导纱针。导纱针由薄钢片制成，其下端有孔，用以穿入经纱。导纱针的上端浇铸在合金座片内，是按机号要求间隔排列的，然后再将座片顺序地安装在金属板上而构成梳栉，如图5-37所示。在成圈过程中，导纱针引导经纱绕针运动，将经纱垫于针上。

（4）沉降片。沉降片由薄钢片制成，其根部按机号要求浇铸在座片内，如图5-38所示，安装在栅状脱圈板的上方，其作用为在织针上升退圈时，压住坯布，辅助退圈，有利于高速编织。粗机号编织粗厚坯布时，由于织物向下的牵拉力较大，可以省去沉降片。

（5）防针舌自闭钢丝。防针舌自闭钢丝是固定在机架上，贯穿机器全长的一根钢丝，其作用为在织针上升退圈时，在旧线圈从针舌退至针杆的瞬间，防止针舌关闭，造成漏针。

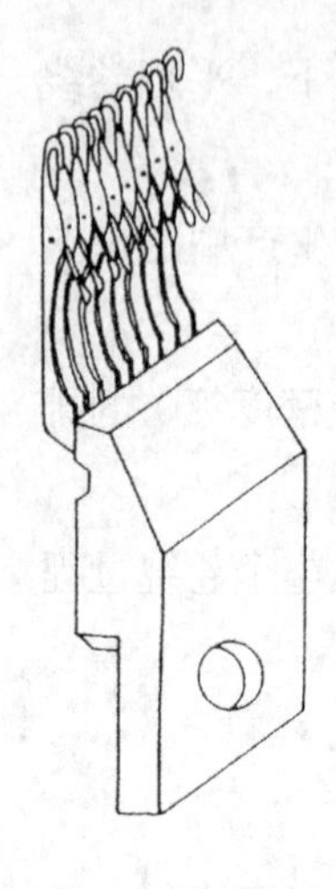
图5-35　舌针

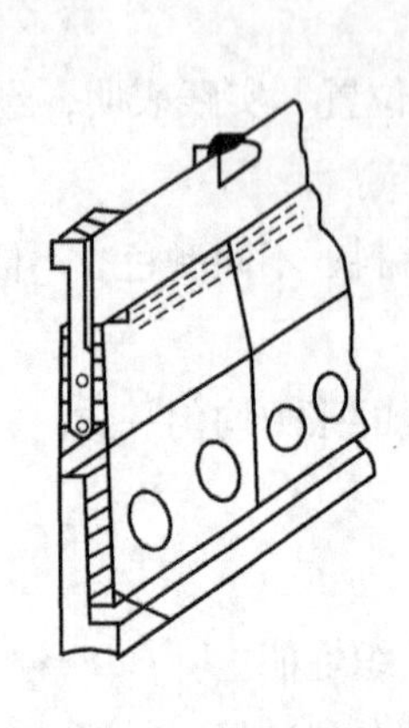
图5-36　栅状脱圈板

2. **钩针经编机成圈机件及其配置**　钩针经编机的主要成圈机件及其相互配置关系如图5-39所示。

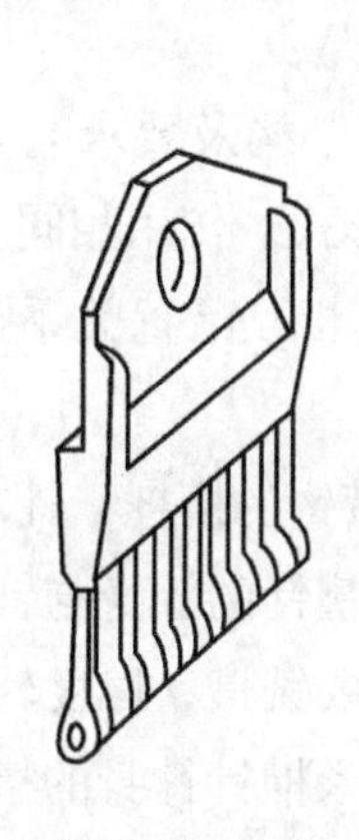

图5-37　导纱针

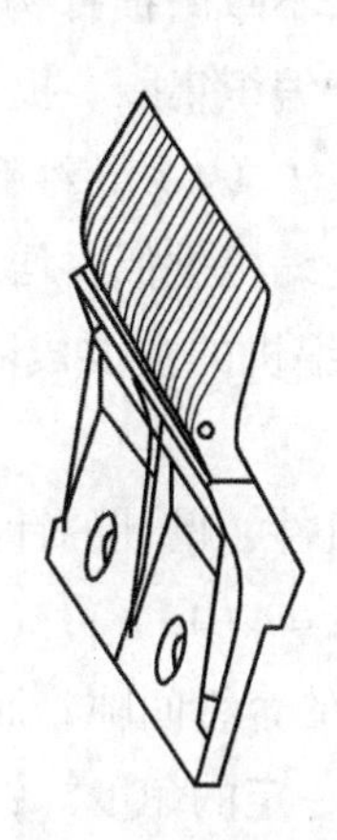

图5-38　沉降片

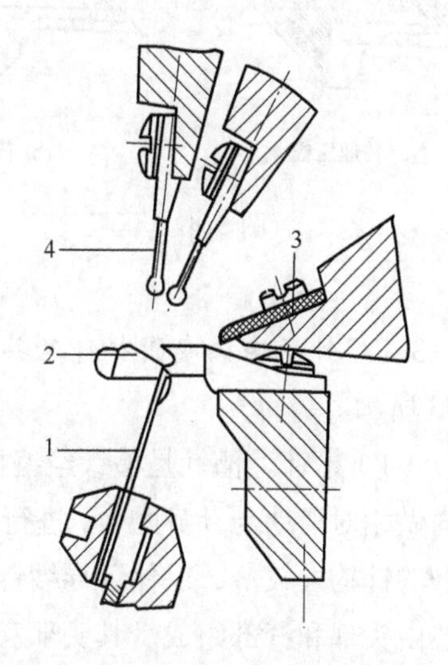

图5-39　钩针经编机成圈机件配置
1—钩针　2—沉降片　3—导纱针　4—压板

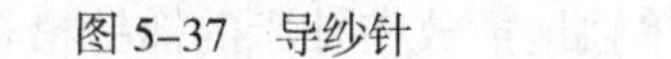

（1）钩针。钩针用于钩针经编机，钩针的形状如图5-40所示。钩针单根插入针槽板内，再由盖板固定，钩针的最大特点是结构简单，可以制作得很细小，因而机号较高，适宜编织细薄、紧密的织物。

（2）沉降片。沉降片由薄钢片制成，其根部按机号要求浇铸在座片内，座片再安装在沉降片床上，其结构如图5-41所示，片鼻1、片喉2用来握持旧线圈，辅助退圈；片腹3用来抬起旧线圈，使旧线圈套到被压的针钩上，辅助套圈。

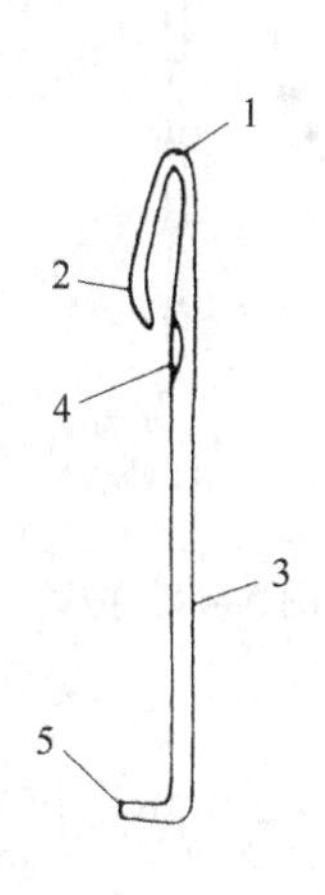

图5-40　钩针
1—针头　2—针钩　3—针杆　4—针槽　5—针踵

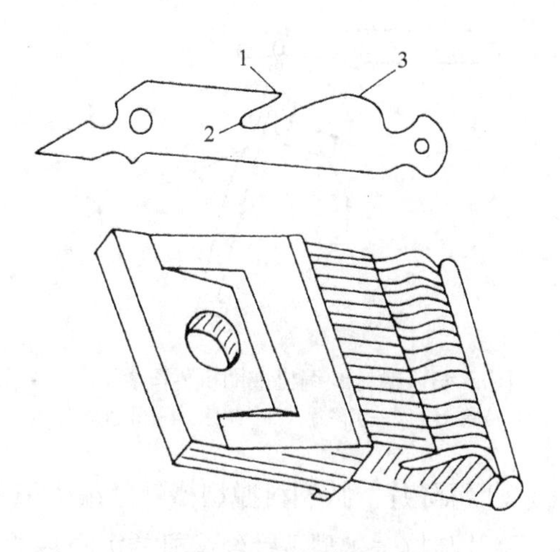

图5-41　沉降片
1—片鼻　2—片喉　3—片腹

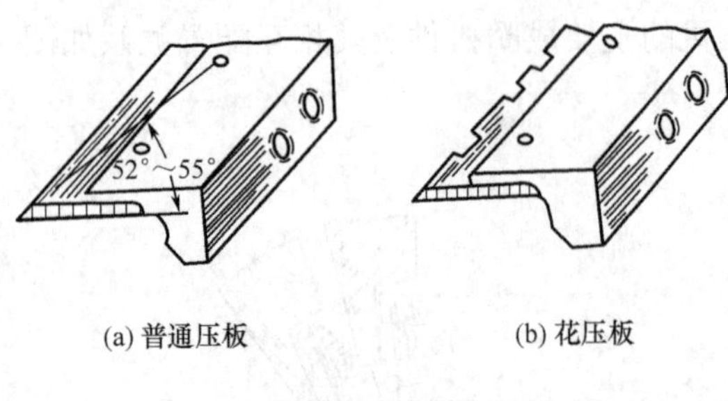

(a) 普通压板　　(b) 花压板

图 5-42　压板

（3）压板。压板是钩针经编机上配合钩针成圈的主要机件，其作用是将针尖压入针槽内，使针口封闭，其形状如图 5-42（a）所示。压板通常用塑料层压板制成，可达到一定硬度，又不致磨损针钩。图 5-42（b）为花压板，用于编织集圈、提花经编织物。

（4）导纱针。导纱针结构及要求与舌针经编机类似，均采用座片形式，作用相同。

3. **槽针经编机成圈机件及其配置**　槽针经编机的主要成圈机件及其相互配置关系如图 5-43 所示。

（1）槽针。槽针是槽针经编机的主要成圈机件，槽针的针身是一根带钩的槽杆，针芯在槽内做相对滑动与针身配合，进行成圈运动。图 5-44 中（a）、（b）为一种槽针的针身与针芯。针身的针钩处较薄，以保证导纱针摆过时有较大的容纱间隙，而针杆处因要铣槽，厚度较大。针芯由头部和杆部组成。其头部和杆部间弯曲成一定的角度。针芯头部嵌入槽针针身的槽内，做相对滑动，其头端的针芯槽与针身钩部相配合。槽针针身可单独地插放在针床的插针槽板上，或以数枚一组浇铸于针座上，再将针座安装在针床上。针芯一般数枚一组浇铸在座片上，其间距与针距精确一致。槽针在成圈过程中的动程小，运动规律简单，且传动机构也较简单，所以机速高。

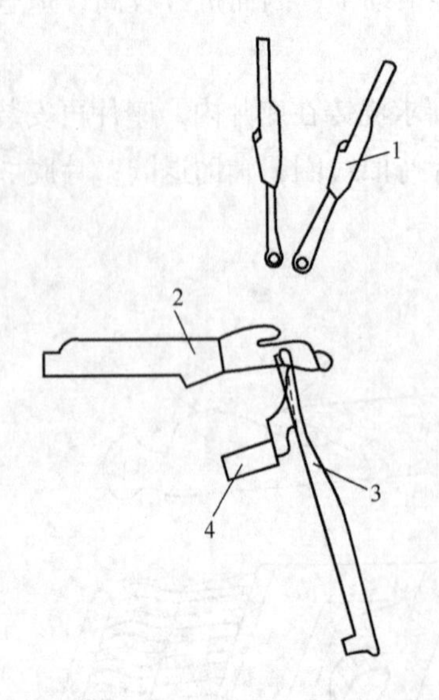

图 5-43　槽针经编机成圈机件配置
1—导纱针　2—沉降片　3—针身　4—针芯

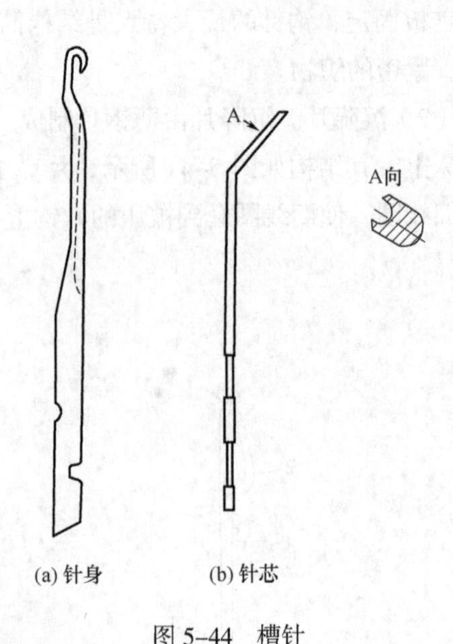

(a) 针身　　(b) 针芯

图 5-44　槽针

（2）沉降片。特利科脱型槽针经编机采用的沉降片如图 5-45 所示，拉舍尔型槽针经编机的沉降片与拉舍尔型舌针经编机的沉降片类似。

（3）导纱针。导纱针的结构及要求与舌针经编机类似，均采用座片形式，作用相同。

4. 钩针经编机成圈过程　不同织针类型的经编机，其编织原理相同，在此主要介绍钩针经编机的编织过程。如图5-46所示为双梳栉钩针经编机的成圈过程。

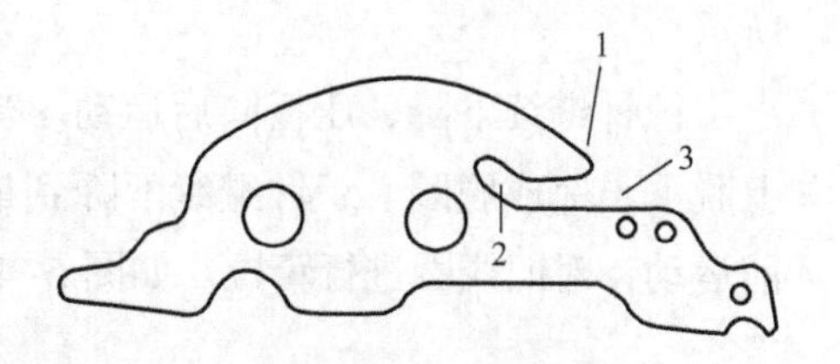

图5-45　槽针经编机沉降片
1—片鼻　2—片喉　3—片腹

织针从图5-46（g）所示的最底位置上升到一定高度，使旧线圈由针钩内滑到针杆上，进行退圈。沉降片向前运动，握持住旧线圈，使其不随织针的上升而上升。压板向后退回。　导纱针已摆到机前，开始向机后摆动。如图5-46（a）所示。

织针在第一高度近似停顿不动。导纱针摆到机后，在针钩前横移，做针前垫纱。沉降片和压板基本保持不动。如图5-46（b）所示。

导纱针摆到机前，将经纱垫到针钩上，压板开始向前运动，沉降片基本保持不动。如图5-46（c）所示。

织针上升到最高点，垫在针钩上的纱线滑落到针杆上。导纱针摆回到最前位置。沉降片基本不动。压板向前运动，为压针做准备。如图5-46（d）所示。

织针下降，新垫上的经纱处于针钩内，针稍作停顿，同时压板向前运动关闭针钩。如图5-46（e）所示。

织针继续下降，沉降片后退，由片腹将旧线圈抬起，套到关闭的针钩上。如图5-46（f）

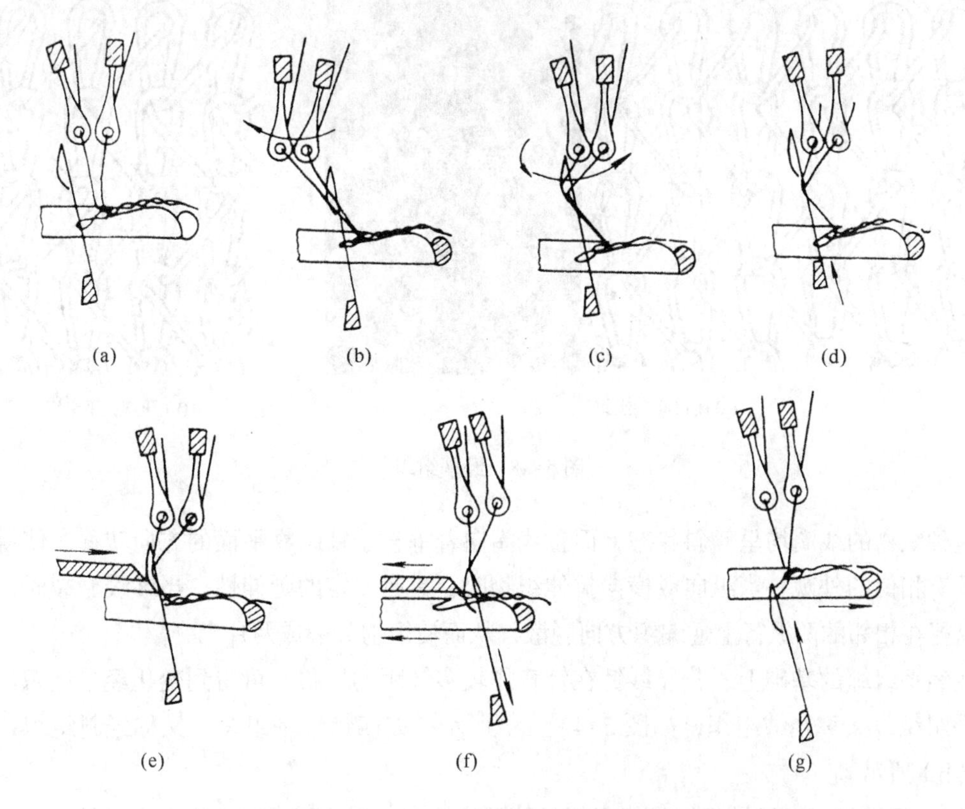

图5-46　双梳栉钩针经编机的成圈过程

所示。

织针继续下降，压板向后运动。当针头下降到低于沉降片片腹最高点时，旧线圈从针头上脱下，完成脱圈。织针继续下降到最低点，形成新线圈。导纱针进行针背横移。沉降片向前运动，对旧线圈进行牵拉。如图 5-46（g）所示。

四、经编针织物组织

1. 单面单梳经编基本组织

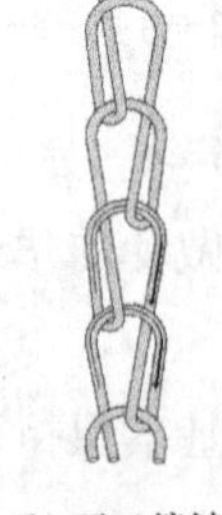

(a) 闭口编链　(b) 开口编链

图 5-47　编链组织

（1）编链组织。编链组织是指每根纱线始终垫于同一枚针上所形成的组织。根据导纱针不同的垫纱运动，编链可分为闭口编链和开口编链两种，如图 5-47 所示。编链组织中，各纵行间不联系，不能成为一整块织物，一般与其他组织复合成经编织物。

编链组织与其他组织结合而形成的织物纵向延伸性小，纵向强力较大，横向收缩小，布面稳定性好。

（2）经平组织。在经平组织中，每根纱线在相邻两根针上轮流编织成圈，可以由闭口线圈、开口线圈或闭口和开口线圈相间组成。如图 5-48 所示的经平组织分别是由闭口和开口线圈形成的。经平组织中两个横列为一个完全组织，如用满穿梳栉，就可编织成坯布。

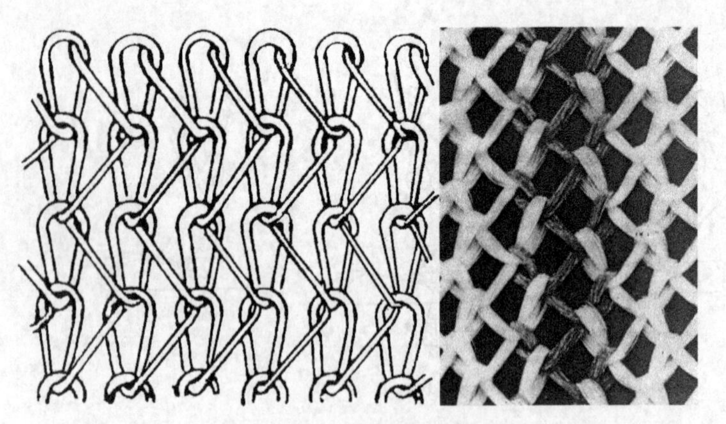

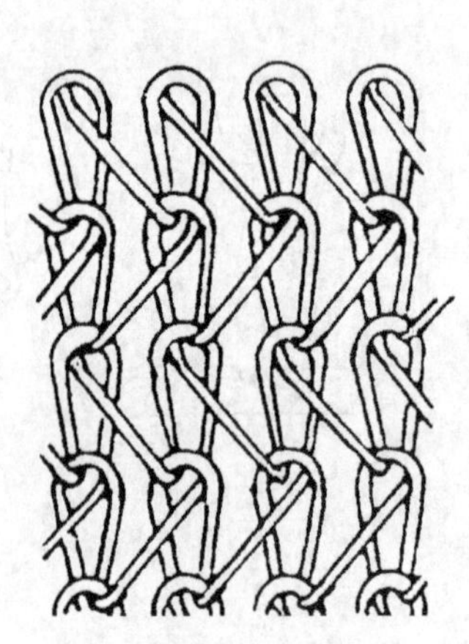

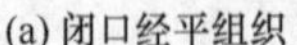

(a) 闭口经平组织　(b) 开口经平组织

图 5-48　经平组织

这种织物的线圈均呈倾斜状态，而且线圈向着垂直于针织物平面的方向转移，使得坯布两面具有相似的外观。当纵向或横向拉伸织物时，具有一定的延伸性。当纱线断裂时，线圈会沿纵行在相邻的两纵行上逆编织方向脱散，从而使织物分裂成两片。

在经平组织的基础上，若导纱针在针背作较多针距的横移，可得到变化经平组织。如三针经平组织，又称经绒组织，如图 5-49（a）所示；如四针经平组织，又称经斜组织，如图 5-49（b）所示。

（3）经缎组织。经缎组织是指每根经纱顺序地在三根或三根以上织针上垫纱编织而成的一种组织。如图 5-50（a）所示为最简单的一种经缎组织，称为三针经缎组织，4 个横列为一个完全组织。经缎组织在向一个方向进行垫纱中为开口线圈，而在垫纱转向处则为闭口线圈。

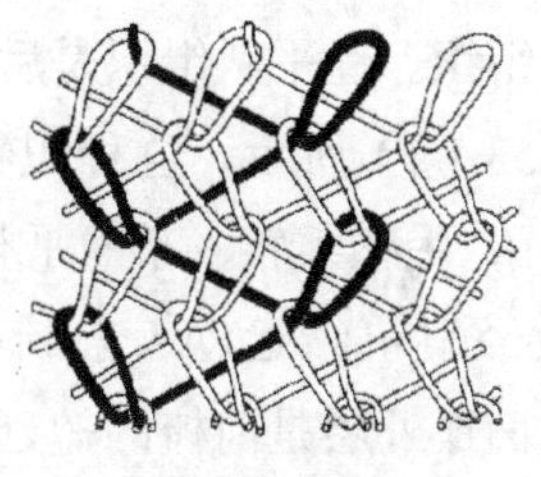

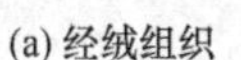

(a) 经绒组织

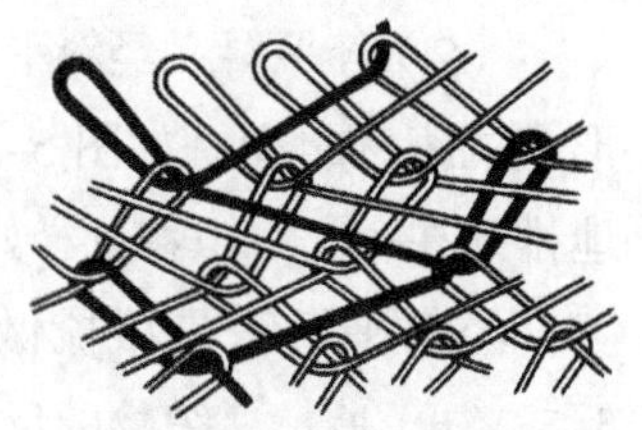

(b) 经斜组织

图 5-49　变化经平组织

因为闭口线圈呈倾斜状态，所以不同方向的倾斜线圈在织物表面形成横条纹外观。经缎组织的弹性较好，在纱线断裂时，沿逆编织方向脱散，但织物不会分成两片。在经缎组织的基础上，导纱针在每一横列上作较多针距的针背横移，就可得到变化的经缎组织，如图 5-50（b）所示。

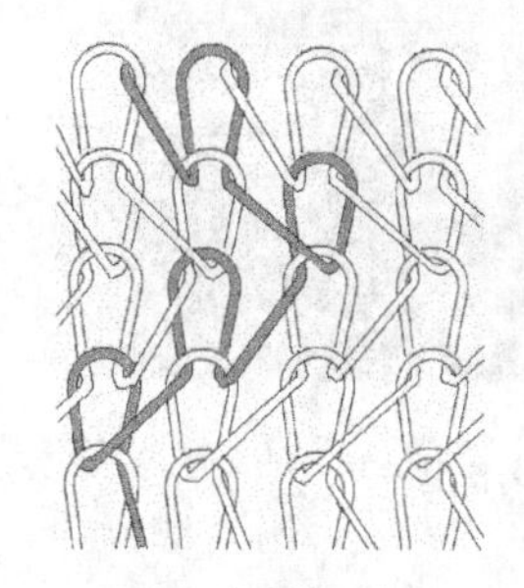

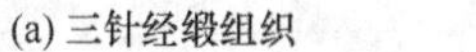

(a) 三针经缎组织

(b) 变化经缎组织

图 5-50　经缎组织

2. **单面双梳经编基本组织**　单面满穿双梳经编基本组织是指前后两把梳栉的每一枚导纱针上均穿有纱线，并各自做基本组织的垫纱运动而形成的织物。命名时一般前梳在后，后梳在前，如经平绒组织表示后梳编织经平组织，前梳编织经绒组织。通常由工艺反面到工艺正面依次显露的是：前梳纱延展线、后梳纱延展线、后梳纱圈柱、前梳纱圈柱。

单面双梳经编基本组织可采用涤纶丝作原料，生产服装衬里、鞋子面料和旗帜面料等，诸如经平斜、经平绒等织物反面具有较长延展线的织物可经起绒生产绒类织物。也可采用锦纶、涤纶与氨纶交织以生产弹性织物。用锦纶和氨纶交织，织物手感柔软，采用经绒平组织，织物表面呈纬平针的外观，纵横向都有弹性，可作妇女紧身衣、运动衣、游泳衣等；若采用双经平组织，织物具有光泽柔和的效果，用于妇女内衣。现在国外较多采用阳离子可染涤纶与氨纶交织，使织物具有涤纶的一些优良性能。对不染色的织物（如印花织物）则可使用常规涤纶与氨纶交织，多用于泳装。

（1）经平绒、经绒平组织。经平绒组织是指后梳作经平垫纱运动，前梳作经绒垫纱运动的双梳组织，如图 5-51 所示。织物正面呈“V”形线圈，反面是前梳的长延展线覆盖在外层。这种织物弹性较好，光泽较好，手感柔软，但易勾丝和起毛起球。

图 5-51　经平绒组织

经绒平组织是后梳作经绒垫纱运动，前梳作经平垫纱运动的双梳组织，如图 5-52 所示。这种织物反面最外层是前梳经平组织的短延展线，所以与经平绒组织相比，织物结构较稳定，不易勾丝和起毛起球，但手感不够柔软，光泽不够好。

（2）经平斜、经斜平组织。经平斜组织是后梳作经平垫纱运动，前梳作经斜垫纱运动而形成的织物组织，如图 5–53（a）所示。这种织物的反面是由前梳经斜组织的长延展线紧密地排列在一起，织物光泽好，手感柔软，布面平整，延伸性较大，易起毛起球和勾丝。

经斜平组织是后梳做经斜垫纱运动，前梳作经平垫纱运动而形成的织物组织，如图 5–53（b）所示。织物的反面最外层是前梳的短延展线，织物性能与经绒平组织相似。

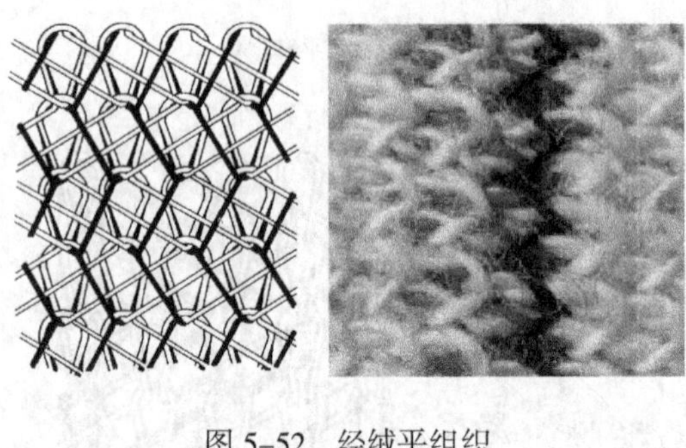

图 5–52　经绒平组织

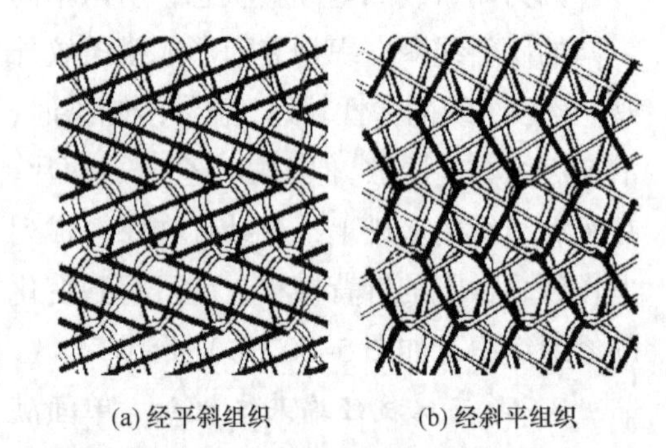

(a) 经平斜组织　　(b) 经斜平组织

图 5–53　经平斜组织与经斜平组织

（3）经斜编链组织。经斜编链组织是前梳织编链组织，后梳织经斜组织而形成的织物组织，经斜组织的长延展线把编链纵行连接起来，如图 5–54 所示。这种织物纵横向延伸性较小，结构稳定，不卷边，布面平整、手感柔软。

3. **单面部分穿经的双梳经编组织**　部分穿经的双梳经编组织指的是一把或两把梳栉的部分导纱针不穿经纱而编织的双梳经编织物。

图 5–55 所示为凹凸纵条纹双梳经编织物，前梳编织经平，两穿一空，后梳编织经绒组织，满穿，可在织物表面形成凹凸和孔眼效应。

图 5–54　经斜编链组织

图 5–55　凹凸纵条纹双梳经编织物

图 5–56 为双梳部分空穿经缎网眼组织，前后两把梳栉均采用四列经缎组织，一穿一空反向垫纱形成。如将经缎垫纱与经平垫纱结合，则可以得到更大的孔眼效应，如图 5–57 所示，前、后梳栉仍为一穿一空穿纱。

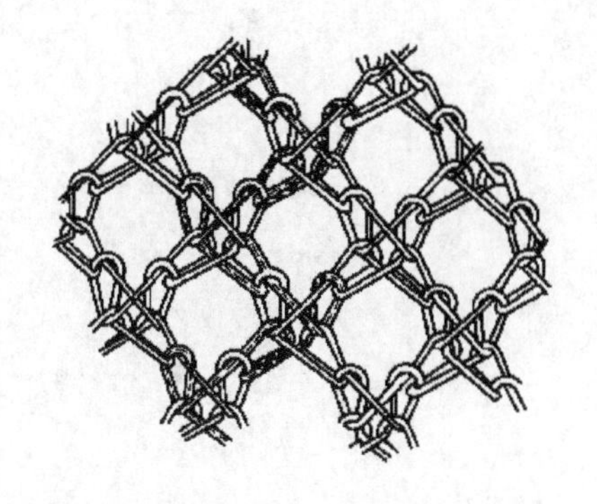

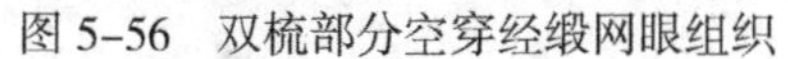

图 5-56　双梳部分空穿经缎网眼组织

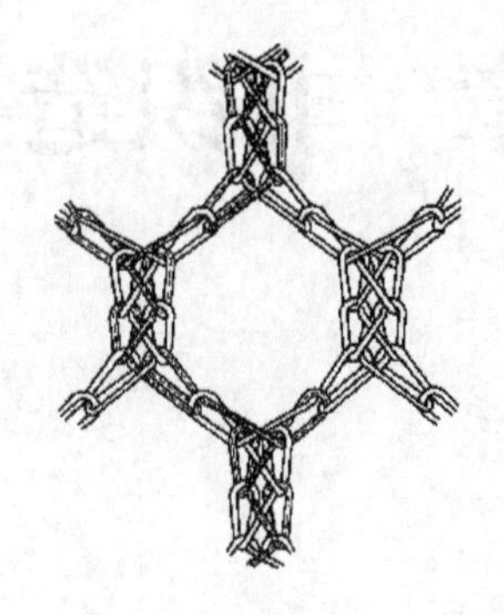

图 5-57　双梳部分空穿经缎与经平网眼组织

部分穿经的双梳经编组织可以在织物表面形成凹凸或孔眼效果，主要用于头巾、夏季衣料、女用内衣、服装衬里、蚊帐、鞋面料、网袋以及装饰织物等。

思考题

1. 什么是针织物？
2. 说明线圈的结构。
3. 针织物有哪些主要的物理指标？
4. 针织物基本组织有哪些？各有什么特点？
5. 纬编产品有哪些主要的种类？
6. 经编产品有哪些主要的种类？

第六章　非织造技术

本章知识点

1. 非织造布的定义及其基本工艺过程。
2. 干法成网（梳理、铺网、气流成网）工艺。
3. 聚合物挤压成网（纺丝成网、熔喷法）工艺。
4. 机械加固（针刺、水刺、缝编）、化学黏合、热黏合加固工艺。

非织造布即非织造材料（Nonwovens），也称不织布、无纺布。非织造布生产技术综合了纺织、化工、造纸、塑料、化纤、染整等工业技术，根据最终产品的使用要求，经科学合理的结构设计和工艺设计，可加工出航空航天、环保治理、农业技术、医疗保健及人们日常生活等众多领域所需的产品。

非织造布工业是一个新兴的纺织工业领域，它的历史不长。1942 年，美国一家公司生产了数千码与传统纺织原理和工艺截然不同的新型布品，它不经过纺，也不经过织，而是用化学黏合法生产的，当时定名为“Nonwoven fabric”，意为“非织造布”。这一名称一直沿用至今，被世界上多数国家所采用。我国 1958 年开始对非织造布进行研究，1965 年建立了第一家非织造布厂——上海无纺布厂，生产化学黏合法非织造布。

由于非织造布工程具有工艺流程短、原料来源广、成本低、产量高、产品品种多、应用范围广等优点，非织造布工业获得了飞速的发展，成为继机织、针织之后的第三领域，并被誉为纺织工业中的“朝阳工业”。

第一节　非织造布生产概述

一、非织造布的定义

我国国家标准（GB/T 5709—1997）赋予非织造布的定义是：定向或随机排列的纤维通过摩擦、抱合或黏合或者这些方法的组合而相互结合制成的片状物、纤网或絮垫（不包括纸、机织物、簇绒织物，带有缝编纱线的缝编织物以及湿法缩绒的毡制品）。所用的纤维可以是天然纤维或化学纤维，可以是短纤维、长丝或当场形成的纤维状物。

需要指出的是，非织造布作为一种纤维结构物，随着生产技术的发展，其定义也会不断地发展。

二、非织造布的结构

非织造布与机织或针织物无论从外观上还是从结构上看，都有很大差异。

非织造布的形成不需要将纤维材料加工成纱线，而直接将松散的短纤维以一定方式铺叠成网或直接纺丝成网，然后通过针刺、水刺、黏合等方式形成织物。由于成网和加固方法不同，非织造布的结构会有很大的差异，并表现出各种各样的性能特点。但从总体上讲，非织造布都是纤维网（纤网）形成的布状材料，这些纤维在纤维网中以不同的形式存在，有的纤维之间基本是平行排列，有的纤维之间是二维杂乱排列，也有的是三维杂乱排列。纤维之间的连接又有不同的方式，如纤维与纤维之间可以以机械外力的形式互相纠结在一起，也可以通过黏合剂联合在一起；还可以利用热联合的方式强合在一起等。图 6-1 所示为不同工艺技术下的非织造布微观结构图。

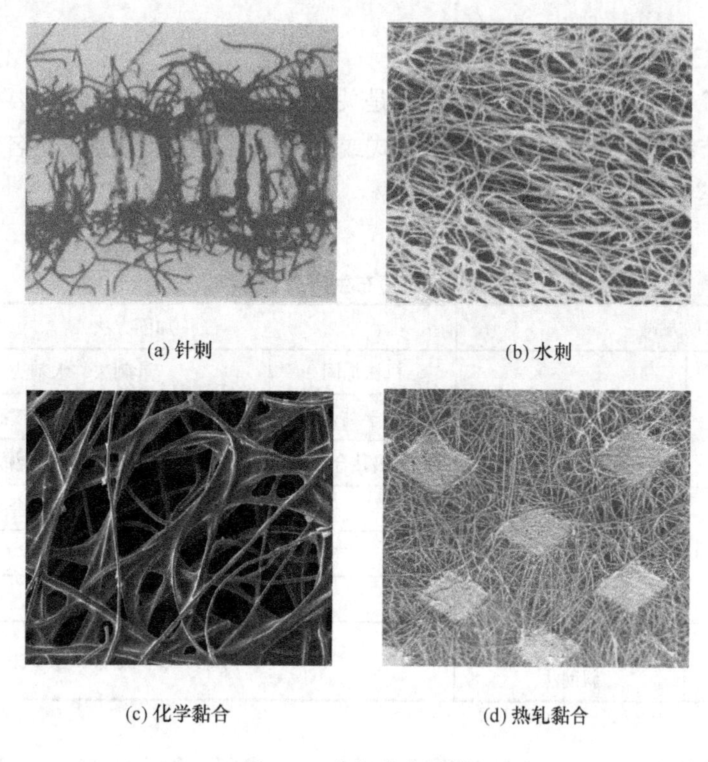

(a) 针刺　(b) 水刺　(c) 化学黏合　(d) 热轧黏合

图 6-1　非织造布结构

三、非织造布生产的基本工艺过程

根据原材料及产品要求的不同，非织造布的生产有多种工艺技术。不同的非织造工艺技术具有各自对应的工艺原理。但从宏观上来说，非织造技术的基本原理是一致的，可用其工艺过程来描述，一般可分为下面四个程序。

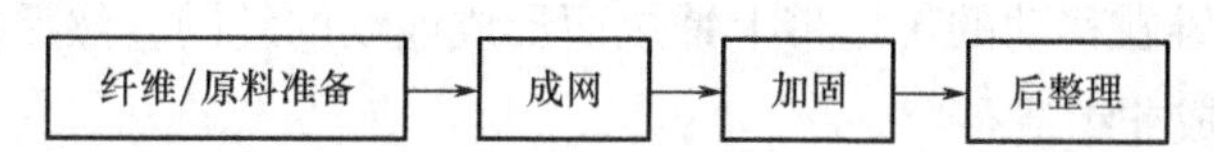

1. **纤维/原料准备**　主要有纤维或原料的选择和成网前准备工序。纤维的选择可基于成

本、可加工性和纤网的最终性能要求几方面。原料的选择还包括黏合剂和后整理化学试剂的选择。短纤维干法成网的前准备工序包括纤维的混合、开清和施加油剂；湿法成网主要是悬浮浆的制备。聚合物挤压成网在纺（喷）丝成网前则需要对聚合物进行烘燥。

2. **成网** 是指将纤维形成松散的纤维网结构。此时形成的纤网强度很低，纤网中纤维可以是短纤也可以是连续长丝，主要取决于成网的工艺方法。

3. **加固** 纤网形成后，需要通过相关的工艺方法对松散的纤网进行加固，赋予纤网一定的力学性能和外观。

4. **后整理** 是旨在改善产品的结构和手感，有时也为了改变产品的性能，如透气性、吸湿性和防护性等。后整理在纤网加固后进行，经整理后，非织造材料通常在成型机器上转化为最终产品。

四、非织造主要成网与加固技术

在非织造四个基本程序中，成网与加固是关键的工艺技术。现有的主要成网方式与加固方法见表6-1，非织造布也常以纤维成网方式或纤网加固方法来分类或命名，如针刺布、水刺布、热熔布、熔喷布、纺黏布等。

表6-1 非织造布生产工艺分类表

成网方式		加固方法	
干法成网	梳理成网 气流成网	机械加固	针刺法、水刺法、缝编法
		化学黏合	浸渍法、泡沫法、喷洒法、印花法
		热黏合	热熔法、热轧法
聚合物挤压成网	纺丝成网	机械加固、化学黏合、热黏合等	
	熔喷法	自黏合、热黏合等	
	膜裂成网	热黏合、针刺法等	
湿法成网	圆网法 斜网法	化学黏合、热黏合、水刺法	

1. **非织造布的成网方式** 一般为干法成网、湿法成网和聚合物挤压成网三大类。

（1）干法成网。是指纤维在干态下，利用机械梳理成网或气流成网等方式制得纤网，然后用机械、化学黏合或热黏合方式加固成非织造布。

（2）湿法成网。是以水为介质，短纤维在水中呈悬浮状，采用造纸的方法，借水流的作用形成纤网，然后用机械、化学黏合或热黏合的方法加固成非织造布。

（3）聚合物挤压法。是指将聚合物高分子切片由熔体或溶液通过喷丝孔形成长丝或短纤维。这些长丝或短纤维在移动的传送带上铺放而形成连续的纤网，然后按机械、化学黏合或热黏合的方法加固形成非织造布。

2. **纤网的加固工艺** 一般分为三大类，即机械加固、化学黏合和热黏合。具体加固方法视纤网类型和产品的使用性能而定。

五、非织造布用纤维原料

纤维是构成非织造布最基本的原料，因此，纤维原料的特性对非织造布产品性质有着更为直接的影响。适用于非织造布的纤维种类很多，习惯上，按原料的来源可分为以下两大类，一类是天然纤维，包括棉、麻、丝、毛和石棉纤维等；另一类是化学纤维，常用的有黏胶纤维、醋酯纤维、涤纶、锦纶、丙纶、腈纶、维纶、氯纶、芳纶、碳纤维、玻璃纤维及金属纤维等。

目前，化学纤维已成为非织造布的主要原料，约占95%。由于非织造加工方法的特殊性，一些纺纱工序的落棉、落毛、落麻、精梳短绒、精梳短毛及化纤厂废丝、服装裁剪的边角料等，都可成为非织造加工的原材料。

非织造布应用的纤维原料非常广泛，几乎所有的纤维都可以使用。这就要求掌握纤维性能，科学、合理、经济地选择原料，有时往往很难找到一种既能满足使用性能和加工性能的要求而又经济、环保的纤维原料，这就必须把几者综合起来考虑，合理而恰当地选择纤维原料。

第二节　纤维成网

一、干法成网

干法成网技术是非织造布最早采用的生产方法，虽然近年来聚合物挤压成网法占非织造布生产总量的比例逐年上升，但干法成网以其产品品种多、应用范围广，在非织造布中仍占主要地位。

干法成网的产品称为纤网，即由短纤维原料形成的网片状结构，它是非织造布的半成品。由于纤网的均匀度、面密度和纤维排列的方向性直接影响非织造布产品的性能和用途，所以形成纤网的过程是干法非织造布的重要加工工序。

干法成网技术涉及两道工序，即纤维准备和纤网制备。

1. **纤维准备**　纤维准备工序指的是纤维梳理前的处理工序，良好的准备工序是实现良好的梳理、保证纤网质量的必要条件。干法成网前的纤维准备工序主要包括配料、纤维的开清与混合及加油水。

（1）配料。把多种原料搭配起来使用，生产出来的纤网质量比用单一原料生产的更好。使用混合料生产纤网，不但可以保证生产和产品质量的稳定，而且能达到取长补短、降低产品成本的目的。非织造布常采用2 ~ 6种纤维混合，可能有些纤维所占比例在10%以下。

（2）纤维的开清与混合。开清工艺的作用是将原料进行彻底松解，用打手或角钉将纤维原料开松成小块状甚至是束状，为梳理机将原料分梳成单根纤维创造条件。同时，在松解过程中可使纤维与杂质分离，通过机械落杂部分完成除杂作用，并完成纤维块和纤维束的混合。

但是，这种混合作用效果并不是很好。为了达到纤维原料按成分比例均匀混合，往往在开松机后面还要配置专门的混合机械。混合的目的主要有两方面，一是不同成分或不同数量的混合，二是不同色泽的混合。

（3）加油水。纤维在混合开松、梳理成网的过程中，纤维与纤维之间、纤维与机件之间都存在摩擦力，为了减少摩擦和加工中的静电现象，增加纤维的抱合性和柔软度，非织造生产一般在开松前给纤维混料添加油剂和水。油剂一般包含润滑剂、柔软剂、抗静电剂和乳化剂等，由于各种纤维对水的亲疏性不同，所以必须采用不同的油剂。

通常在纤维开松前，把油剂稀释，以雾点状均匀地喷洒到纤维中，再堆积 24 ~ 48h，使纤维均匀上油，达到润湿、柔和的效果。油剂施加量太多会产生纤维绕刺辊、锡林和腐蚀金属针布的问题，一般对纤维重量的最佳油剂附着量为 0.2% ~ 0.9%。

2. **纤网制备** 纤网制备工序主要指将纤维经梳理后直接铺叠成网或以气流吹送成网，主要有梳理成网法和气流成网法。

（1）梳理。梳理是干法非织造布生产过程中的关键工序，梳理工序的质量直接影响纤网的质量。

①梳理机。非织造梳理机主要有罗拉式梳理机和盖板式梳理机两大类。国内的非织造梳理机一般是从传统梳毛机（罗拉式梳理机）和梳棉机（盖板式梳理机）改造而来，罗拉式梳理机可以加工 50 ~ 130mm 的纤维，盖板式梳理机可以加工 65mm 以下的纤维原料。国外进口的设备则都是非织造布专用梳理机。

a. 罗拉式梳理机。其基本结构如图 6-2 所示。

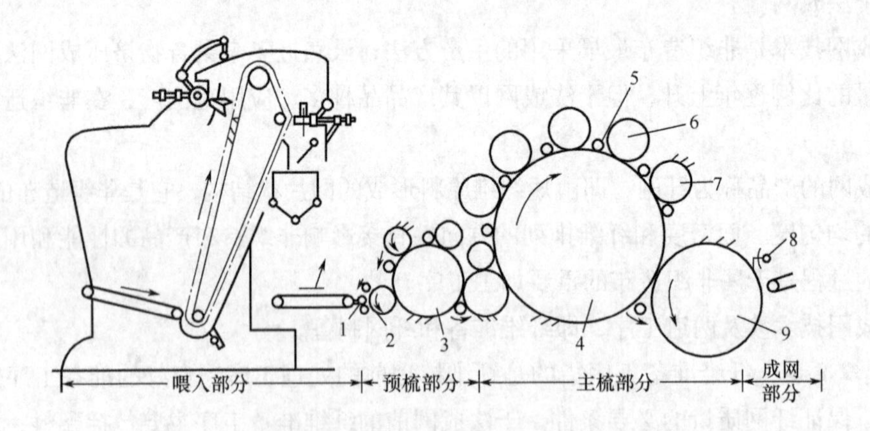

图 6-2 罗拉式梳理机

1—喂入罗拉 2—开松辊 3—开松锡林 4—主锡林 5—剥取罗拉 6—工作罗拉 7—风轮 8—斩刀 9—道夫

工作过程为：自动喂料机（喂入部分）能定时定量将纤维原料送到喂给帘上，喂给帘运动将纤维送入预梳部分，由开松辊 2 进行开松，再由开松锡林 3 及两对或三对工作辊、剥取辊进行预梳理，使块状纤维变成束状。束状纤维通过转移辊进入主梳部分，在主锡林 4 及四对或五对剥取罗拉 5、工作罗拉 6 的作用下进行梳理，这样不断反复分梳、转移和均匀混合，从而使纤维束呈单纤维状态。风轮 7 将主锡林上的纤维提升，使一部分纤维转移到道夫 9 上，在成网部分经斩刀 8 剥下形成纤维网，通过输送网帘输出。

梳理机中的锡林、盖板、道夫等表面包覆着各种规格和型号的针布。通过针布的针向、回转方向、相对速度的不同配置，在梳理机的锡林、工作罗拉、剥取罗拉之间及锡林与风轮之间，发生分梳、剥取、提升三大作用，从而实现纤维的梳理。

b．盖板式梳理机。其基本结构如图 6-3 所示。

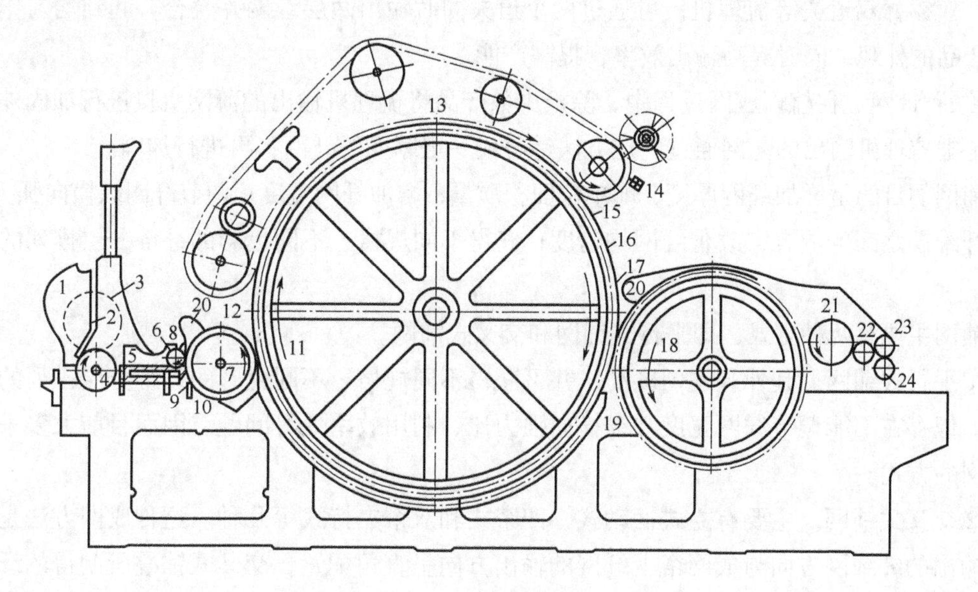

图 6-3　盖板式梳理机

1—棉卷架　2—棉卷杆　3—棉卷　4—棉卷罗拉　5—给棉板　6—给棉罗拉　7—刺辊　8—绒辊　9—除尘刀　10—小漏底　11—锡林　12—后罩板　13—盖板　14—上斩刀　15—前上罩板　16—抄针门　17—前下罩板　18—道夫　19—大漏底　20—吸尘罩　21—剥棉罗拉　22—转移罗拉　23—上轧辊　24—下轧辊

盖板式梳理机的针布配置及梳理原理与罗拉式梳理机相同，不同的是其纤维的分梳作用主要发生在锡林、盖板工作区。纤维束受高速刺辊的开松后，进入锡林、盖板工作区，受到细致分梳而成为单纤维状态，同时进行充分混合及排除细小杂质。锡林、盖板和道夫针布的针隙内都能容纳一定量的纤维，在原料喂入发生波动时，能从针隙之间获得补充或将多余纤维“存入”针齿缝隙里，即具有一定的“吸、放”作用，这样，同时喂入的纤维可能不同时输出，从而使梳理机具有均匀混合的作用。

②梳理成网。梳理机的加工使散纤维逐渐趋向单纤化并附着在道夫表面，实际上，纤维在道夫表面已经成了网，故称为梳理成网。它通过斩刀或剥网机构剥下来，在输送网帘上形成纤网输出。

梳理机生产出来的纤网很薄，其面密度通常只有 8 ~ 30g/m^2。一般将纤维顺着机器输出方向（即沿着输出纤网长度方向，MD 方向）排列的称为纵向排列；顺着垂直于机器输出方向（CD 方向）排列的称为横向排列；纤维沿着纤网各个方向排列的称为杂乱排列。普通梳理机由于纤维经过梳理后直接转移到道夫输出，因此，纤维在纤网中的排列通常是纵向排列的。这样的纤网其产品往往纵向强力较大而横向强力很小，纤网的纵横向强力比 F_{MD} : F_{CD} =（10 ~ 12）: 1。

为使产品的纵横向强力不能差异太大，可使用带杂乱机构的梳理机，使输出的纤维具有一定的杂乱度。

为满足非织造材料高速生产及其最终不同结构产品的要求，通过配置不同的工作元件对典型的单锡林、单道夫形式的普通梳理机进行改进，开发了很多种类的梳理机，如单锡林双道夫、双锡林双道夫等梳理机，可通过两个道夫同时输出两层纤网并叠合，起到均匀作用，改善产品的外观，同时提高输出效率，提高产能。

（2）铺网。在梳理成网过程中，除极少数产品将梳理机输出的薄网直接进行加固外，更多的是把梳理机输出的薄网通过一定方法铺叠成一定厚度的纤网，再进行加固。

铺网的目的是增加纤网厚度，即单位面积质量；增加纤网宽度；调节纤网纵横向强力比；通过纤维层之间的混合，改善纤网均匀度；获得不同规格、不同色彩的纤维分层排列的纤网结构。

铺网主要有两种方式，即平行式铺网和交叉式铺网。

①平行式铺网。其外观均匀度高，并可获得不同规格、不同色彩的纤维分层排列的纤网结构，但存在不能调节纤网宽度与纵横向强力比、利用效率低等问题，因而目前大多采用交叉铺网的方式。

②交叉式铺网。主要有立式摆动式、四帘式和双帘夹持式等几种。这种成网方法是使梳理机输出的纤维网方向与成网帘上纤网的输出方向呈直角配置。交叉式铺叠所制得的纤网，其均匀度比平行铺叠差。

（3）气流成网。气流成网的基本原理如图6-4所示。纤维经过开松、除杂、混合后喂入主梳理机构，得到进一步的梳理后呈单纤维状态，在锡林高速回转产生的离心力和气流的共同作用下，纤维从针布锯齿上脱落，由气流输送并凝聚在成网帘（或尘笼）上，形成纤维三维杂乱排列的纤网。

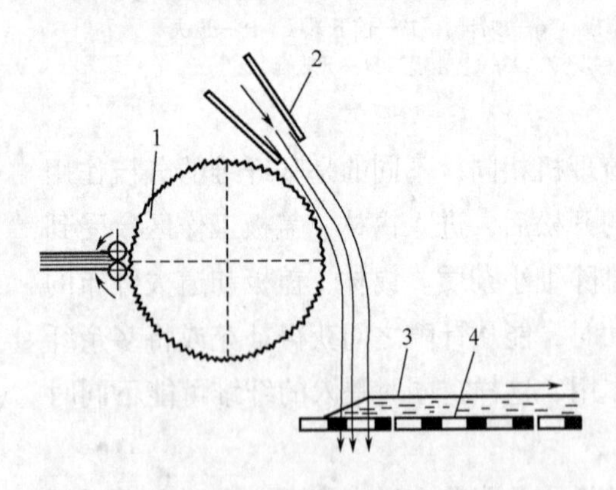

图 6-4　气流成网基本原理

1—锡林　2—压入气流风道
3—凝聚后的纤网　4—成网帘

气流成网制得的纤网，纤维呈三维杂乱排列，纵横向强力差异小（MD∶CD=1.1 ~ 1.5∶1），最终产品基本各向同性。气流成网存在的问题是不适于加工细长纤维；成网均匀度差，因此，只能加工定积重量较大的纤网；在加工纤维细度和比重差异较大的混合原料时，容易发生纤维的分离现象。但其在短纤成网上的应用极具发展前景。

目前，主要的气流成网形式有自由飘落式、压入式、抽吸式、封闭循环式、压吸结合式等。其中压吸结合式采用最多，其次是循环封闭式。

二、聚合物挤压成网

聚合物挤压法非织造布生产工艺方法主要有纺丝成网（熔融纺丝成网）法、熔喷法，另外，还有膜裂法、闪纺法等。

1. **纺丝成网法**　纺丝成网法是聚合物挤出法非织造布生产中最重要、应用最广泛的一种方法，俗称纺黏法。经过50多年的工业化发展，该项技术目前已是仅次于干法成网非织造布的第二大类非织造布生产技术。这种工艺方法是化学纤维技术与非织造布技术最紧密结合的成功典型，它是利用化学纤维纺丝原理，在聚合物纺丝过程中使连续长丝纤维铺叠成网，纤网经机械、化学或热方法加固而成非织造布。

纺丝成网法具有工艺流程短、产量高、产品机械性能好、产品适应面广等优点，并可制得细纤维纤网，但成网均匀度不及干法工艺，产品变换的灵活性较差。

（1）工艺原理。纺丝成网法的工艺原理如图6–5所示，聚合物切片送入螺杆挤出机，经熔融、挤压、过滤、计量后，由喷丝孔喷出，形成长丝；长丝丝束经气流冷却并牵伸后，经过分丝后均匀铺放在凝网帘上形成纤维网；该纤网经热黏合、化学黏合或针刺加固后成为熔融纺丝成网法非织造材料。

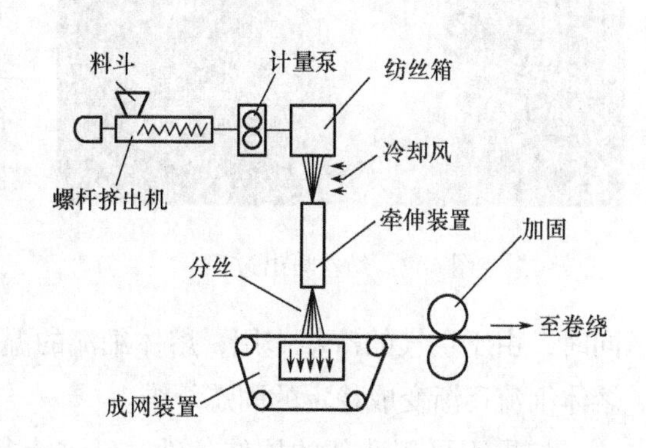

图6–5　纺丝成网法工艺原理

与热黏合加固工艺一样，熔融纺丝成网利用的也是高聚物的热塑性特性。目前用于纺丝成网工艺的高聚物主要有丙纶（PP）、涤纶（PET）、聚乙烯（PE）、锦纶（PA）等。

（2）纺丝成网生产的工艺流程。

切片烘燥→熔融挤压→纺丝→冷却→牵伸→分丝→铺网→加固→卷绕

①切片烘燥。经铸带切粒得到的高聚物切片（如PET、PA切片）通常都含有一定的水分，必须在纺丝前烘燥除去，PP由于几乎不含水分而一般不需要烘燥。

切片烘燥的目的一是去除水分，避免在高温时聚合物水解或形成气泡丝；二是提高结晶度和软化点，避免在螺杆的加料段造成环状黏结阻料现象。

目前非织造布生产厂一般规定PET干燥切片的含水率低于0.01%，PA干燥切片含水率低于0.05%，此外还要求含水率波动要小。

②熔融挤压。烘燥后的聚合物切片喂入料斗，送至螺杆挤出机进行熔融、挤出熔体。螺杆挤出机的结构示意图如图6–6所示，按照高聚物在挤压机中的变形状态，可以将机筒分为三个区域，即固体物料输送区、熔体区和熔体物料输送区。螺杆也相应分为三段，即加科段、压缩段和计量段。

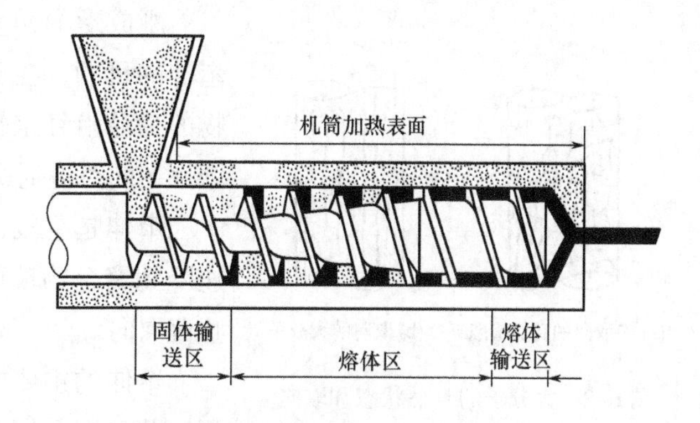

图6–6　螺杆挤出机结构示意图

固体切片进入螺杆后，首先在螺杆加料段被输送和预热，继而经螺杆压缩段压实、排气并逐渐熔化，然后在螺杆计量段中进一步混合塑化，并达到一定的温度，以一定的压力输送至后道工序。

③纺丝。纺丝过程与传统纺丝类似，工艺过程为：

熔融挤压→过滤→静态混合→计量→熔体分配→挤出成形→冷却

图 6-7 纺丝喷出过程

过滤可去除聚合物熔体中一些凝胶和细小的固体粒子。静态混合是指聚合物熔体输送管道中静态混合器对聚合物熔体的均匀混合作用。计量和熔体分配可精确控制产量和纤维细度的一致性，通过熔体分配装置将聚合物熔体均匀送至各个喷丝孔，聚合物熔体从喷丝孔挤出，经历入流、微孔流动、出流、变形和稳定的流变过程后，形成初生纤维。图 6-7 为纺丝喷出过程。

当聚合物熔体离开出口区后，温度仍然很高，流动性也较好，在张力的作用下能迅速拉伸变形。同时，由于空气的冷却作用，熔体细流的温度越来越低，而黏度越来越高，因此，黏流态的熔体细流逐渐变成稳定的固态纤维。

如果不再创造新的拉伸条件，纤维直径将稳定不变，但刚成形的初生纤维的性能是很低的。

④冷却。该过程与熔体细流的变形同时进行。从喷丝板挤出的丝束温度相当高，冷却可防止丝条之间的粘连和缠结，配合拉伸，使黏流态的熔体细流逐渐变成稳定的固态纤维。

冷却过程伴随着结晶过程，初期由于温度过高，分子的热运动过于剧烈，晶核不易生成或生成的晶核不稳定。随着温度的降低，均相成核的速度逐渐加快，熔体黏度增大，链段的活动能力降低，晶体生长速度下降。

纺丝成网工艺中冷却常采用单面侧吹和双面侧吹的形式，冷却介质为洁净空调风，风量应保证流动方式为稳定的层流状态，从而避免丝条振动，影响丝条的均匀性。

⑤牵伸。线性高分子的长度是其宽度的几百、几千甚至几万倍，这种结构上悬殊的不对称性使它们在某些情况下很容易沿特定方向作占优势的平行排列，称为取向。大分子的自然状态和取向的示意图如图 6-8 所示。

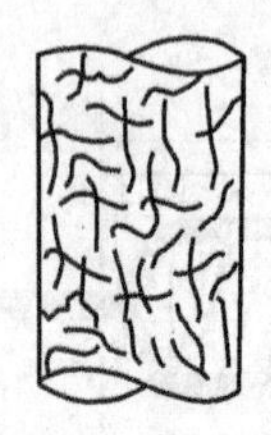

(a) 未取向的自然状态　(b) 取向的大分子

图 6-8 大分子的自然状态和取向的示意

刚成形的初生纤维强力低，伸长大，结构极不稳定。牵伸的目的，在于让构成纤维的分子长链以及结晶性高聚物的片晶沿纤维轴向取向，从而提高纤维的拉伸性能、耐磨性，同时得到所需的纤维细度。

牵伸是手段，取向是获得的结果。取向后应使温度迅速降到聚合物玻璃化温度以下，以“冻结”取向结果，防止解取向。

牵伸的主要方式有罗拉机械牵伸和气流牵伸，纺丝成网工艺多数采用气流牵伸。气流牵伸是利用高速气流对丝条的摩擦进行牵伸，分正压牵伸和负压牵伸。气流牵伸的形式有喷嘴牵伸和窄缝牵伸，气流速度达到 3000 ~ 4000m/min 或更高。图 6–9 是一种气流牵伸装置的示意图。丝条由喷孔喷出，经横向吹入的冷却气流冷却后，进入狭缝式气流风道。拉伸气流由纤维两侧吹入，纤维在高速气流的夹持下，产生加速度，实现拉伸。

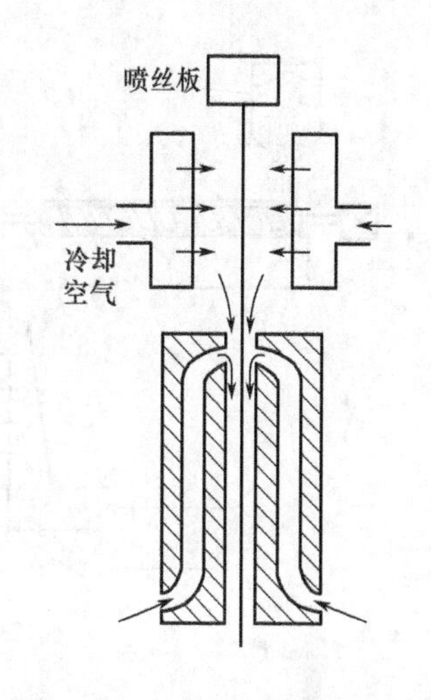

图 6–9　一种气流牵伸装置

不同公司的牵伸装置和牵伸工艺有很大差别，近期有关于纺丝成网法工艺的技术突破，如纺丝速度提高，纤维细度降低，主要是牵伸装置和牵伸工艺的技术突破。

⑥分丝。分丝是将经过牵伸的丝束分离成单丝状，防止成网时纤维间互相粘连或缠结。常用形式主要有以下几种。

a. 气流分丝法：利用空气动力学的孔达（Coanda）效应，气流在一定形状的管道中扩散，形成紊流达到分丝目的。

b. 机械分丝法：丝束牵伸后与挡板等撞击达到分丝目的。

c. 静电分丝法：丝束牵伸后经过高压静电场或摩擦带电达到分丝目的。

⑦铺网。经拉伸、分丝后的长丝必须控制其以一定的方式均匀地铺到凝网帘上。主要有以下两种控制方式。

a. 气流控制：利用气流扩散和附壁效应使长丝束按一定方式铺放到凝网帘上，如圆周运动或椭圆运动；也有利用侧吹气流交替吹风使长丝左右摆动而铺置成网。

b. 机械控制：利用罗拉、转子、摆片或牵伸分丝管道的左右往复运动将丝束规则地铺放到凝网帘上。

纺丝成网工艺的成网均匀度不及干法工艺，产品单位面积质量越小，不匀率（*CV*）值越大。

⑧加固。长丝经过冷却、牵伸、铺网之后，所得的纤网只是半制品，它还必须把纤网加固成布，才能成为最终产品。目前国际上对长丝纤网加固成布的方法基本上有三种形式，一是热轧法，主要用于定量为 10 ~ 150g/m^2 的纺黏法非织造布；二是针刺法，主要用于定量为 80g/m^2 以上的纺黏法非织造布；三是水刺法，主要用于高质量、手感柔软、成网均匀的纺黏法非织造布，如下面两条生产线产品：

纺黏 + 短纤维梳理成网或浆粕气流成网→水刺复合（产品有 CS、CSC 等）

纺黏（桔瓣型双组分复合超细纤维）→水刺（组分有 PET/PE、PET/PET 等，产品如德国 Freudenberg 公司的 Evolon）

此外，还有化学黏合法、热熔法等。对 PA66 纤网还可采用盐酸水溶液处理产生自身黏合，但已较少应用。

（3）典型的纺丝成网法生产工艺。DOCAN 法纺丝成网工艺是德国 Lurgi 公司专利，现已被德国 Zimmer 公司收购，是目前纺黏法生产应用较多的工艺，如图 6–10 所示。它可采用聚酯、聚丙烯及聚酰胺为原料，但应用最多的是聚丙烯。

由切片料仓进入螺杆挤出机中，并经计量泵、喷丝板，吐出熔体细流，在冷却空气吹动下，

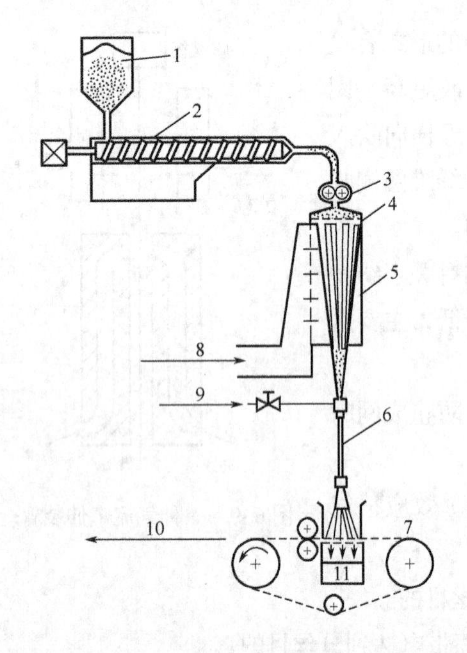

图 6-10　DOCAN 法纺黏工艺过程

1—切片料仓　2—挤出机　3—纺丝泵　4—喷丝板　5—冷却室　6—拉伸系统　7—成网机　8—冷却空气　9—压缩空气　10—加固　11—吸风

完成对长丝的冷却，然后长丝进入气流牵伸装置，高压空气对丝条产生加速度，从而实现牵伸取向作用。高压空气的压力高达 2.02 ~ 2.22MPa（20 ~ 22 个大气压），牵伸速度达 3500 ~ 4000m/min 甚至更高，拉伸比达 1∶200 以上，经过这样的牵伸，长丝的强力达到要求。长丝经牵伸后到达牵伸管道的末端，这段管道为喇叭状，高压气流在这里突然扩散、减速，产生空气动力学上的孔达（Coanda）效应，从而使纤维相互分离。拉伸管道的喇叭口输出的长丝非常蓬松，接近于单根状态，其运动速度也减到了 20 ~ 200m/min，由于凝网帘下方的吸风装置的空气抽吸作用，长丝在凝网帘上铺置成网。

DOCAN 法可以生产纤网的定量为 20 ~ 2000g/m^2，通过控制凝网帘的运动速度可以得到不同定重的纤网。得到的纤网幅宽最小为 900mm（一块喷丝板），最大可达 5m 以上。纤网纵横强力比可达 1.5∶1。

2. *熔喷法*　与纺黏法不同，熔喷法是将螺杆挤出机挤出的高聚物熔体通过用高速热空气流（310 ~ 374℃）喷吹或通过其他手段（如离心力、静电力），使熔体细流受到极度拉伸而形成超细的短纤维，然后聚集到成网滚筒或网帘上形成纤网，最后经自黏合作用或其他加固方法而制成熔喷法非织造布。

熔喷工艺的特点是可生产超细纤维纤网结构，产品在过滤、阻菌、吸附方面有突出的优点。但由于熔喷法纺丝成形过程对纤维的牵伸不能进行有效的控制，所以制得的纤维粗细均匀度较差，纤维的取向度较低，强力不足，且熔喷法的动力消耗比较大，成本偏高。为了克服熔喷法非织造布强力低的缺点，开发了熔喷非织造布与纺丝成网非织造布叠层材料，即 SMS 复合材料，大量应用于手术服、过滤材料等，有力地推动了熔喷非织造布的发展。

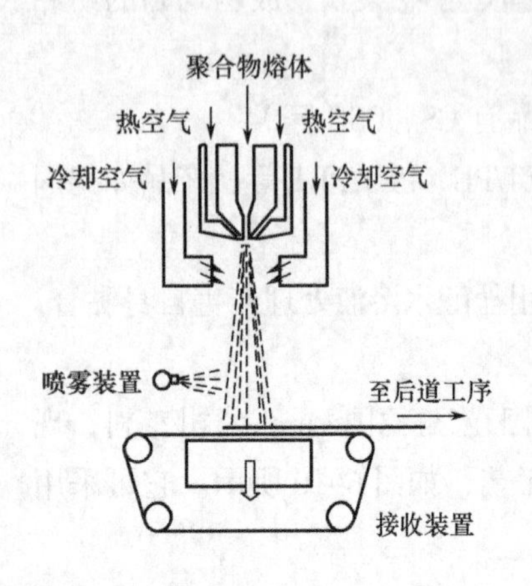

图 6-11　熔喷法工艺原理

（1）工艺原理。熔喷法的工艺原理如图 6-11 所示，采用高速热空气流对模头喷丝孔挤出的聚合物熔体细流进行牵伸，由此形成超细纤维并收集在凝网帘或滚筒上，同时自身黏合而成为熔喷法非织造材料。

从理论上讲，凡是热塑性聚合物切片原料均可用于熔喷工艺。聚丙烯是熔喷工艺应用最多的一种切片原料，除此之外，熔喷工艺常用的聚合物切片原料有聚酯、聚酰胺、聚乙烯、聚四氟乙烯、聚苯乙烯、PBT、EMA、EVA、聚氨基甲酸酯等。

聚合物切片原料的性能与熔喷工艺密切相关，主要的性能参数有聚合物种类、相对分子质量及其分布、聚合物降解性能、切片形状、含杂等。

（2）熔喷法的工艺流程。

熔体准备→过滤→计量→熔体从喷丝孔挤出→牵伸与冷却→成网

①熔体准备。与纺丝成网工艺一样，熔喷工艺使用聚酯、聚酰胺等切片原料时，必须对切片进行干燥预结晶。聚丙烯切片通常不需要干燥。主要采用螺杆挤出机对聚合物切片进行熔融并压送熔体。

②过滤。聚合物熔体进入模头之前，应经过过滤，以滤去杂质和聚合反应后残留的催化剂。常用过滤介质有细孔烧结金属、多层细目金属筛网、石英砂等。

③计量。采用齿轮计量泵进行熔体计量，高聚物熔体经准确计量后才送至熔喷模头，以精确控制纤维细度和熔喷法非织造布的均匀度。

④熔体从喷丝孔挤出。与纺丝成网工艺及传统纺丝工艺的原理相似，聚合物熔体从喷丝孔挤出，也经历入流、微孔流动、出流、变形和稳定的流变过程，如图 6-12 所示。

图 6-12　熔喷喷出过程

⑤牵伸与冷却。从模头喷丝孔挤出的熔体细流发生膨化胀大的同时，受到两侧高速热空气流的牵伸，处于黏流态的熔体细流被迅速拉细。同时，两侧的室温空气掺入牵伸热空气流，使熔体细流冷却固化成形，形成超细纤维。

⑥成网。经牵伸和冷却固化的超细纤维在牵伸气流的作用下，吹向凝网帘或滚筒，由此纤维收集在凝网帘或滚筒上，依靠自身热黏合或其他加固方法成为熔喷法非织造材料。

（3）典型的熔喷法生产工艺。图 6-13 和图 6-14 分别为德国 Reifenhaüser 公司的熔喷生

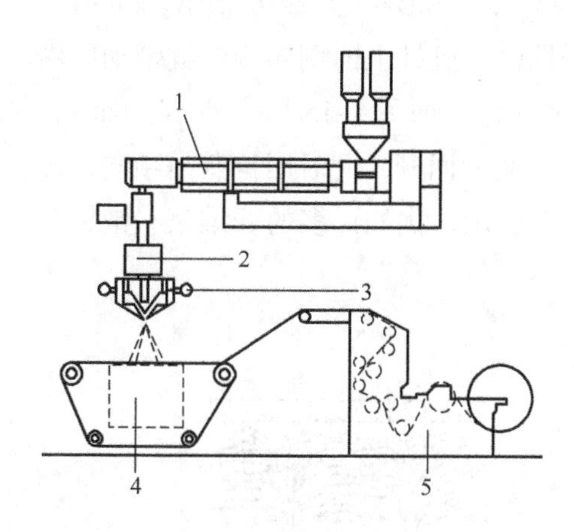

图 6-13　Reifenhaüser 公司熔喷生产设备
1—挤出机　2—计量泵　3—熔喷模头系统
4—成网装置　5—切边卷绕装置

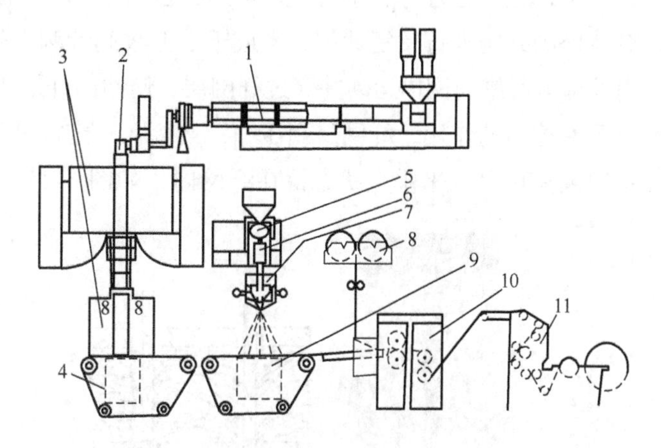

图 6-14　Reifenhaüser 公司熔喷纺丝成网复合生产设备
1—纺丝成网部分的挤出机　2—计量泵　3—气流冷却拉伸及分丝装置
4—成网装置　5—熔喷系统的挤出机　6—计量泵　7—熔喷模头系统
8—退卷装置　9—熔喷成网装置　10—热轧复合装置
11—切边卷绕装置

产设备和熔喷纺丝成网复合生产设备，其原料喂入采用多料斗，便于添加色母粒和其他添加剂。熔喷生产线的模头水平位置固定，通过平网式接收装置传动辊的左右移动来调节熔喷工艺接收距离。熔喷纺丝成网生产线的退卷装置可退卷各种材料，如退卷纺丝成网非织造材料，最终形成SMS材料，退卷塑料薄膜，则可生产复合防护服材料，因此，该复合生产线的产品品种变化较灵活。

第三节　纤网加固

纤维成网工序形成的纤网强度很低，不能满足非织造布的使用要求，因此，必须使纤网中的纤维彼此缠结或黏合，即对纤网进行加固，以制备一定力学性能和外观结构的纤维网。固网是非织造布生产工艺过程中的关键工序，它对非织造布的强度和手感等性能有着决定性的影响。在非织造工艺中常用的纤网加固方法可分为机械加固、化学黏合和热黏合三大类，其中机械加固法主要有针刺法、水刺法和缝编法，它们与化学黏合法、热黏合法等是目前非织造布生产中主要的加固工艺技术。

一、机械加固法

1. *针刺法*　针刺法是一种典型的机械加固方法，在世界上的干法非织造布中，针刺非织造布占40%以上，我国占25%，是干法非织造布中最重要的加工方法。由于针刺法具有加工流程短、设备简单、投资少、产品应用面广等特点，因此，针刺技术发展很快。

用针刺法生产的非织造布具有通透性好，过滤性能、机械性能优良等特点，广泛地用于生产土工布、地毯、造纸毛毯等产品。

（1）基本原理。针刺法的基本原理是用截面为三角形（或其他形状）且棱边带有钩刺的针，对蓬松的纤网进行反复针刺；当成千上万枚刺针刺入纤网时，刺针上的倒向钩刺就带动纤网内的部分纤维向网内运动并穿过纤网层，使网内纤维相互缠结，如图6-15（a）所示；同时，由于摩擦力的作用，纤网受到压缩；当刺入一定深度后，刺针回升，此时因钩刺是顺向，纤维脱离钩刺以近乎垂直状态留在纤网内，如图6-15（b）所示，犹如许多的纤维束“销钉”

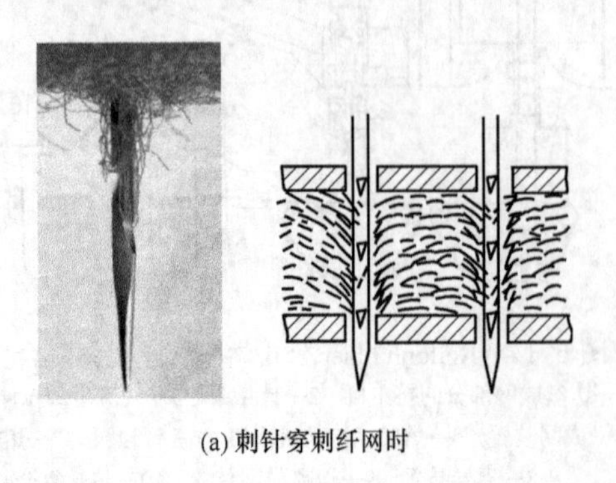

(a) 刺针穿刺纤网时

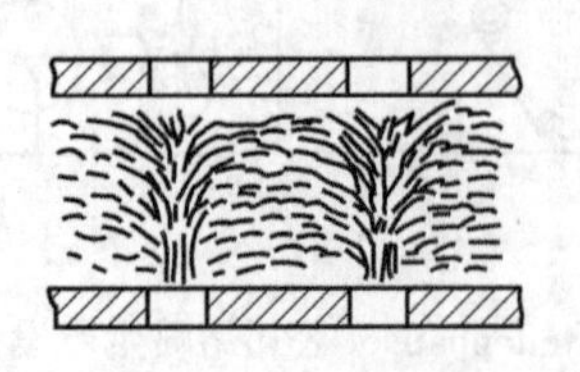

(b) 刺针退出纤网后

图6-15　针刺原理示意图

钉入了纤网，使已经压缩的纤网不会再恢复原状，这就制成了具有一定厚度、一定强力的针刺法非织造布。

（2）针刺机。针刺过程是由专门的针刺机来完成的，针刺机的种类繁多，按所加工纤网的状态或针刺加工的程序，可分为预针刺机和主针刺机；按针板配置数量，有单针板式、双针板式和四针板式；按传动形式，有上传动式和下传动式等。针刺机的机构基本都由送网机构、针刺机构、牵拉机构、花纹机构（仅花纹针刺机有）、传动机构、附属机构和机架组成，其中，前三个机构是完成针刺过程的主要机构。图6-16为针刺机原理图，纤网2由压网罗拉1和送网帘3握持喂入针刺区。针刺区由剥网板4、托网板5和针板8等组成。刺针7是镶嵌在针板上的，如图6-17所示，并随主轴10和偏心轮9的回转做上下运动，穿刺纤网。托网板起托持纤网作用，剥网板起剥离纤网的作用。托网板和剥网板上均有与刺针位置相对应的孔眼，以便刺针通过。受到针刺后的纤网由牵拉辊6拽出。

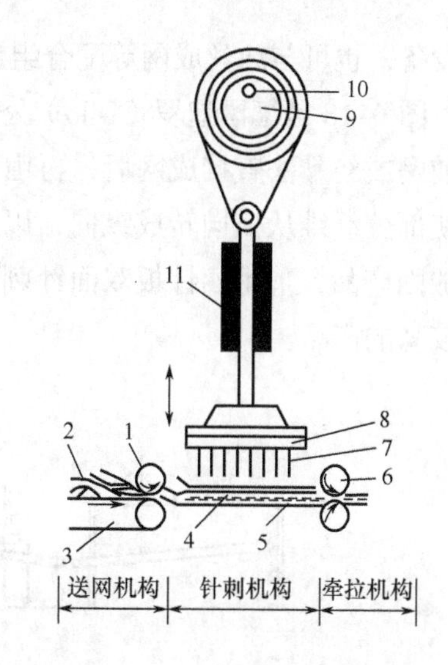

图6-16 针刺机原理图

1—压网罗拉 2—纤网 3—送网帘 4—剥网板 5—托网板 6—牵拉辊 7—刺针 8—针板 9—偏心轮 10—主轴 11—导向装置

（3）针刺工艺生产流程。按产品外观，针刺工艺可分为平面针刺、花纹针刺、毛圈条纹针刺和绒面针刺等。

图6-17 针板与刺针

针刺工艺一般先经由预针刺机再送入主针刺机针刺制成所需成品。纤维经开松、混合、梳理、铺网并牵伸或气流成网后喂入针刺加固系统（预针刺），经针刺缠结加固后打卷输出。然后，经预针刺的纤网退卷，再次喂入针刺加固系统，进行第二道针刺（主针刺）。根据试样针刺密度的要求，经多道针刺后，纤网成为具有一定机械性能和外观的针刺非织造布。根据产品外观要求不同，还可采用花纹针刺机获得特殊的外观效果，如绒面、毛圈、几何图案等。

预针刺的任务，是将高蓬松且抱合力很小的纤网进行针刺，使之具有一定的强力、密度和厚度，便于后道加工。

主针刺的作用，是对经过预针刺后初步缠结的纤网作进一步的加固，从而达到产品工艺要求的缠结效果与针刺密度。因此，与预针刺相比，主针刺的主要特点是：剥网板与托网板之间的距离较小；不需要专门的导网装置（预针刺则需配有导网装置以便于纤网的喂入）；针刺频率较高；针刺动程较小；针板植针密度较大，刺针较短。

在针刺法非织造布生产中，常常由数台针刺机组成一条流水线，这对于连续化生产，减小纤网成卷次数，提高生产效率是必需的。这种流水线的组合非常灵活，不仅适应干法成网的设备，也可与纺丝成网等配合组成生产线。

图 6-18 是德国迪罗（Dilo）公司推荐的土工布针刺工艺流程。蓬松的纤网由短纤维经交叉铺网或纺黏法直接成网后，再由压缩式喂入装置送入预针刺机进行预针刺。通过牵伸装置可使部分纤维从横向转成纵向，以适应主针刺，牵伸装置省 3 ~ 4 个牵伸区。主针刺机进一步加固产品，采用四针板双面针刺机，这种上下针板交替的针刺方式可缩短流程，生产出密度较高的产品。

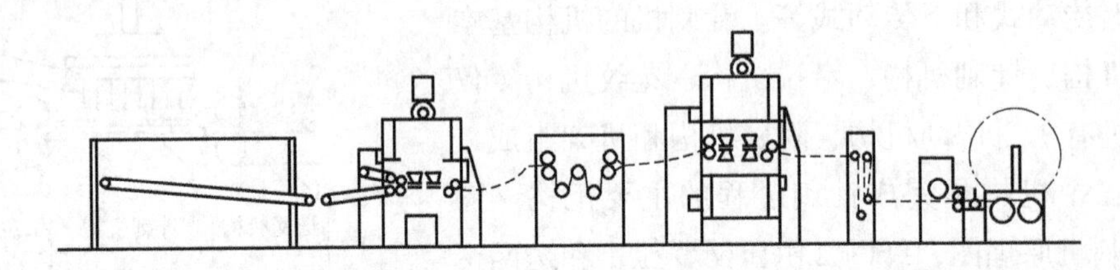

图 6-18 土工布针刺工艺流程

2. 水刺法 水刺法又称水力缠结法、水力喷射法、射流喷网法，它是一种独特的、新型的非织造布加工技术。水刺法非织造材料的吸湿性和透气性好，手感柔软，强度高，悬垂性好，无需黏合剂加固，外观比其他非织造材料更接近传统纺织品，因此，尽管水刺法工艺发展较晚，但已成为增长速度最快的非织造工艺方法之一。

水刺非织造材料通常为轻薄型，单位面积质量范围为 20 ~ 200g/m^2，高的可达 400g/m^2。用途有医用帘、手术服、手术罩布、医用包扎材料、伤口敷料、医用纱布、航空抹布、服装衬基布、涂层基布、用即弃材料、仪器仪表高级抹布、电子行业高级抹布、毛巾、化妆棉、湿巾、口罩包覆材料等。

（1）基本原理。水刺法加固纤网的原理与针刺法较为相似，是依靠水力喷射器（水刺头）喷出的微细高压水射流（又称水针）来穿刺纤网，使短纤维或长丝缠结而固结纤网。

水刺法的基本原理如图 6-19 所示，由水刺头喷水板小孔（喷水孔）喷射出多股微细的高压水射流，垂直喷射纤网，使纤网中一部分表层纤维发生位移，垂直向网底运动。水针穿过纤网后，受托持网帘（托网帘）的反弹，以不同方向散射到纤网的反面再次穿插纤网，由此，纤网中纤维在水刺冲击力和反射作用力的双重作用下，产生位移、穿插、缠结和抱合，形成无数个柔软的缠结点，从而使纤网得到加固。经水刺后的余水，在真空脱水箱的负压作用下，从滚筒上的孔隙进入滚筒内腔，然后被抽至水处理系统。纤网经过正面、反面多次水刺后，就形成了具有一定强度的湿态非织造布，再经烘燥装置烘干后，就制成了水刺法

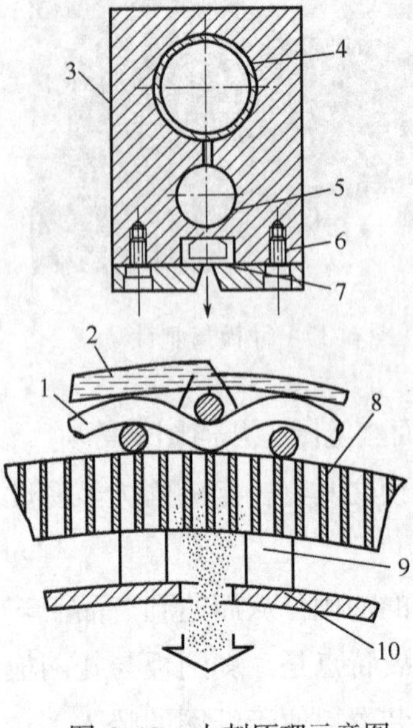

图 6-19 水刺原理示意图
1—托网帘 2—纤网 3—水刺头
4—动态水腔 5—均流腔 6—密封胶
7—喷水板 8—滚筒 9—密封装置
10—真空脱水箱

非织造布。

水刺喷射缠结加固的机械称为水刺机，它主要由水刺头、托网帘（或转鼓）、脱水箱、传动系统及控制系统等组成。

（2）水刺工艺流程与设备。用于水刺法加固的纤网可以是干法成网，也可以是湿法成网，还可以使用纺丝成网的长丝网和熔喷法成网的超细纤维网，其中以干法梳理成网应用最多。水刺法非织造布生产的常见工艺过程如下：

纤维成网→预湿→纤网正反面水刺缠结→后整理→烘燥→卷绕

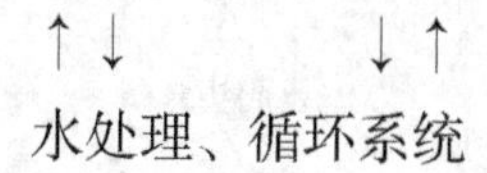

①预湿。预湿的目的是压实蓬松的纤网，排除纤网中的空气，经预湿的纤网能更多地吸收水针的能量，使水刺效果更好。预湿工艺水压力一般在 0.5 ~ 6.0MPa 之间选择。

②正反面水刺。为达到产品要求的强度、面密度等要求，一般在预湿后需要对纤网进行多次的正面和反面水刺。

水刺头是水刺工艺中产生高速水射流的关键部件（图 6–20），采用优质不锈钢材料制造，一般均由过滤装置、均流装置、密封装置、喷水板和外壳等组成。喷水板上孔的直径和排列密度决定着水刺生产中的水针的直径和排列密度。一般在水刺时，纤网的正反面都需配置多个水刺头。水刺头的排列方式有平网式排列、转鼓式（圆周式）排列和转鼓加平网式排列。

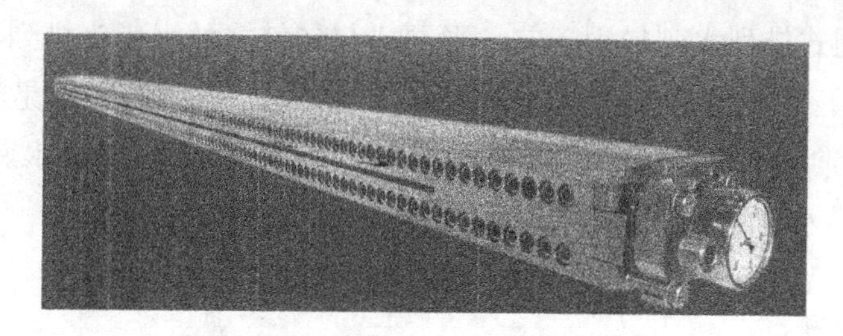

图 6–20　水刺头

a．平网式排列水刺加固工艺。如图 6–21 所示，水刺头通常位于一个平面上，纤网由托网帘输送作水平运动，并接受水刺头垂直向下喷出的水射流的喷射。设置过桥输送机构可使

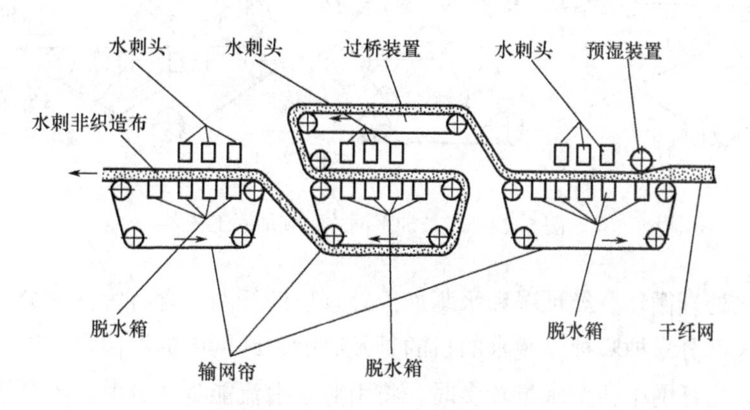

图 6–21　平网式水刺加固工艺

纤网反面接受水刺。托网帘的编织结构可采用平纹、半斜纹和斜纹等，从而使产品得到不同的外观效果。但设备占地面积大，导辊传动方式也不适合高速。

b. 转鼓式（圆周式）排列水刺加固工艺。如图6-22所示，水刺头沿着转鼓圆周排列，纤网吸附在转鼓上，接受水刺头喷出的水射流的喷射。纤网吸附在转鼓上，有利于高速生产，同时纤网在水刺区内呈曲面运动，接受水刺面放松，反面压缩，这样有利于水射流穿透，有效地缠结纤维。转鼓式（圆周式）水刺工艺可在很小空间位置内完成对纤网多次正反水刺。

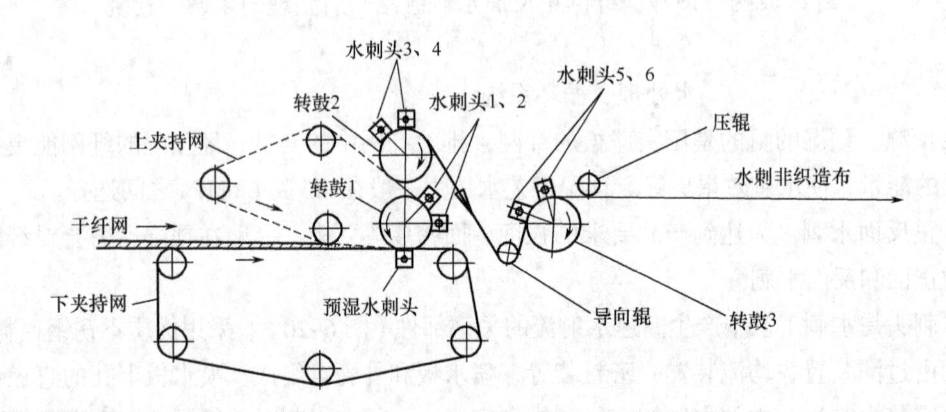

图6-22 转鼓式（圆周式）水刺加固工艺

c. 转鼓加平网式排列水刺加固工艺。平网式与转鼓式的水刺头排列各有其优缺点，组合使用可扬长避短，发挥各自的优势。目前的水刺加固系统设备一般是将两组或多组水刺装置串联使用，通常第一级、第二级为转鼓式水刺，第三级为平网式水刺。图6-23为德国Fleissner公司的纯棉水刺加固系统的转鼓加平网式水刺加固工艺流程。

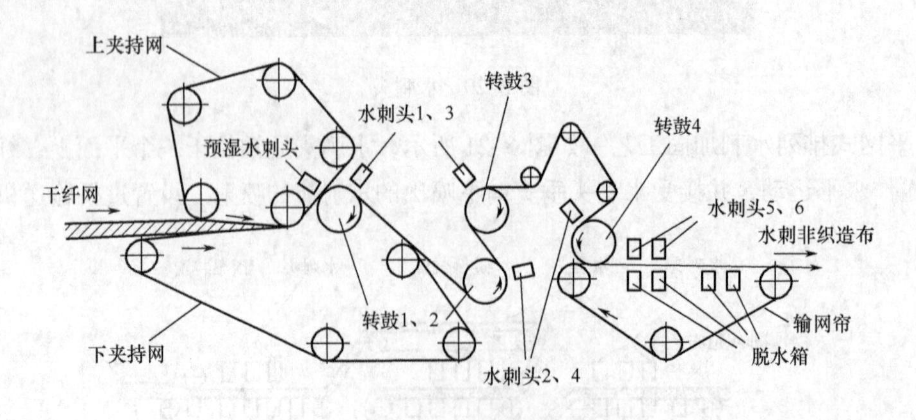

图6-23 转鼓加平网式水刺加固工艺

③脱水与水处理循环。经预湿和水刺加工处理后的纤网，含有大量水分，可采用脱水辊和抽吸装置把大部分水抽吸掉。脱水的目的是及时除去纤网中的滞留水，以免影响下道水刺时的缠结效果。当纤网中滞留水量较多时，将引起水射流能量的分散，不利于纤维缠结。水刺工序结束后将纤网中水分降至最低，有利于降低烘燥能耗。

平网水刺加固的脱水箱结构和转鼓水刺加固不同，但原理是一样的，均利用真空脱水。真空脱水的机理是靠纤网两面压力差挤压脱水及空气流穿过纤网层时将水带走。常用真空度为 16 ~ 37kPa。

真空脱水机吸水后将其送至水处理循环系统进行处理。水刺非织造布生产的用水量很大，一般一条中等产量水刺生产线每小时需水量达 200m^3。为节约用水，需把其中约 95%的水经处理后循环使用，因此，水的循环过滤系统是水刺生产的一个重要部分。

④后整理。后整理主要有提花水刺、印花、染色、浸胶、拒水整理和卫生整理等。有些后整理加工在预烘干后即可进行，有些则需在干燥定型后进行加工。

⑤烘燥。烘燥的目的是要将纤网中的水分完全除去，而不影响纤网的结构。由于水刺生产速度高，因此，采用了热风穿透式烘燥装置。该装置的烘燥滚筒采用开孔率极高的蜂窝式结构，热风穿透面积大，极大地提高了烘燥效率。

3. **缝编法**　缝编法是在经编技术基础上发展起来的一种快速编织技术，它是利用经编线圈结构对各种衬料（如纤网、纱线层、非织造布、机织物、针织物、塑料薄膜等或它们的组合体）进行加固的过程。就缝编技术的编织方式和采用的缝编纱线而言，将它视为传统纺织的生产方法更为合适。但它作为一种固结方法，用来固结纤网时，则可以认为它是一种非织造布的固结技术，是属于干法非织造布中的一种机械加固法。

缝编法具有工艺流程短、产量高、能耗低、原料适用范围广等特点。由于采用纱线固结纤网，因此，可以加工如玻璃纤维、石棉纤维等用黏合方法难以加工的纤维原料。从产品的风格上讲，缝编产品的外观和特性非常接近传统的机织物和针织物，而不像其他工艺生产的非织造布那样呈网状结构，而且其强度也较高。从产品的用途上看，由于缝编非织造布的外观和特性，使它比其他非织造布更适合用来制作服装材料和家用装饰材料，如衬衫、裙子、外衣、长毛绒、床单、窗帘、台布、贴墙布、毛毯、棉毯、浴巾、毛巾、椅套及毛园地毯等，也可用来做人造革底布、土工布、传送带基布、过滤材料、绝缘材料等工业用途产品。

目前世界上使用的缝编机主要有三大系列，即马利莫系列、阿拉赫涅系列以及符帕系列，其中又以马利莫系列使用最广泛，占世界缝编机总数的一半以上。我国引进的缝编机主要是马利莫系列。

根据固结的对象不同，缝编法可以分为纤网型、纱线层型以及毛圈型三大类，其相应代表性的缝编工艺是马利莫系列的马利瓦特、马利莫和马利颇尔。

用于非织造布加固的主要是马利瓦特工艺，是属于纤网型的缝编加固工艺，属于这种类型的工艺还有捷克的阿拉赫涅、阿拉贝伐，德国的马利伏里斯等。根据我国非织造布的定义，缝编法非织造布主要是指这类型工艺生产的非织造布。纤网型的缝编加固工艺主要有纤网—缝编纱型和纤网—无纱线型两种工艺。

（1）纤网—缝编纱型缝编工艺。这种方法是用缝编纱形成的线圈结构对纤网进行加固。由于它只用少量缝编纱，构成产品的主要原料是纤网，因而成本低，而且可用于纤网的纤维原料十分广泛，一些难以用其他方法加固的纤维，如玻璃纤维、石棉纤维等也可用这种方法加固。因此，这种方法是非织造布缝编工艺的一种主要方法。

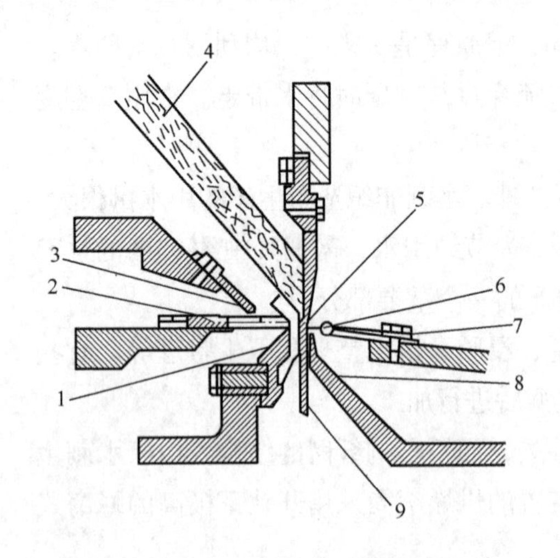

图 6-24　马利瓦特型缝编机工艺方法
1—针身　2—针芯　3—沉降片　4—退圈针　5—导纱针
6—下挡板　7—缝编纱　8—纤网　9—坯布

马利莫系列中属于这种缝编机型的是马利瓦特型缝编机。图 6-24 为马利瓦特型缝编机工艺方法的示意图。纤网 8 以几乎 45° 的角度从上向下倾斜地喂入缝编区。缝编纱 7 由机器前方经导纱针 5 喂入缝编区。形成的坯布 9 垂直向下被牵拉出缝编区。槽针的针芯 2 和针身 1 均做前后水平往复运动。导纱针 5 既摆动又横动。沉降片 3 与下挡板 6 均固定不动，退圈针 4 是固定安装。

图 6-25 为马利瓦特型缝编机的工艺过程示意图。缝编纱 1 由经轴引出，经穿纱板 2、导纱辊 3、一对送经轴 4、分纱器 5，最后经导纱针进入缝编区 8。纤网 6 由输网帘 7 喂入缝编区 8。由于缝编机件的相互作用，缝编纱形成线圈，使纤网得到加固形成非织造布 9。经牵拉辊 10 的作用，形成的坯布离开缝编区，最后布绕在布辊 11 上。

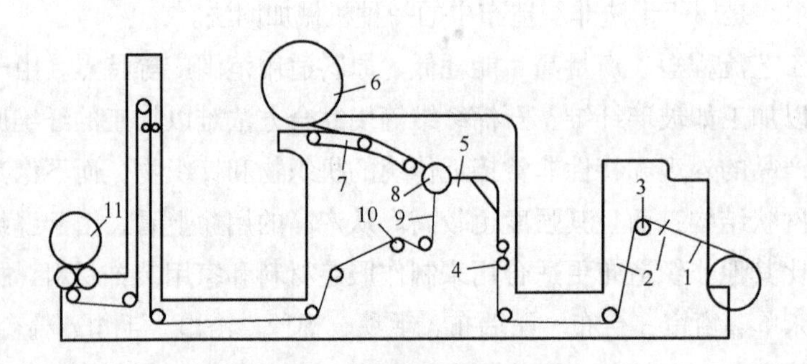

图 6-25　马利瓦特型缝编机工艺过程

马利瓦特型缝编产品的主要用途可以分三大类：家用织物、服装用料、工业用布。在家用织物中，主要用于做窗帘、台布、窗罩、揩布等；在服装用料中，主要作为童装用料、妇女服装面料、保暖衬绒等；在工业用布中，主要用作人造革底基、绝缘材料、过滤材料等。

实际生产中，对揩布、垫料等低级产品常用下脚纤维做纤网原料，缝编纱可采用棉、黏胶短纤维、涤纶黏纤维，且宜用单梳、10 号以下的缝编机。生产服装面料和装饰布一般用化学纤维作纤网原料，缝编纱可采用合成纤维长丝，宜采用双梳、18 号或 22 号的高机号缝编机。而生产工业用布时，除一般常用纤维外，还可用玻璃纤维、石棉纤维作纤网原科，缝编纱可用涤纶长丝、锦纶长丝，宜采用单梳、低机号缝编机。

（2）纤网—无纱线型缝编工艺。这种缝编法不用缝编纱，针直接由纤网中钩取纤维来形成线圈结构而加固纤维网并形成缝编产品。这类缝编产品全由纤维网构成，而纤维网的原料多数是低级或废次纤维，因而产品成本低，具有良好的经济效益。

在马利莫系列缝编机中，属于这一缝编方式的机型为马利伏里斯。这种缝编法与前述的纤网—缝编纱型缝编不同。图 6–26 所示为马利伏里斯纤网—无纱线型缝编机工艺方法示意图，其针床水平安装。为了增加针钩的强度以承受钩取纤维时的较大阻力，槽针的尺寸要加大。纤网 3 以近似 45° 角的方向由上向下倾斜地喂入缝编区。针身 1 和针芯 2 做水平的前后往复运动。当针向前运动时，由于垫网梳片 4 的作用，纤维可以垫入针钩。当针由纤网中退出时，针钩直接由纤网中钩取纤维。针钩钩取纤维束后槽针闭口，接着完成脱圈、弯纱、成圈、牵拉。形成的坯布 5 直接向下被拉出缝编区。

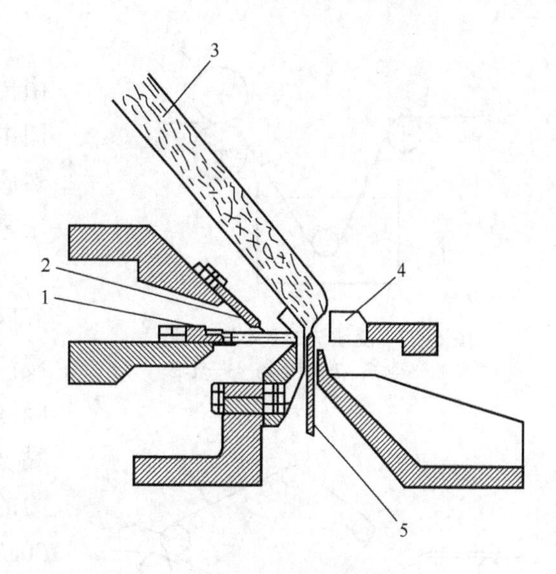

图 6–26　马利伏里斯型缝编机工艺方法

纤网—无纱线型缝编法要求喂入的纤网必须是以纤维横向排列为主，以便针钩容易从纤网中勾取纤维。由于取消了缝编纱，马利莫系列缝编机取消了导纱针、经轴等送经系统。在导纱针的部位，该机型装了一排垫网梳片，用于帮助将纤维垫入针钩。另外，将槽针的闭口时间推迟，以使糟针的针钩能够直接由纤网中钩取纤维成圈。

纤网—无纱线型缝编法非织造布的强力不及有纱线的，因此需要通过恰当的后整理工艺，例如涂层、叠层、热收缩、黏合等方法来提高强力。这类非织造布适于做人造革底布、贴墙布、擦布、抛光布及纤网型缝编法人造毛皮的底基等。

二、化学黏合法

化学黏合法是采用化学黏合剂乳液或溶液，对非织造纤网实施浸渍、喷洒、泡沫和印花等一种或几种组合技术，再通过热处理使纤网中的黏合剂与纤维在化学作用和物理作用下固结，制得具有一定强度和规格的非织造材料。也可采用化学溶剂等使纤网中纤维表面部分溶解和膨润，产生黏合作用后达到纤网固结的目的，制成非织造布。

化学黏合法具有工艺灵活多变、产品多样化、生产成本较低等优点，在整个非织造材料生产中仍占有很大比例。目前，化学黏合法的主要问题是黏合剂生产技术问题，即生产黏合剂过程中产生有害于环境保护、人体健康方面的影响，限制了化学黏合法的发展速度。随着无毒副作用的"绿色"化学黏合剂的出现，化学黏合法技术定会得到进一步的发展。

在非织造布中应用的黏合剂主要有两大类，一类是水分散型黏合剂，它一般是乳液或乳胶，在化学黏合加固中应用最多；另一类是热熔型黏合剂，主要应用于热黏合加固。

化学黏合加固使用的水分散型黏合剂是以水为介质，它比其他溶剂型黏合剂具有较多优点，如不溶性、无毒性、成本低等，常见的种类有聚丙烯酸酯类、聚醋酸乙烯酯类、丁二烯共聚乳胶、氯丁胶、聚氯乙烯、聚氨酯等。

下面主要介绍浸渍法、喷洒法两种工艺。

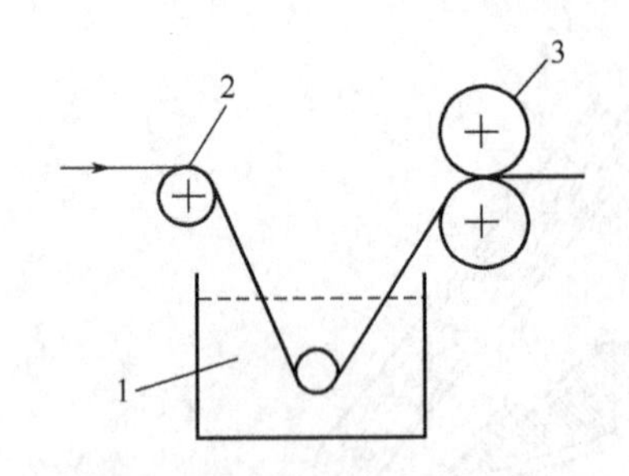

图 6-27　浸渍法的基本工艺流程
1—浸渍槽　2—传输辊　3—轧辊

1. *浸渍法工艺*　浸渍法又称饱和浸渍法，它是由传统的饱和染色工艺发展而来的，是化学黏合加固中应用最广泛的方法。纤网经黏合剂饱和浸渍，然后经过挤压或抽吸使黏合剂在纤网中的含量达到工艺要求，这种方法称浸渍法黏合加固。

其基本工艺流程如图 6-27 所示，铺置成形的纤网在输送装置的输送下，被送入装有黏合剂液的浸渍槽中，纤网在胶液中穿过后，通过一对轧辊或吸液装置除去多余的黏合剂，最后通过烘燥系统使黏合剂受热固化。这种方法由于受到轧辊的表面张力的影响，不易浸渍较薄的纤维网，一般只能加工 30g/m^2 以上的纤网。

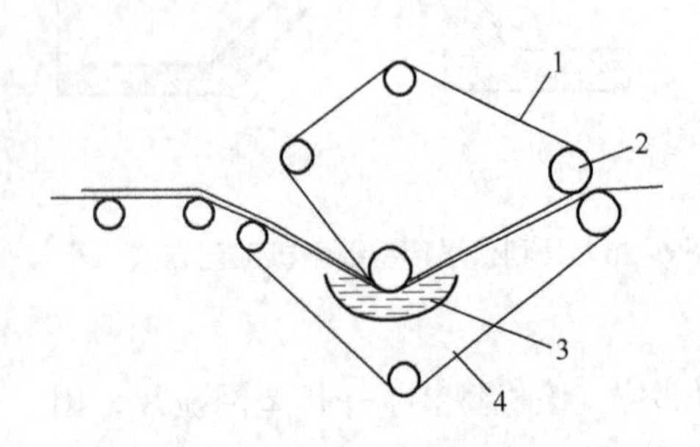

图 6-28　双网帘浸渍机
1—上网帘　2—轧辊　3—浸渍槽　4—下网帘

由于未经预加固的纤网强力很低，容易发生变形，为此，对传统的浸渍机进行改进，设计了专门用于纤网浸渍的设备，常用的有三种。

（1）双网帘浸渍机。如图 6-28 所示，利用上网帘 1、下网帘 4 将纤网夹持住并带入浸渍槽 3 中浸渍纤网，其特点是手感较硬，适宜作衬布。

（2）单网帘浸渍机。如图 6-29 所示，也叫圆网滚筒压辊式浸渍机，它是将双网帘浸渍机的上网帘改为圆网滚筒 2 而成的，这样可有效地减少网帘的损耗。在此基础上，若将轧辊 5 换成真空吸液，或经真空吸液后用轻辊轻轧，会赋予产品更好的蓬松性和弹性，是生产薄型黏合法非织造布较理想的方法，适宜于用作衬布和用即弃卫生材料等。

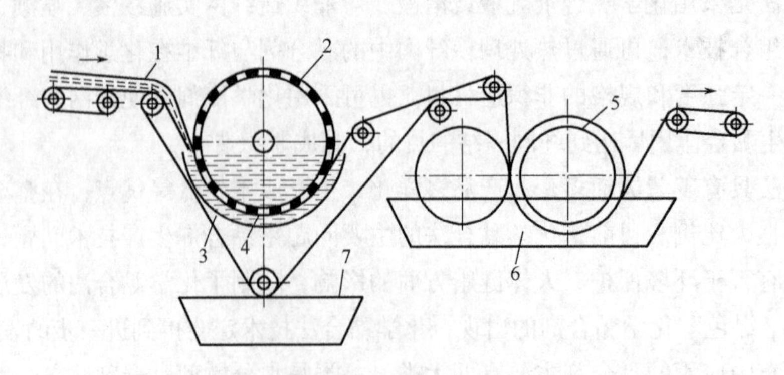

图 6-29　单网帘浸渍机
1—纤网　2—圆网滚筒　3—循环网帘　4—浸渍槽　5—轧辊　6—浆槽　7—网帘清洗槽

（3）转移式浸渍机。如图 6-30 所示，将黏合剂由黏合剂浆槽流到黏合剂转移辊上，再浸透到纤网中去，其优点是纤网不易变形，适用于对宽幅纤网的浸渍加工。

目前，一些档次不高、价格低廉的产品仍沿用这种方法生产，如一次性材料中的各种揩布、箱包衬里、黏合衬基布、包装材料、农用保温材料等。

随着浸渍法生产工艺的不断进步以及黏合剂、各种助剂等新品种的问世，浸渍法非织造产品拓宽了应用领域。如以黏胶纤维或棉为原料的揩布，采用丙烯酸酯、醋酸乙烯酯及其共聚物为黏合剂，定量在 40g/m² 左右；农用保温材料多采用较轻的定量，在 30g/m² 左右，用于种子播下后农田表面的覆盖，用来缩小昼夜温差，抵御突发的降温天气对种芽的袭击。这种产品透气性好，强力适中，可重复使用，成本较低。

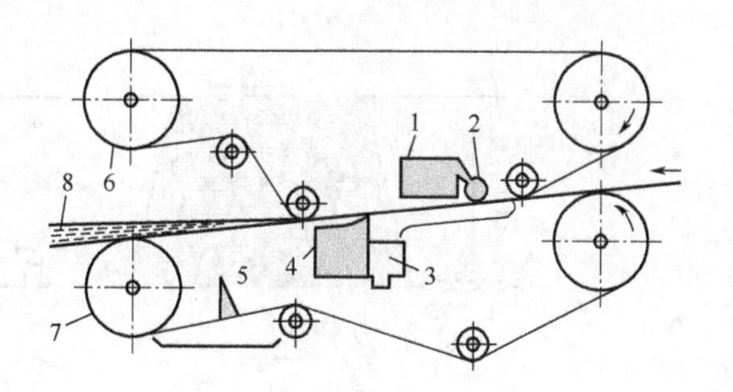

图 6-30　转移式浸渍机
1—黏合剂浆槽　2—黏合剂转移辊　3—储液槽
4—真空洗液装置　5—网帘洗涤装置
6，7—上、下金属网帘　8—纤网

2. **喷洒法工艺**　利用喷头沿纤网横向移动时不断向纤网喷洒黏合剂，然后在烘房中加热、烘干，这种方法称喷洒黏合法。

这种方法多用于生产高蓬松、多孔性的非织造布。产品上的黏合剂分布均匀，产品有喷胶棉、过滤材料、纺丝棉、松棉等。由于喷洒法黏合剂呈雾状喷洒在纤网上，分布均匀，与浸渍法相比，不需要轧液过程，因此产品的蓬松度高，适用于生产高蓬松和多孔性的保暖絮片、过滤材料等。若在原料中加入三维卷曲纤维，或三维卷曲加中空涤纶，则产品的蓬松性、保暖性更好。

（1）喷头的主要形式。

①气压式喷头。采用空气为介质，与油漆喷枪的原理基本相同，适用于经过初步加固的纤网进行喷洒和加工，否则压缩空气会破坏纤网的均匀度。

②液压式喷头。又称无空气静压式喷头，它采用静压力来控制集中分散的雾粒，因此，雾粒小而均匀，黏合剂的施加效果好，压力一般控制在 1.37 ~ 2.74MPa。喷孔直径为 0.35 ~ 0.65mm。

（2）喷洒方式。喷头的安装和运行形式对黏合剂的均匀分布有很大影响，目前采用的喷洒方式有四种。

①多头往复喷洒。如图 6-31（a）所示，这种装置应用得最为广泛，它将喷头安装在走车上，走车往复移动，喷洒宽度可以调节，在纤网中胶液呈“V”形轨迹。

②旋转式喷洒。如图 6-31（b）所示，喷头在喷洒的过程中，不停地旋转，呈扇叶形配置，喷腔运行平稳，喷洒轨迹为连环状，但不容易保证喷洒均匀。

③椭圆轨迹喷洒。如图 6-31（c）所示，这种方法是在旋转式喷洒的基础上改进而成的，是一种较合理的喷洒方式，其运行平稳，喷洒均匀，但设备的造价较高。

④固定式喷洒。如图 6-31（d）所示，将喷头固定在纤网幅宽的正上方，有多个喷头同时工作，这种方法简单易行，造价高，但当有一只喷头出现故障时，就会造成很大的浪费。

（3）工艺流程。喷洒黏合生产线以生产喷胶棉产品为代表，该生产线为双面喷洒工艺，工艺流程如图 6-32 所示，具体为：

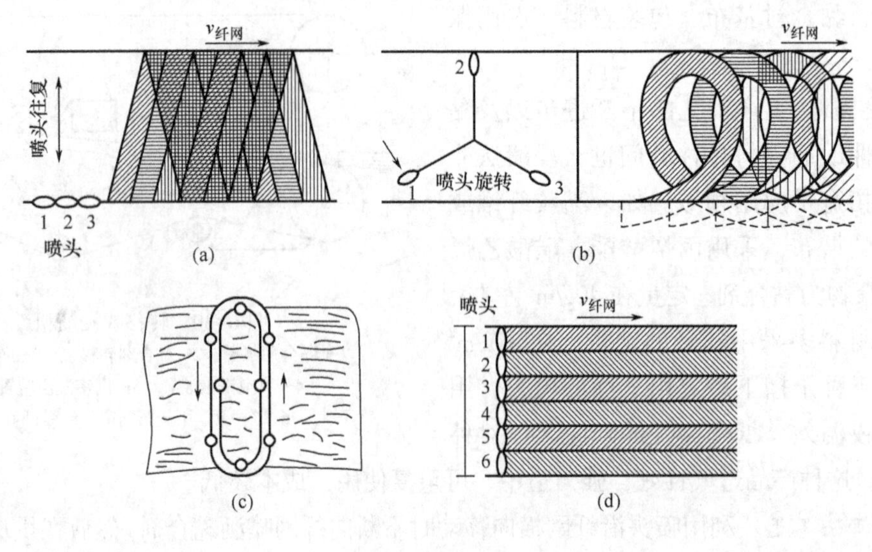

图 6-31 喷洒方式

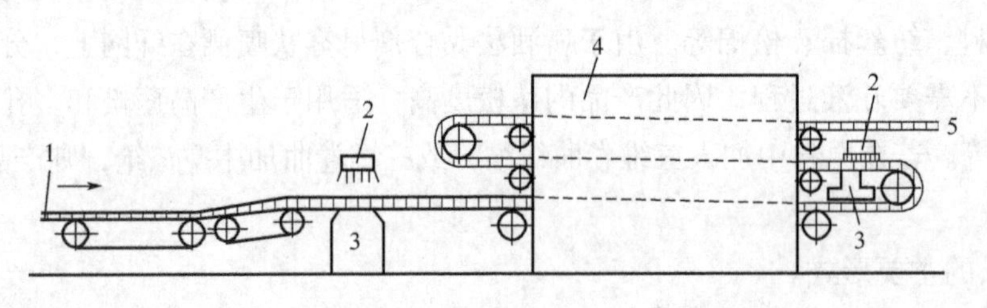

图 6-32 双面式喷洒机

1—纤网 2—喷头 3—吸风装置 4—烘房 5—成品

纤维→开松→混合→梳理→铺网→喷胶（正面）→烘燥→喷胶（反面）→烘燥→焙烘→分切→卷绕

采用横向往复式喷洒，先向正面喷洒，然后干燥、反转，再向反面喷洒，最后干燥、焙烘、切边、卷绕，即得到喷洒黏合法非织造布。为了使黏合剂渗入纤网内部，一般在喷头的下方采用吸风装置。

三、热黏合法

热黏合法生产技术随着合成纤维的发展而得到广泛应用，并获得迅速发展，成为固结纤网的一种重要方法。该方法改善了环境，提高了生产效率，节省了能源，尤其是利用低熔点聚合物取代化学黏合剂，使产品更加符合卫生要求。因此，现在已有很多热黏合法产品取代了化学黏合法产品，使热黏合法成为一种很有前景的生产工艺。

热黏合法非织造材料具有生产速度快、产品不带化学黏合剂、能耗低等特点，其产品广泛用于医疗卫生、服装衬布、绝缘材料、箱包衬里、服用保暖材料、家具填充材料、过滤材料、隔音材料、减震材料等，热黏合非织造生产工艺仍有发展前景。

1. **基本原理**　合成高分子材料大都具有热塑性，即加热到一定温度后会软化熔融，变成具有一定流动性的黏流体，当温度低于其软化熔融温度后，又重新固化，变成固态。热黏合技术就是充分利用热塑性高分子材料的这种特性，纤网受热后部分纤维软化熔融，纤维间产生粘连，冷却后使纤维保持粘连状态，使纤网得以加固。

2. **工艺方式**　根据热黏合加固纤网的方式，可分为热轧黏合、热熔黏合及其他如超声波黏合方式等。

（1）热轧黏合工艺。热轧黏合在热黏合非织造工艺中的应用较晚，其借用了印染工业中的轧光、烫光技术，由于其生产速度快、无三废问题，因而发展很快。热轧黏合生产速度快，因而特别适合于薄型纺黏法非织造材料的加固。

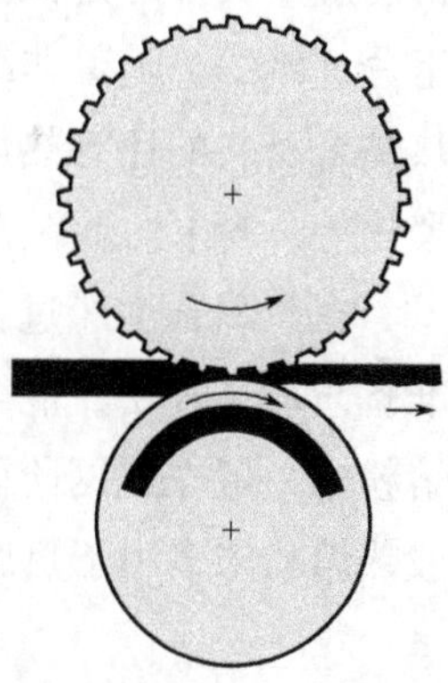
图 6-33　热轧黏合工艺

热轧黏合非织造工艺如图 6-33 所示，是利用一对或两对钢辊或包有其他材料的钢辊对纤网进行加热加压，导致纤网中部分纤维熔融而产生黏结，冷却后，纤网得到加固而成为热轧法非织造材料。

实际上热轧黏合是一个非常复杂的工艺过程，在该工艺过程中，发生了一系列的变化，包括纤网被压紧加热，纤网产生形变，纤网中部分纤维产生熔融，熔融的高分子聚合物的流动以及冷却成形等。

热轧黏合根据其作用，可分为三种加固方式：点黏合、面黏合、表面黏合。

热轧法非织造材料广泛应用于用即弃产品的制造，如手术衣帽、口罩、妇女卫生巾、婴儿尿裤、成人失禁垫以及各种工作服和防护服等，此外，热轧法非织造材料还大量应用于服装衬布、电缆电机绝缘材料、电池隔膜、箱包衬里、包装材料、涂层基布等。

（2）热熔黏合工艺。热熔黏合工艺是指利用烘房对混有热熔介质的纤网进行加热，使纤网中的热熔纤维或热熔粉末受热熔融，熔融的聚合物流动并凝聚在纤维交叉点上，冷却后纤网得到黏合加固而成为非织造材料。如图 6-34 为热熔工艺所用的双帘网热风喷射式热熔烘房。

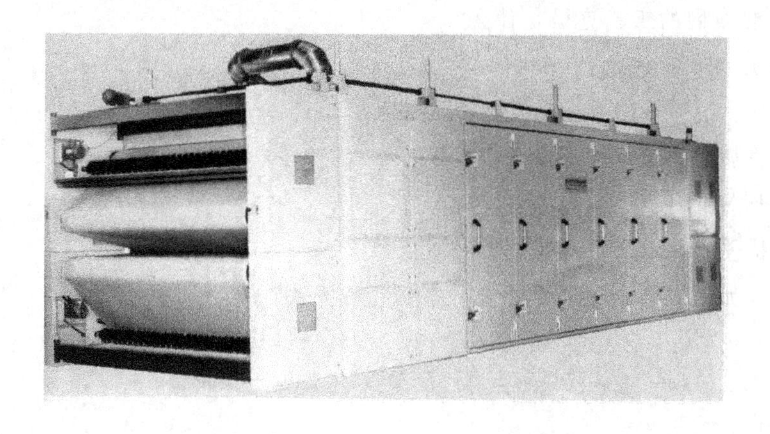
图 6-34　双帘网热风喷射式热熔烘房

和热轧黏合相似，热熔黏合工艺存在热传递过程、流动过程、扩散过程、加压和冷却过程。热熔黏合工艺按热风穿透形式可分为热风穿透式黏合和热风喷射式黏合。

热熔黏合纤维的混合比通常为10% ~ 50%，作为预黏合时为5% ~ 10%，实际生产时应按非织造材料的最终应用要求来配比，薄型产品通常采用100%的热熔黏合纤维。

热熔黏合非织造材料广泛用于妇女卫生巾、婴儿尿片面料、过滤材料以及复合增强材料、高蓬松回弹“海绵”材料等，产品的纤网结构稳定，手感柔软、弹性好，生产过程中无三废现象。

3. **热黏合材料** 热黏合材料可以是热熔纤维，也可以是热熔粉末，一般多用热熔纤维。目前应用较多的是低熔点热熔纤维，如聚丙烯、聚乙烯、聚氯乙烯、共聚酯、共聚酰胺和双组分纤维等。随着非织造布工业的发展，双组分纤维和其他复合纤维应用越来越多。可用于热黏合材料的还有热熔粉末，如聚氯乙烯、聚乙烯、共聚酯、共聚酰胺、乙烯与醋酸乙烯共聚物等，粉末的颗粒直径为200 ~ 400μm。

在热黏合生产过程中，热熔纤维或热熔粉末必须均匀地分布在纤网中。热熔纤维在纤网准备阶段（开松、混合）与主体纤维充分混合，经开松、梳理和成网制成均匀的纤网。而热熔粉末一般在成网阶段或在纤网喂入加热装置之前，通过撒粉装置均匀地施加到纤网上。一般热熔粉末多用于热熔工艺上。

☞ 思考题

1. 非织造布的定义是什么？
2. 非织造布的生产基本工艺过程如何？
3. 非织造有哪些成网技术？
4. 非织造有哪些加固技术？
5. 什么是干法成网？它包括哪些工艺过程？
6. 梳理成网的基本原理是什么？
7. 气流成网的基本原理是什么？
8. 聚酯纺丝成网的工艺流程是什么？
9. 熔喷法成网有何特点？
10. 针刺法加固的基本原理是什么？
11. 水刺法加固的基本原理是什么？
12. 非织造常用的缝编加固方法有哪些？
13. 化学黏合的基本原理及其工艺过程是什么？
14. 热黏合加固的基本原理是什么？有哪几种方法？

第七章　染整技术

本章知识点

1. 练漂的目的和棉型织物的工艺流程及各工序方法。
2. 染色的目的、染料的选择和牢度、染色的方法。
3. 印花的目的和方法。
4. 后整理的目的和常见整理项目。

第一节　染整生产概述

纺织品一般是由纺织材料经过纺纱、织造、染整等加工环节，继而应用于服用领域、装饰用领域或产业用领域，其中染整加工环节是整个纺织品生产环节中重要的一环。

纺织品的染整加工就是借助各种染整机械设备，通过物理机械的、化学的或物理化学的方法，对纺织品进行处理，赋予纺织物所需的外观及服用性能或其他特殊功能的加工过程，从而提高纺织品的附加价值，美化人们的生活，满足各行业对纺织品不同性能的要求。

一、染整工艺过程

纺织品的染整加工主要包括前处理、染色、印花和整理四大工序。

1. **前处理**　主要是去除纺织品上的各种杂质，包括天然杂质以及生产中人为引入的杂质，改善纺织物的性能，为后续工序提供合格的半成品。

2. **染色**　通过染料和纺织纤维发生物理的或化学的结合，使纺织品获得鲜艳、均匀和坚牢的色泽。

3. **印花**　借助于染料或颜料在纺织品上获得各种花纹图案。

4. **整理**　根据纺织纤维的特性，通过化学或物理机械的作用，改进纺织品的外观或形态稳定性，提高纺织品的服用性能或赋予纺织物阻燃、拒水、拒油、防污、抗静电、抗菌防霉等特殊功能。

二、染整技术的发展趋势

当前纺织品发展的总趋势是向精加工、深加工、高档次、多样化、时尚化、装饰化、功能化等方向发展，并以增加纺织品的附加价值为提高经济效益的手段。染整技术已围绕着全球竞争、小批量加工、生态平衡、应变市场和成本控制等主题而展开。目前以主要在欧洲倡导应用的三E系统［efficient（效能）、economy（经济）、ecology（生态）］和清洁生产的四R原则［reduction（内部减少）、recovery（回收）、reuse（回用）、recycle（循环）］为世界染整工业技术发展的主流。

第二节 染整用水与表面活性剂

一、染整用水及水的软化处理

1. **水质要求** 印染厂是用蒸汽、用水量很大的企业。据初步统计，印染厂每生产一千米棉印染织物，耗水量近20吨（间歇式染整加工用水量更大）。水质不达标将会导致染化料、助剂消耗的增加，还会导致有色品种色光不纯正、不鲜艳，色牢度降低；白色品种不白或白度不持久，延长生产周期，增加生产成本。

印染厂水质质量要求无色、无味、透明，具体指标见表7–1。

表7–1 印染厂水质的质量要求

水质项目	指标	水质项目		指标
透明度	>30	含铁量（mg/L）		≤0.1
色度（铂钴度）	≤10	含锰量（mg/L）		≤0.1
耗氧量（mg/L）	≤10	总硬度	mg/L	染液、皂洗用水<18（0.36）
pH	6.5～8.5		mmol/L	一般洗涤用水<180（3.6）

2. **水的软化处理** 通常将含有较多钙、镁离子的水称为硬水（钙、镁离子的含量通常用硬度表示），钙、镁离子含量低的水称为软水，软水、硬水的区分标准见表7–2。

表7–2 软水、硬水的标准

水质的分类	软水	略硬水	硬水	极硬水
指标（mg/kg）	0～57	57～100	100～280	>280

硬水中的钙、镁盐类对染整加工大都不利，如钙、镁离子与肥皂作用生成钙、镁皂沉淀，进而影响织物的吸湿性、手感；钙、镁离子与阴离子染料及助剂作用生成沉淀，进而导致染色不匀，色泽鲜艳度下降，并影响染色深度，而且染料的沉淀物还会沾污织物，产生色斑等，对筒子纱染色和经轴染色等过滤性染色影响较大。另外，锅炉用水必须是软水，否则会降低传热效率，甚至会引起锅炉爆炸。

生产中，一般用于前处理、染色、印花后水洗的水，只要水质洁净，接近中性，硬度在180mg/kg以下的水即可。配制练漂液的用水，应使用硬度少于18mg/kg的软水。

将天然水中的钙、镁离子去除称为硬水的软化，常用的软水法有以下三种。

（1）沉淀法。在水中加入碳酸钠或磷酸钠，与水中的钙镁离子作用生成碳酸钙、碳酸镁等沉淀以去除水中的钙镁离子。

$$Ca^{2+}+CO_3^{2-}\rightarrow CaCO_3\downarrow$$

$$3Ca^{2+}+2PO_4^{3-}\rightarrow Ca^3(PO_4)_2\downarrow$$

（2）络合法。在水中添加多聚磷酸钠如六偏磷酸钠，可以和水中的钙镁离子形成稳定的络合物，在温度不高（不超过70℃）的情况下，不再具有硬水的性质。

$$Na_4[Na_2(PO_3)_6]+Ca^{2+}\rightarrow Na_4[Ca_2(PO_3)_6]+2Na^+$$

（3）离子交换法。离子交换法目前常用的为离子交换树脂，借助于阳离子交换树脂的阳离子与水中的钙镁离子交换，得到软化水的目的。

$$R—SO_3Na+Ca^{2+}\ (R—SO_3)_2Ca+2Na^+$$

离子交换树脂作用一段时间后软水效果会降低，此时，可使离子交换树脂再生：

$$(R—SO_3)_2Ca+2Na^+\rightarrow R—SO_3Na+Ca^{2+}$$

二、表面活性剂

印染加工几乎都是在水溶液中进行。由于水具有较大的表面张力，使水溶液不能迅速、良好地对纤维湿润、渗透，不利于印染加工的进行。为此，常在水中加入一种能降低水的表面张力的物质，这种物质就叫作表面活性剂，即只需加入少量就能显著地降低水的表面活性张力的一类物质。

1. **表面活性剂的分类** 从表面活性剂的分子结构来看，都有一个共同的特征，即都是由亲水基和疏水基两部分组成。根据表面活性剂溶于水所带电荷的情况，可分为离子型和非离子型两大类，而离子型表面活性剂又可分为阴离子型、阳离子型和两性型三类。

2. **染整加工中表面活性剂的主要作用**

（1）湿润、渗透作用。湿润、渗透作用主要体现在表面活性剂降低液体表面张力后，有助于处理液中的染料及助剂通过纺织材料内部空隙向材料内部渗透，加速处理进程。

生产中常用的湿润、渗透剂有渗透剂JFC、渗透剂T、拉开粉BX、渗透剂5881、丝光渗透剂MP等。

（2）乳化、分散作用。乳化作用是将本不相溶的两种液体中的一种以极微小的液滴均匀地分散在另一种液体中，形成稳定的分散体系的过程，该分散体系称为乳状液或乳液。

分散作用是将不溶于液体的固体物质以极微小的颗粒均匀地分散在液体中，形成稳定的分散体系的过程，对应的体系称为分散液或悬浮液。

生产中，乳化、分散作用可使本不溶于水的染料、助剂或杂质等在水溶液中形成均匀稳定的体系，避免其聚集沉淀，如分散染料染色时需添加分散剂。

常用的乳化剂有平平加O系列、OP系列、红油、EL、FH等。常用分散剂有扩散剂NNO、分散剂CNF、分散剂WA、分散剂M-9等，以阴离子型表面活性剂居多。

（3）增溶作用。增溶作用是指胶束或胶粒对疏水物质的溶解过程，即使本不溶于水的液体或固体以极小的微粒包裹在表面活性剂所形成的胶束中，形成类似于透明的液体。如分散染料染涤纶时，分散剂的增溶作用对于染料的溶解有重要作用。

（4）洗涤作用。洗涤作用是表面活性剂润湿、渗透、乳化、分散等作用综合作用的结果。可以理解为在表面活性剂润湿、渗透、乳化、分散的作用下，污垢与织物间的附着力减弱，在机械作用下，使得污垢由织物表面脱离，继而借助于表面活性剂的乳化、分散、增溶作用，使得污垢均匀稳定地悬浮在洗液中。

染整加工洗涤剂品种有净洗剂 AS、AES、LS、105 等。

（5）其他作用。除此之外，表面活性剂还具有发泡、消泡作用以及一些派生作用，如柔软、匀染、抗静电作用等。

第三节　前处理

从织机生产线上下来的未经任何处理的织物统称为原布或坯布。坯布中常含有相当数量的杂质，包括天然杂质和人为杂质，前者如棉纤维中的伴生物（蜡质、果胶质、天然色素及棉籽壳等），后者如化纤上的油剂、纺织加工过程中施加或沾污的油剂或油污、织造时经纱上的浆料等。这些杂质、油剂、污物如不加以去除，不但影响织物的色泽、手感，而且还会影响织物的吸湿和渗透性能，使织物着色不均匀、色泽不鲜艳，还会影响染色的坚牢度。

前处理的目的是在尽量减少纺织品强力损失的条件下去除纤维上的各种杂质及油污，充分发挥纤维的优良品质，并使纺织品具有洁白、柔软及良好的润湿渗透性能，以满足服用及其他用途的要求，并为染色、印花、整理等后道工序提供合格的半成品。

不同纤维、不同纱线、不同组织规格形成的织物、坯布有不同的含杂，需使用不同的设备，则前处理的工艺方法就不同，选用的助剂不同，操作方法也不相同。

一、棉织物的前处理

棉织物前处理需经烧毛、退浆、煮练、漂白和丝光等工序。除烧毛与丝光必须以平幅状态进行外，其他工序采用平幅或绳状加工均可，但厚织物及涤棉混纺织物仍以平幅加工为宜，以免产生折皱，影响印染质量。

1. **坯布准备**　坯布准备是染整加工的第一道工序，主要在原布间进行，包括坯布检验、翻布（分批、分箱、打印）和缝头。准备好后的坯布将被送往烧毛车间或练漂车间。

（1）坯布检验。坯布在进行练漂之前都要经过检验，以便发现问题及时采取措施，保证印染成品的质量，避免不必要的损失。坯布检验率一般在 10% 左右，可根据具体情况适当增减。检验内容包括以下两个方面。

①物理指标。包括坯布的长度、幅宽、重量、经纬纱细度、密度和强力等指标。

②外观疵点。主要是指纺织过程中所形成的疵病，如缺经、断纬、跳纱、油污纱、色纱织入、棉结、筘条、破洞等。一般对于漂白布的油污、染色布的棉结、斑渍、筘条和稀密路要求较严，

而对于印花布，由于其花纹对某些疵点有遮盖作用，因此外观疵点的要求相对低一些。

（2）翻布（分批、分箱和打印）。为便于计划管理，常将相同规格加工工艺的坯布划为一类加以分批分箱。分批的原则主要是根据设备的容量、坯布的情况及后加工的要求而定，如采用煮布锅，则以煮布锅的容量为依据，若采用绳状连续练漂加工，则以堆布池的容量为准，若采用平幅连续练漂加工，则以10箱为一批。

为使织物在各工序间运输便利，每批布又要分为若干箱，分箱的原则是根据布箱（布车）的容量，一般为60 ~ 80匹。为便于绳状双头加工，分箱数应为双数，卷染加工织物还应使每箱布能分成若干整卷为宜（一般为4卷）。

坯布分箱多采用人工翻布，翻布时将坯布包（或散布）拆开，将每匹布翻平摆在堆布板或布车内，做到正反一致、布边整齐，同时拉出两个布头。

为便于识别和管理，每箱布的两头（卷染布在每卷布的两头）离布头10 ~ 20cm处打上印记，标明品种、工艺、类别、批号、箱号（卷染包括卷号）、日期、翻布人代号等。印油一般常用红车油与炭黑以（5 ~ 10）: 1充分拌匀、加热调制而成。

每箱布都附有一张分箱卡（卷染布每卷都有），注明织物的品种、批号、箱号（卷号），便于管理。

（3）缝头。下机织物的长度一般为30 ~ 120m，而印染厂的加工多是连续进行的。为了确保成批布连续地加工，必须将坯布加以缝接，缝头要求平整、坚牢、边齐，在两侧布边1 ~ 3cm处还应加密防止开口、卷边和后加工时产生皱条。如发现纺织厂开剪歪斜，应撕掉布头后再缝头，防止织物纬斜，正反面不能搞错，也不能漏缝。

常用的缝接方法有环缝和平缝两种。环缝式最常用，卷染、印花、轧光、电光等织物必须用环缝。在机台箱与箱之间的布以及湿布用平缝机（家用缝纫机）缝头，但布头重叠，在卷染时易产生横档疵病，轧光时易损伤轧辊。

2. **烧毛** 织物表面的绒毛会影响染整加工质量和服用性能，必须经过烧毛处理，使布面光洁。烧毛就是使坯布以平幅状态迅速地通过烧毛机的火焰或迅速地擦过赤热的金属表面，此时布面上绒毛因很快升温而燃烧，而织物本身因结构比较紧密、厚实，升温较慢，当温度尚未达到着火点时已经离开了火焰或赤热的金属表面，从而达到烧去绒毛，又不损伤织物的目的。

烧毛机的种类有气体烧毛机（图7–1）、圆筒烧毛机、铜板烧毛机等，目前使用最广泛的是气体烧毛机，它的品种适应范围广，烧毛较匀净，火焰易控制。气体烧毛机由进布装置、刷毛箱、烧毛火口、灭火装置以及落布装置组成，其使用的可燃性气体有城市煤气、天然气、液化气及汽油汽化气等。正常燃烧时，火焰应呈光亮透明的蓝色，火焰平整、竖直、有力，无飘动和跳动现象。

烧毛质量评定方法是将已烧毛的织物折叠，对着光线观察凸边处绒毛分布情况进行分级，评级分为5级，1级最差，5级最好，一般织物要求达到3 ~ 4级，质量要求高的织物要求4级，甚至4 ~ 5级，稀薄织物达到3级即可，另外，烧毛还必须均匀，否则经染色、印花后会出现条花。

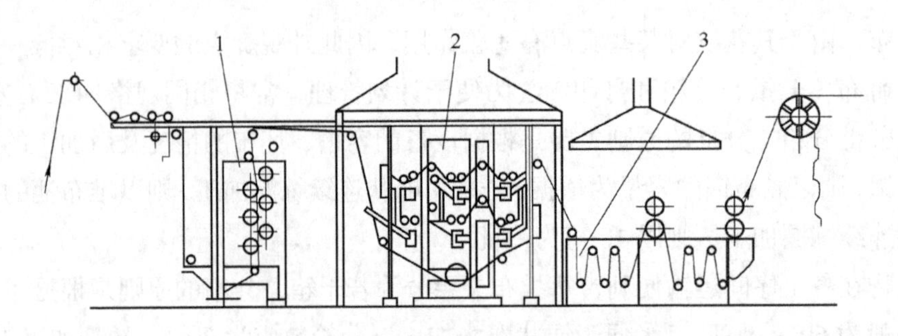

图 7–1　气体烧毛机示意图
1—刷毛箱　2—烧毛火口　3—灭火装置

3. **退浆**　机织物在织造前，经纱一般都要经过上浆处理，以提高经纱强力、耐磨性及光滑程度，从而减少经纱断头，提高生产效率和产品质量。但坯布上的浆料会对印染加工产生不良影响，因为浆料的存在会沾污染整工作液、耗费染化料，甚至会阻碍染化料与纤维的接触，影响印染加工质量，因此，织物在染整加工之初必须经过退浆。可根据坯布品种、浆料组成、退浆要求和工厂设备等，选用适当的退浆方法。退浆后必须及时用热水洗净，以防浆料分解产物等杂质重新凝结在织物上。

（1）碱退浆。碱退浆是目前印染厂使用最普遍的一种方法，适用于纯棉及其混纺织物，对绝大部分浆料都有去除作用。对棉纤维上的天然杂质也有一定的分解和去除作用，但因碱退浆仅使浆料与织物黏着力降低，或提高浆料在水中的溶解度，并不能使浆料降解，所以退浆后必须充分水洗，洗液必须不断更换。由于退浆的烧碱一般都是废碱，因此退浆成本低较。

（2）酶退浆。酶是某些动、植物或微生物所分泌的一种蛋白质，是一种生物催化剂。酶的作用快速，效率高，作用条件缓和，不需要高温高压等剧烈条件。此法工艺简单、操作方便、浆料去除较完全，同时不损伤纤维。但酶具有作用专一性，一种酶只能催化一种或一类化学物质，所以不能去除浆料中的油剂和坯布上的天然杂质，对化学浆料也无退浆作用。

（3）酸退浆。在适宜的条件下，稀硫酸能使淀粉等浆料发生一定程度的水解，转化为水溶性较大的产物而去除。但纤维素在酸性条件下也要发生水解，所以应严格掌握工艺条件，最后充分水洗。酸退浆一般很少单独使用，而常与酶退浆和碱退浆联合使用。

（4）氧化剂退浆。在氧化剂的作用下，淀粉等各种浆料都会发生氧化、降解直至大分子链断裂，从而使溶解度增大，经水洗后容易去除。用于退浆的氧化剂有双氧水、亚溴酸钠、过硫酸盐等。氧化剂退浆对浆料品种的适应范围广、速度快、效率高、退浆均匀，退浆后织物手感柔软，同时还有一定的漂白作用。但在去除浆料的同时，也会使纤维氧化降解，损伤棉织物。因此，一定要严格控制好氧化退浆的工艺条件。

4. **煮练**　棉织物经过退浆后，大部分浆料及少部分天然杂质已被去除，但棉纤维中的大部分天然杂质，如蜡状物质、果胶物质、含氮物质、棉籽壳及部分油剂和少量浆料还残留在织物上，使棉织物布面发黄，吸湿渗透性差，不能适应后续染整加工的要求。为了使棉织物具有一定的吸水性和渗透性，有利于染整加工过程中染料助剂的吸附和扩散，因此在退浆以后，还要经过煮练，以去除棉纤维中大部分的残留杂质。

烧碱是棉及棉型织物煮练的主要用剂，在较长时间及一定的温度作用下，可与织物上的各类杂质起作用。如可使蜡状物质中的脂肪酸皂化生成脂肪酸钠盐，转化成乳化剂，使不易皂化的蜡质去除。另外能使果胶物质和含氮物质水解成可溶性物质而去除。棉籽壳在碱煮过程中发生溶胀，变得松软而容易去除。

为了加强煮练效果，另外还要加入一定量的表面活性剂、亚硫酸钠（或亚硫酸氢钠）、硅酸钠、磷酸钠等助练剂。在表面活性剂作用下，煮练液容易润湿织物，并渗透到织物内部，有助于杂质的去除。亚硫酸钠能使木质素变成可溶性的木质素磺酸钠，所以有助于棉籽壳的去除。另外因其具有还原性，可以防止棉纤维在高温带碱情况下被空气氧化而受到损伤，还可提高棉织物的白度。硅酸钠俗称水玻璃或泡花碱，具有吸附煮练液中的铁质和棉纤维中杂质分解产物的能力，可防止在织物上产生锈斑或杂质分解产物的再沉积，有助于提高织物的吸水性和白度。磷酸钠具有软化水的作用，可去除煮练液中的钙、镁离子，提高煮练效果，节省助剂用量。

棉布煮练按织物加工形式不同有绳状与平幅两种，两种加工形式中又有间歇式和连续式之分，按设备操作方式不同可分为煮布锅煮练、绳状连续汽蒸煮练、常压平幅汽蒸煮练（图7–2）、高温高压平幅连续汽蒸煮练和其他方式的煮练。一般中、薄棉织物适宜在绳状连续汽蒸煮练机上加工。厚型棉织物如卡其、华达呢及涤棉混纺织物在绳状连续汽蒸煮练机上加工时容易产生折皱与擦伤，影响成品质量，因而适宜在平幅煮练设备上加工。

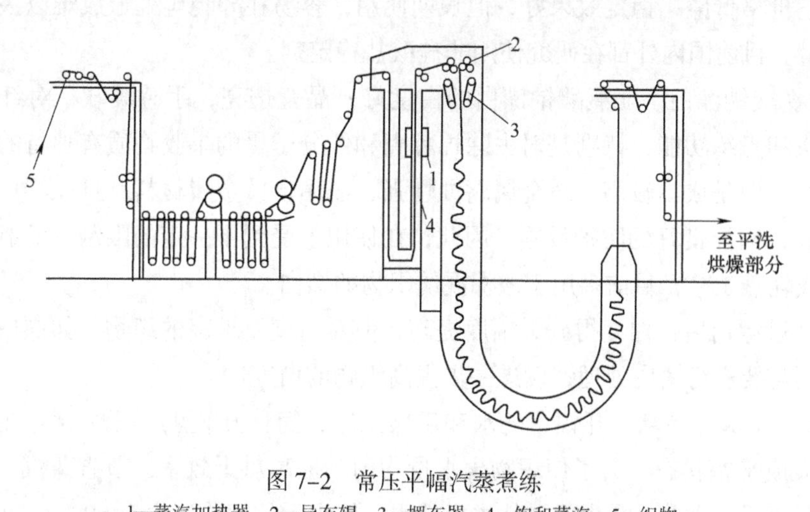

图 7–2 常压平幅汽蒸煮练

1—蒸汽加热器 2—导布辊 3—摆布器 4—饱和蒸汽 5—织物

5. **漂白** 棉织物经过煮练后，大部分杂质被去除，吸水性有了很大改善，已能满足一些品种的加工要求。但由于纤维上还有天然色素存在，外观尚不够洁白，对于漂白织物以及色泽鲜艳的浅色印花布和染色布，一般都要进行漂白，否则会影响染色或印花的色泽鲜艳度。漂白的目的是在保证纤维不受到明显损伤的情况下，破坏天然色素，赋予织物必要和稳定的白度，同时去除煮练后残存的杂质（特别是棉籽壳）。

目前用于棉织物的漂白剂主要有次氯酸钠、过氧化氢（俗称双氧水）和亚氯酸钠，其工艺分别简称为氯漂、氧漂和亚漂。漂白加工时，必须严格控制好工艺条件，否则纤维可能会被氧化而受到严重损伤，甚至可能完全失去服用性能。漂白方式有平幅、绳状，单头、双头，松式、紧式，连续、间歇之分，可根据织物的品种、使用的设备及后续工序对白度的要求等制订不同的漂白工艺。

（1）次氯酸钠漂白。次氯酸钠漂白成本低，设备简单，但对退浆、煮练的要求较高。

次氯酸钠漂白可分为淋漂和轧漂两种工艺，可应用于棉织物及维棉混纺织物的漂白，有时也应用于涤棉混纺织物的漂白。

由于次氯酸钠中的有效氯会对环境造成污染，许多国家规定废水中有效氯含量不能超过3mg/L，所以，目前该工艺已很少使用。

（2）过氧化氢漂白。用过氧化氢漂白的织物白度较好，色光纯正，储存时不易泛黄，适用范围广，对煮练的要求低，多用于高档棉织物的漂白，也广泛用于棉型织物的漂白。但漂白成本较高，需要不锈钢设备，能源消耗较大。

过氧化氢漂白方式比较灵活，既可连续化生产，也可在间歇设备上生产；可用汽蒸法漂白，也可用冷漂；可用绳状汽蒸机，也可用平幅汽蒸机。目前印染厂使用较多的是平幅汽蒸漂白，此法连续化程度、自动化程度、劳动生产率都较高，工艺流程简单，且不污染环境。

过氧化氢漂白时，为了获得良好的漂白效果，防止水中铁盐、铜盐及铁屑和灰尘等对双氧水的催化作用，常加入双氧水稳定剂，以降低对纤维的损伤。以前用得较多的是水玻璃，主要是因为它价格低廉，稳定效果好，但长期使用，容易在导辊等处形成难以去除的硅垢，影响织物质量。目前国内外都在研究使用非硅酸盐稳定剂。

（3）亚氯酸钠漂白。亚氯酸钠漂白的白度好，晶莹透亮，手感柔软，对纤维损伤小，同时兼有退浆和煮练功能，特别是对去除棉籽壳和低分子量的果胶物质有独特的功效，白度的稳定性也好。但是成本较高，对金属腐蚀性强，需用含钛金属材料，且在漂白过程中产生ClO_2有毒气体，需要良好的防护设施。因此，在使用上受到了一定的限制。亚氯酸钠漂白可采用冷漂法或轧蒸工艺，目前多用于涤棉混纺织物的漂白。

棉织物经过漂白后，白度得到大幅度提高，但对白度要求高的织物（如漂白布、白地印花布等），还需要进行增白处理，以进一步提高织物的白度。

6. **开幅、轧水、烘燥**　开幅、轧水和烘燥工序，简称开轧烘。开幅就是在开幅机上使绳状织物扩展成平幅状态。为了使织物含水量均匀，提高烘干效率，节省蒸汽，并使织物平整，织物在开幅后烘干前，需先经过轧水机轧水，轧水后的织物还含有60% ~ 70%的水分，再经过烘燥机烘干。烘燥机的类型较多，常用的是立式烘筒烘燥机，为便于操作，常将开幅机、轧水机和烘筒烘燥机连接在一起，组成开轧烘联合机。

7. **丝光**　丝光是指含棉织物在一定的张力作用下，经过浓烧碱溶液处理，并保持所需的尺寸，结果使织物获得如丝一般的光泽，除此之外，织物的强力、延伸度和尺寸及形态稳定性得到提高，纤维的化学反应能力和对染料、助剂的吸附能力也有了提高。所以含棉织物的丝光是染整加工的重要工序之一。

影响丝光效果的主要因素是碱液的浓度、温度、作用时间、对织物所施加的张力和去碱效果。检验丝光效果最常用的方法是衡量棉纤维对化学药品吸附能力大小的钡值法，钡值越高，表示丝光效果越好。通常本色棉布钡值为100，丝光后织物的钡值常在130 ~ 150之间，钡值在150以上表示棉纤维充分丝光。

常用的丝光机有布铗丝光机（图7–3）、弯辊丝光机和直辊丝光机三种，其中以布铗丝光机效果最好，应用最广。它又分单层和双层两种，后者有一定的局限性，已很少使用。单层布铗丝光机由前轧碱槽、绷布辊、后轧碱槽、布铗扩幅装置（包括冲水、淋洗和真空吸水装置）、去碱箱、平洗机和烘筒烘燥机组成。布铗丝光机最大的优点是其扩幅装置易于调节对织物的扩幅控制程度，有较好的张力控制条件，并且扩幅时间长，冲洗去碱效率较高，因而能获得良好的丝光效果。主要缺点是设备占地面积大、辅助设备多、操作不当易产生破边、卷边和铗子印等疵病。

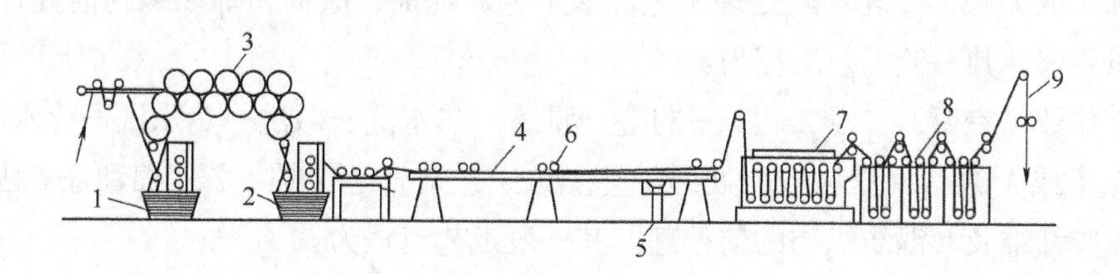

图7–3　布铗丝光机

1，2—浸轧装置　3—绷布辊　4—布狭链扩幅装置　5—吸碱装置　6—冲洗管　7—去碱箱　8—平洗槽　9—落布装置

弯辊丝光机的扩幅紧张装置是弯辊，其他机械装置如浸轧、去碱和平洗装置都与布铗丝光机相同。弯辊丝光加工时常常将两层织物叠在一起进行，因此产量高，另外机身短、占地面积小，但洗碱效率较低，加工时易造成经纱密度不匀，纬纱易成弯月形，染色易产生阴阳面，因此使用受到一定的限制。

直辊丝光机由进布装置、轧碱槽、重型轧辊、去碱槽、去碱箱与平洗槽等部分组成。织物先通过弯辊扩幅器，再进入丝光机的碱液浸轧槽。由于织物是在排列紧密且上下辊相互紧压的直辊中通过，因此强迫它不产生严重的收缩，接着经重型轧辊轧去余碱，然后进入去碱槽，洗去大量的碱液，最后，织物进入去碱箱和平洗槽洗去残余的烧碱，至此丝光工序即告完成。直辊丝光机也常以双层进行，生产效率极高，丝光均匀，不会产生破边；机身较短，传动较简单，操作方便，特别适宜于特宽门幅织物的丝光，但织物纬向缩水率较难达到国家标准。近年来，使用布铗与直辊联用的丝光机，取得了较为满意的丝光效果。

8. **棉织物前处理工艺发展方向**

（1）高效短流程前处理工艺。退浆、煮练、漂白三道工序是相互联系、相互补充的。传统的三步法前处理工艺稳妥、重现性好，但机台多、投资高、占地多、能耗大、时间长、效率低，为降低能耗，提高生产效率，可以把三步法前处理工艺缩短为两步法或一步法工艺，称为短流程前处理工艺，是棉织物前处理的发展方向。

①两步法工艺。两步法工艺一般包括两种方法，其一是织物先经退浆，再经碱氧一浴法煮漂，此工艺适用于含浆较重的纯棉厚重紧密织物；其二是织物先经退煮一浴法处理，再经

常规双氧水漂白，此工艺适用于浆料不重的纯棉中薄织物及涤棉混纺织物。

②一步法工艺。一步法工艺是将退浆、煮练、漂白三个工序并为一步，其中的汽蒸一步法工艺是用烧碱、双氧水作为主要用剂，选择性能优异的耐碱耐高温的稳定剂及高效精练剂，通过高温汽蒸来实现的。此法对上染率高和含杂量大的纯棉厚重织物有一定的难度，较适合于涤棉混纺轻薄织物。而冷堆一步法工艺就是在室温条件下的碱氧一浴法工艺。因温度较低，碱氧用量要比汽蒸工艺高出 50% ~ 100%，同时需要较长的堆置时间以及充分的水洗，才能取得较好的效果。但由于作用温和，对纤维的损伤相对较小，因而此工艺可广泛的适应于各种棉织物的退煮漂一浴一步法工艺。

（2）少碱（或无碱）前处理工艺。此工艺包括少碱（或无碱）冷轧堆前处理、少碱（或无碱）短蒸热浴前处理和少碱（或无碱）汽蒸前处理。

①少碱（或无碱）冷轧堆前处理工艺。该工艺对纯棉、涤棉和棉黏织物前处理，可满足半成品质量要求，其一般工艺流程为：

浸轧工作液（室温，二浸二轧）→打卷→堆置→热水洗→碱洗→热水洗→冷水洗→烘干

②少碱（或无碱）短蒸热浴前处理工艺。该工艺适合于纯棉、涤 / 棉和涤 / 黏等织物，更适合于黏胶纤维及其混纺织物的前处理。其一般工艺流程为：

浸轧工作液（二浸二轧）→饱和蒸汽汽蒸→热水洗→碱洗→热水洗→冷水洗→烘干

③少碱（或无碱）汽蒸前处理工艺。该工艺适合于纯棉府绸、纯棉纱卡、涤 / 棉线卡、棉 / 黏纱卡进行前处理，都可满足半成品质量要求。此工艺很适合现有的退煮漂设备，其一般工艺流程为：

浸轧工作液→汽蒸堆置→热水洗→水洗→常规氧漂→汽蒸→热水洗→冷水洗→烘干

（3）生物酶前处理工艺。生物酶在染整前处理中主要用于天然纤维织物的前处理，用生物酶去除纤维或织物上的杂质，为后续染整加工创造条件。生物酶退浆、精练等生物酶前处理技术，不但可避免使用碱剂，而且生物酶作为一种生物催化剂，无毒无害，用量少，催化效率高，处理条件较温和。生产中产生的废水可生物降解，减少污染，节省能源消耗。生物酶前处理主要包括生物酶退浆、生物酶精练、生物酶漂白及生物酶丝光与水洗。

（4）超声波前处理工艺。超声波前处理包括超声波退浆、煮练和漂白，其实质是加速退浆、煮练、漂白和净洗等加工，可缩短加工时间，节约能源和水量，减少废水排放，减轻污水处理负担。同时还减少了电解质和化学助剂的添加量，减轻了废水因此类物质污染的程度，有利于环境保护。

二、苎麻纤维的脱胶和苎麻织物的前处理

苎麻是麻类纤维中品质最好的一种。苎麻可纯纺制成麻织物，也可与其他纤维混纺。麻类织物制作的衣服穿着挺括，吸湿散湿快，不贴身、透气、凉爽，是夏季服装的良好面料。

原麻中含有大量杂质，其中以多糖胶状物质为主（胶质的总含量一般在 15% 以上），纺纱前必须将其去除，使胶质的含量降至 2% 左右，并使麻的单纤维相互分离，这一过程就称为脱胶。

苎麻织物的练漂基本与棉织物相似，但因麻纤维刚性大，纤毛粗，毛羽多，烧毛一般采用接触式的圆筒烧毛机烧毛。苎麻织物因本身光泽性较好，一般用烧碱溶液进行半丝光，以提高染料的上染率，并避免强度下降，手硬粗硬。

三、羊毛的初步加工

从绵羊身上的直接剪下来的羊毛称为原毛。原毛中含有大量的杂质，约占原毛重量的40% ~ 50%，主要是羊脂、羊汗、泥沙、污物及草籽、草屑等。因此原毛不能直接用于纺织，必须经过选毛、开毛、洗毛、炭化等初步加工，以获得符合毛纺生产要求的比较纯净的羊毛纤维。

为了合理地使用原料，工厂对进厂的原毛，根据工业用毛分级标准和产品的需要，将毛的不同部位或散毛的不同品质，人工分选成不同的品级，这一工序叫作选毛，也称为羊毛分级。洗毛的方法一般有皂碱法，合成洗涤剂纯碱法和溶剂洗毛法。

使用硫酸在高温时使纤维素（草籽、草屑）脱水炭化，强度降低，再通过碾碎、除尘而去除，这种处理方法叫炭化。根据纤维制品的形态不同，炭化的方式有散毛炭化、毛条炭化和匹炭化三种。

四、丝织物的前处理

蚕丝织物含有大量杂质，包括纤维本身固有的丝胶及油蜡、无机物、色素等，织造过程中加入的浆料、着色剂以及染整加工前沾染的各种污渍等，丝织物前处理的目的就是去除这些杂质，以得到光泽明亮、手感柔软、白度纯正、纹路清晰、渗透性好的练白成品或印染半成品。丝织物练漂的主要工序是脱胶（精练）。

桑蚕丝脱胶大多采用皂碱法，以肥皂作为主要精练剂，添加适量的纯碱、磷酸三钠、硅酸钠等碱剂作为助练剂。

有时为了提高织物的白度，常在脱胶液中加入适量的漂白剂如保险粉、双氧水等，以破坏天然色素和着色剂。但对白度要求高的丝织物以及经脱胶后仍呈浅黄色的黄丝坯绸，需进行漂白。

五、化学纤维及其混纺、交织织物的前处理

化学纤维在制造过程中，已经过洗涤、去杂甚至漂白，故此比较洁净，但化纤织物在纺纱过程中可能要上油剂，在织造过程中要上浆，且可能沾上油污，因此仍需要进行一定程度的前处理。

1. **黏胶纤维织物的前处理** 黏胶纤维因稳定性较差，湿强力低，容易变形，所以染整加工的工艺条件应尽可能温和，尽量采用松式设备。黏胶纤维的前处理工序与棉织物基本相同。若浆料为淀粉，尽可能用酶退浆。黏胶纤维织物一般不需煮练，必要时可用少量纯碱及肥皂轻煮。如是化学浆，可采用退煮一步法，此织物一般不需要漂白，若白度要求较高，可采用轻度的氯漂、氧漂或亚漂。因黏胶纤维织物光泽性较强，且耐碱性差，一般不需丝光。

2. **合成纤维织物的前处理** 纯合纤织物的前处理主要是为了去除纤维在制造及纺纱过程中所施加的油剂、织造时黏附的油污及化学浆料，使织物更加洁净。

3. **混纺、交织织物的前处理** 对于混纺或交织织物的前处理，要充分考虑各组成纤维的性能及比例，互相兼顾，以达到良好的前处理效果。

（1）涤/棉织物的前处理。与纯棉织物基本相同，但要注意的是烧毛要采用高温快速方法。由于使用了化学浆料，要使用热碱退浆或氧化退浆。煮练时要考虑到涤纶上有油剂和齐聚物，同时烧碱对涤纶有一定的损伤，故要控制烧碱用量，使用乳化分散能力强的表面活性剂。漂白时漂白剂用量相对少一些，并可考虑利用二步法或一步法工艺。若需丝光，碱溶液浓度和去碱箱温度可低一些。涤/棉织物需要热定形处理，温度一般为180～200℃。

（2）黏/棉织物的前处理。黏胶纤维与棉纤维两者的比例不同，则前处理工艺不同。若棉成分高，则前处理工艺与棉织物相似，否则前处理条件应缓和一些。

（3）维/棉织物的前处理。对于维/棉织物的前处理，染色布一般以染后烧毛为宜，以防在布面形成黑点，漂白坯布、黑色及黑灰色坯布和部分印花坯布可采用坯布烧毛，退浆时要避免高温浓碱长时间处理，否则布面泛黄。

六、其他纺织品的前处理

1. **绒布的前处理** 绒布具有保暖性好、吸湿性高、质地柔软厚实等特点，其练漂的目的是去浆、去杂，并且有一定的白度与渗透性能。其前处理基本工艺为：

准备→（烧毛）→退浆（退浆要净，工艺与棉织物相近）→煮练→漂白→浸轧柔软剂→烘干→起绒→洗绒

灯芯绒的前处理工艺为：

准备→轧碱烘干→割绒→热水去碱或酶退浆→烘干→刷绒→烧毛→煮练→漂白

2. **色织物的前处理** 色织物前处理的原则是在保证不脱色、不搭色的情况下尽量提高前处理效果。色织物中的白纱有熟纱与生纱之分。

（1）熟纱。熟纱就是纱线经过煮练漂白后再织布，因其已有良好的吸水性，故不必再煮练，这种色织物经过烧毛（丝光）、皂洗、水洗、烘干等工序去除织物上的污物、浮色及杂质即可，此法也适用于全是色纱织出的织物。

（2）生纱。生纱则是未经煮练的本白纱，因其含有天然杂质，除上述工序外，还要增加煮练和漂白工序。但煮练时要用纯碱代替烧碱，并在无压低温下进行，以免脱色搭色。

3. **针织物的前处理**

（1）棉针织物的前处理。棉针织物的组织疏松，纱线不需上浆，因此前处理工艺比棉布简单。只需进行煮练和漂白加工。由于针织物易变形，不能经受较大的张力，所以加工时要采用低张力设备。棉针织物的主要品种有汗布、棉毛布等。

（2）涤纶针织物的前处理。涤纶针织物的前处理主要是去除纺丝时施加在纤维上的油剂、抗静电剂及织造时沾上的油污，凡是在染前定形的都要进行前处理。可用对织物重0.5%～1%的肥皂或合成洗涤剂及少量的纯碱溶液，在80～90℃下处理30min左右，再热水洗、冷

水洗。纯涤纶针织物一般不需漂白，即使是特白品种，也只需进行荧光增白即可。

4. **纱线的前处理**

（1）筒子纱的前处理。筒子纱前处理与染色都在同一台设备中完成，前处理工艺相对简单。一般染浅色及鲜艳颜色就采用半漂的方法，而染深色及暗淡的颜色则采用煮纱的方法，然后热洗冷洗即可染色。

（2）绞纱的前处理。绞纱的前处理主要包括煮练、漂白、丝光三个工序。煮练用剂与织物煮练相同，煮练工艺条件是根据煮练设备、纱线的含量多少、纱线的结构及煮练后的不同工序要求而定。煮练后的纱线应用热水、冷水洗净，堆放在纱池内，用湿布盖好，以防局部风干。棉纱线以氯漂为主，可采用淋漂法、连续链条法、履带法等漂白。漂白工艺与棉布类似。绞纱丝光多采用湿纱丝光，因为浸轧压力小，干纱丝光不易浸透。湿纱含湿量要求均匀，一般掌握在60%左右，脱水后的纱如储放时间较久，丝光前应重新水洗，脱水。

第四节　染色

根据染色加工对象的不同，染色方法可分为成衣染色、织物染色（主要分为机织物染色与针织物染色）、纱线染色（可分为绞纱染色、筒子纱染色、经轴纱染色和连续经纱染色）和散纤维染色四种。其中织物染色应用最广，纱线染色多用于色织物与针织物，散纤维染色主要用于色纺织品。

一、染料

染料是指能够使纤维材料获得色泽的有色有机化合物，但并非所有的有色有机化合物都可以作为染料。有些有色物质不溶于水，对纤维没有亲和力，不能进入到纤维内部，但能靠黏合剂的作用机械地固着在织物上，这种物质称为颜料。颜料和分散剂、吸湿剂、水等进行研磨制得涂料，涂料可用于染色，但主要用于印花。

作为染料一般要具备四个条件。

（1）色度，即必须有一定浓度的颜色。

（2）上色的能力，即能够与纤维材料有一定的结合力，称为亲和力或直接性。

（3）溶解性，即可以直接溶解在水中或借化学作用溶解在水中。

（4）染色牢度，即染上的颜色须有一定的耐久性（染色牢度），不容易褪色或变色。

1. **染料的分类**　染料的分类方法有两种，一种是根据染料的性能和应用方法进行分类，称为应用分类；另一种是根据染料的化学结构或其特性基团进行分类，称为化学分类。

（1）按应用分类。主要有直接染料、活性染料、还原染料、可溶性还原染料、硫化染料、硫化还原染料、不溶性偶氮染料、酸性染料、酸性媒染染料、酸性含媒染料，碱性及阳离子染料、分散染料、酞菁染料、氧化染料、缩聚染料等。

（2）按化学分类。主要有偶氮染料、蒽醌染料、靛类染料、三芳甲烷染料等几大类。

2. **染料的选择** 各种纤维各有其特性，应选用相应的染料进行染色。纤维素纤维（棉、麻、黏胶等纤维）可用直接染料、活性染料，还原染料、可溶性还原染料、硫化染料，硫化还原染料、不溶性偶氮染料等进行染色；蛋白质纤维（羊毛、蚕丝）和锦纶可用酸性染料、酸性含媒染料；腈纶可用阳离子染料染色；涤纶主要用分散染料染色。但一种染料除了主要用于一类纤维的染色外有时也可用于其他纤维的染色，如直接染料也可用于蚕丝的染色，活性染料也可用于羊毛、蚕丝和锦纶的染色，分散染料也可用于锦纶、腈纶的染色。除此之外，还要根据被染物的用途、染料助剂的成本、染料拼色要求及染色机械性能来选择染料。

3. **染料的命名** 国产的商品染料都采用三段命名法命名：

第一段为冠首，表示染料的应用类别。

第二段为色称，表示纺织物用标准方法染色后所呈现的色泽名称。

第三段为尾注，用数字、字母表示染料的色光、染色性能、状态、用途、浓度等。

如150%活性艳红M—8B，其中“活性”是冠首，表示活性染料；“艳红”是色称，表示染料在纺织物上染色后所呈现的颜色是鲜艳的红色；“150%”和“M—8B”是尾注，其中的“M”指M型活性染料，“B”指染料的色光是蓝的，“8B”表示偏蓝的程度，数字越大，偏蓝程度越明显，说明这是个蓝光很重的红色染料，“150%”表示染料的强度或力分，是唯一放在染料名称最前面的尾注。

印染厂收到的每批染料，都应经过必要检验，主要是试验它的染色性能与原样是否相符，比较所得颜色色光、深浅牢度、匀染等情况以及染料颗粒的细度、染液的稳定性等。

4. **染色牢度** 染色牢度是指染色产品在使用过程中或染色以后的加工过程中，在各种外界因素影响下，能保持原来颜色状态的能力（即不易褪色、不易变色的能力）。染色牢度是衡量染色产品质量的重要指标之一。染色牢度的种类很多，随染色产品的用途和后续加工工艺而定，主要有耐晒牢度、耐气候牢度、耐洗牢度、耐汗渍牢度、耐摩擦牢度、耐升华牢度、耐熨烫牢度、耐漂牢度、耐酸牢度、耐碱牢度等。此外，根据产品的特殊用途，还有耐海水牢度、耐烟熏牢度等。

二、光、色、拼色和计算机配色

1. **光和色** 光是波长在一定范围内的电磁波，通常我们所说的光为可见光，而不同的颜色，则是不同波长的可见光造成的，如一束白光通过三棱镜可折射出七彩光。当一定量的两束有色光相加，若形成白光，则称这两种光互为补色关系，这两种光的颜色互为补色。物体显色则是由于物体吸收了可见光中该颜色的补色造成的。

颜色可分为彩色和非彩色两类。黑、白、灰色都是非彩色，红、橙、黄、绿、蓝、紫等为彩色。颜色有三种基本属性，即色相、明度和彩度。色相又称色调，表示颜色的种类，如红色，黄色等；明度表示物体表面的明亮程度；彩度又称纯度或饱和度，表示色彩本身的强弱或彩色的纯度。

2. **拼色** 在印染加工中，为了获得一定的色调，常须用两种或两种以上的染料进行拼染，通常称为拼色或配色，一般来说，除白色外，其他颜色都可由黄、品红、青三种颜色拼混而成。印染厂拼色用的三原色叫红、黄、蓝，因此最单纯的红、黄、蓝三色称为三原色或基本色，因为它们是无法用其他颜色拼成的色泽。用不同的原色相拼合可得橙、绿、紫三色称为二次色。用不同的二次色拼合，或以一种原色和黑色或灰色拼合，则所得的颜色称为三次色。

3. **计算机配色**　纺织品染色需依赖配色这一环节，把染料的品种、数量与产品的色泽联系起来，这项工作长期以来均由专门的配色人员来完成。这种传统的配色方法，不仅工作量大而且费时、费料。随着色度学、测色仪以及计算机的发展，开发出了计算机测色配色仪，实现了计算机配色。它具有速度快、效率高、试染次数少、提供处方多、经济效率高等优点，但染化料及纺织品质量必须相对稳定，染色工艺必须具有良好的重现性，作为体现色泽要求的标样不宜太小或者太薄等。

三、染色基本理论

按照现代染色理论的观点，染料之所以能够上染纤维，并在纤维上具有一定的牢度，主要是因为染料分子与纤维分子之间存在着各种引力的缘故，这种引力主要包括范德瓦耳斯力、氢键力、静电引力、共价键力等。染料和纤维不同，其染色原理和染色工艺则差别较大。但就染色过程而言，都可以分为既有联系又有区别，并相互制约的三个基本阶段。

1. **染料的吸附**　当纺织品投入染浴后，染料会自染液向纤维表面扩散，并上染到纤维表面，这个过程称为吸附。随着时间的延长，纤维上染料的浓度会逐渐增加，而染浴中的染料浓度却逐渐减少，最终会在一定的条件下达到动态的平衡状态。

2. **染料的扩散**　由于吸附在纤维表面的染料浓度大于纤维内部的染料浓度，促使染料由纤维表面向纤维内部扩散，直到纤维各部分染料浓度趋于一致。此时，染料的扩散破坏了最初建立的吸附平衡，染浴中的染料又会不断地吸附到纤维表面，吸附和解吸再次达到平衡。

3. **染料在纤维中的固着**　这个阶段是染料与纤维结合的过程，染料和纤维不同，结合的方式也各不相同，固着方式有纯粹化学性固着与物理性化学性固着两种类型。

上述三个阶段在染色过程中往往是同时存在，不能截然分开。只是在染色的某一段时间某个过程占优势地位而已。

四、染色方法

根据染料施加于被染织物及其固着在纤维中的方式不同，染色方法可分为浸染（或称竭染）和轧染两种，若细分可分为浸染、卷染、轧染和轧卷四种。

1. **浸染**　浸染是将纺织品浸渍在染液中，经过一定的时间使染料上染纤维并固着在纤维中的染色方法。

2. **轧染**　轧染是将纺织品在染液中浸渍后，用轧辊轧压，将染液挤入纺织品的组织空隙中，同时将织物上多余的染液挤除，使染液均匀地分布在织物上，再经过后处理使染料上染纤维的过程。

五、染色设备

染色设备的种类很多，按照设备运转的性质可分为间歇式染色机和连续式染色机；按照染色方法可分为浸染机、卷染机、轧染机和轧卷机；按被染物的形态可分为散纤维染色机、纱线染色机、织物染色机和成衣染色机；按织物在染色时的状态可分为平幅染色机和绳状染色机。

纱线染色机根据加工产品的不同又分为绞纱染色机、筒子纱染色机（图7–4）、经轴染色机和连续染纱机；织物染色机又可分为针织用的绳状染色机（图7–5）、常温溢流染色机、高温染色机等绳状设备和经轴平幅染色机。此三种绳状设备也适用于稀薄、疏松及弹性好的机织物染色。另外适用于机织物的平幅染色机有连续轧染机、卷染机、轧卷染色机和星形架染色机。

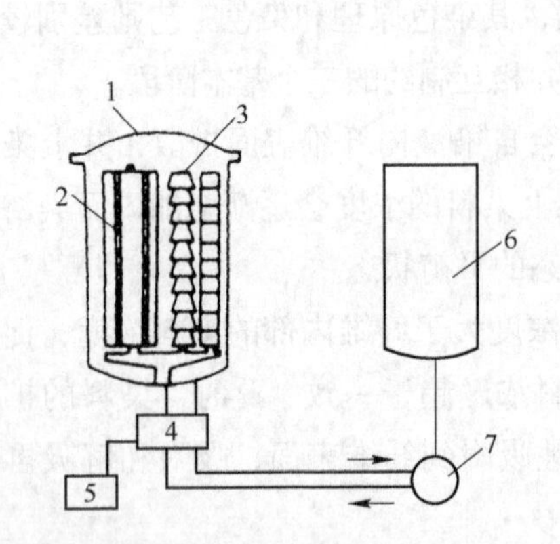

图7–4　筒子纱染色机

1—染槽　2—筒子架　3—筒子纱　4—循环泵
5—循环自动换向装置　6—储液槽　7—加液泵

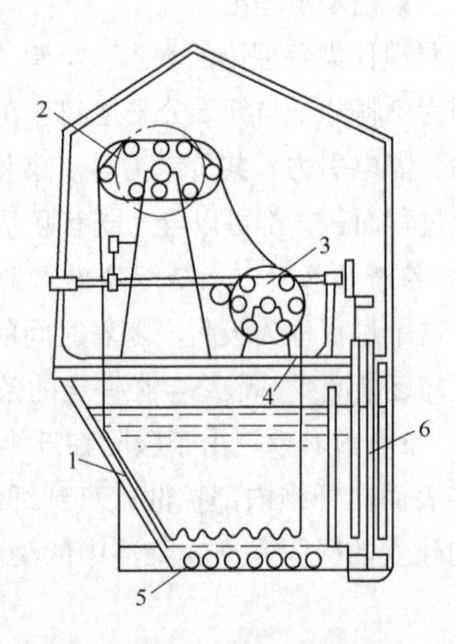

图7–5　针织用绳状染色机

1—染槽　2—主动导布辊　3—导辊
4—分布档　5—蒸汽加热管　6—加液槽

六、常用染料染色

1. **直接染料染色**　直接染料因分子结构中含有水溶性基团，故一般能溶解于水。也有少数染料要加一些纯碱帮助溶解，它可以不依赖其他助剂而直接上染棉、麻、丝、毛和黏胶纤维等，所以叫直接染料。直接染料色谱齐全、色泽较鲜艳、价格低廉、染色方法简便、得色均匀，但其水洗牢度差，日晒牢度欠佳。因此，除浅色外，一般都要进行固色处理。

直接染料可用于各种棉制品的染色，可用浸染、卷染、轧染和轧卷染色，一般以浸染和卷染为主。直接染料染纯黏胶纤维织物时，宜在松式绳状染色机或卷染机上进行染色，不宜采用轧染。因其存在皮芯结构，因此染色温度比棉高，染色时间也较长。

2. **活性染料染色**　活性染料是水溶性染料，分子中含有一个或一个以上的活性基团（又叫反应性基团），在一定的条件下，能与纤维素中的羟基、蛋白质纤维及聚酰胺纤维（锦纶）

中的氨基和酰胺基发生化学结合，所以活性染料又称反应性染料。

活性染料与纤维发生化学结合后，染料成为纤维分子中的一部分，因而大大提高了被染色物的水洗、皂洗牢度。除此之外，它还具有使用方便、价格较低、色泽鲜艳、色谱齐全、染色工艺和适用的纤维范围广等优点，因此在印染加工中占有非常重要的地位，常被用来代替价格昂贵的还原染料。但活性染料也存在一定的缺点，染料的上染率和固色率低，染料在与纤维反应的同时，也能与水发生水解反应，其水解产物一般不能再和纤维发生反应，造成染料的利用率降低。有些活性染料的耐日晒、耐气候牢度较差，大多数活性染料的耐氯漂牢度较差，有的还会产生风印及断键现象，使被染物发生褪色等质量问题，中性电解质的用量很大，这些都将直接影响印染织物的成本、水洗效果及废水的处理，给应用上带来一定的困难。

活性染料是由母体染料与活性基团经化学反应缩合而成。目前常用的活性染料有X型（普通型或称冷染型）、K型（热固型）、KN型（乙烯砜型），此外还有M型（含双活性基团）、KD型（活性直接染料，主要用于丝绸）、P型（膦酸酯型）等多种。

3. **还原染料染色**　还原染料（商品名为士林染料）不溶于水，染色时要在碱性的还原液中将染料中的羰基还原溶解成为隐色体钠盐才能上染纤维，再经氧化后，使其重新转变为原来的色淀固着在纤维上。

还原染料色谱较全，色泽鲜艳，是各类坚牢染料中各项性能都比较优良的染料，特别是耐晒、耐洗牢度为其他染料所不及，但价格较贵，红色品种较少，染浓色时摩擦牢度较差，某些黄色、橙色、红色染料有光敏脆损现象，因而使用受到一定的限制。

还原染料染色可采用浸染、卷染或轧染，主要的染色过程都包括染料的还原溶解、隐色体的上染、隐色体的氧化及皂煮后处理四大工序。还原染料的染色方法按染料上染的形式不同主要可分为隐色体染色法及悬浮体轧染法两种。

悬浮体轧染法对染料的适应性强，不受染料还原性能差别的限制，可用具有不同还原性能的染料拼色，具有较好的匀染性和透染性，可改善白芯现象，特别适用于紧密厚实织物的染色。但设备投资大，不适宜小批量的生产。

4. **可溶性还原染料染色**　可溶性还原染料又称暂溶性还原染料或印地科素染料，多数由还原染料衍生而来。可溶性还原染料可溶于水，对纤维素纤维有一定的亲和力，染料的扩散性及匀染性较好，摩擦牢度高，日晒、水洗及耐汗渍牢度较好。对纤维素纤维和蛋白质纤维都能上染，但染料提升率低，很难染得深色，且价格较高，故一般只用于染中、浅色，染色方法主要有卷染和轧染两种。

可溶性还原染料染色分两步进行：第一步是织物浸入染液后，染料被吸附并扩散到纤维内部。第二步是染料上染纤维后，在酸性氧化液中产生水解和氧化，完成染料在纤维上的固着，这个过程称为显色。

5. **硫化及硫化还原染料染色**　硫化染料不能直接溶解在水中，但能溶解在硫化碱中，所以称为硫化染料。硫化染料价格低廉，染色工艺简单，拼色方便，染色牢度较好，但色谱不全，主要以蓝色及黑色为主，色泽不鲜艳，对纤维有脆损作用。

染色过程可分为染料还原溶解、染料隐色体上染、氧化处理及皂洗后处理四个阶段。

硫化还原染料（又名海昌染料），是较高级的硫化染料，大多采用浸染和卷染，染色方法与硫化染料和还原染料都有相同之处，主要有烧碱—保险粉法、硫化碱—保险粉法两种。前一种方法可按还原染料甲法进行，65℃左右染色。后一种方法成本较低，但色泽鲜艳度较差，染色时可将织物先在加有染料、硫化碱和烧碱的染液中沸染一定时间，然后降温至60 ~ 70℃，加入保险粉，续染20 ~ 25min，然后进行后处理。

6. **酸性染料染色** 酸性染料通常以磺酸钠盐的形式存在，极少数以羧酸钠盐的形式存在，其钠盐极易溶于水，在水溶液中电离成染料阴离子。酸性染料色泽鲜艳，色谱齐全，染色工艺简便，易于拼色。能在酸性、弱酸性或中性染液中直接上染蛋白质纤维和聚酰胺纤维。根据染料的化学结构、染色性能、染色工艺条件的不同，酸性染料可分为强酸性浴染色酸性染料、弱酸性浴染色酸性染料和中性浴染色的酸性染料。酸性染料染锦纶着色鲜艳，上染百分率和染色牢度均较高，但匀染性、遮盖性较差，常用于染深色。

7. **酸性含媒染料染色** 酸性含媒染料是从酸性媒介染料发展而来的。为应用的方便，在染料生产时，事先将某些金属离子以配位键的形式引入酸性染料母体中，成为金属络合染料，故称为酸性含媒染料，一般分成1∶1型酸性含媒染料和1∶2型酸性含媒染料两种，前者要在强酸性条件下染色，故称为酸性络合染料，后者在弱酸性或近中性条件下染色，故称为中性络合染料，简称中性染料。

酸性络合染料易溶于水，颜色较鲜艳，耐晒牢度较高，对羊毛的亲和力较高，上染速度快，移染性较低，匀染性较差，染物经煮呢、蒸呢后色光变化较大。中性染料溶解度较低，染毛织物时，各种色牢度较高，色光变化小，各染料之间的扩散性能差异较小，但颜色鲜艳度不及酸性络合染料，匀染性、遮盖性较差。

中性染料还可对锦纶、蚕丝、维纶进行染色。

8. **分散染料染色** 分散染料是一类分子较小，结构简单，不含水溶性基团的非离子型染料，所以难溶于水，染色时需借助分散剂的作用，使其以细小的颗粒状态均匀地分散在染液中，故称分散染料。分散染料色谱齐全，品种繁多，遮盖性能好，用途广泛，特别适用于聚酯纤维、醋酸纤维、聚酰胺纤维等的染色。

根据分散染料上染性能和升华牢度的不同，分散染料一般分为高温型（S型或H型）、中温型（SE型或M型）和低温型（E型、B型）三种。由于涤纶分子结构紧密，分子间空隙小，无特定染色基团，极性较小，故吸湿小，在水中膨化程度低，难与染料结合，故易染性较差，需用分子较小，结构简单的分散染料染色。染色方法有载体染色法、高温高压染色法和热熔染色法等。

9. **阳离子染料染色** 阳离子染料是在原有碱性染料（即盐基性染料）基础上而发展起来的，是一种色泽十分浓艳的水溶性染料，在溶液中能电离生成色素阳离子以及无色阴离子，是含酸性基团腈纶的专用染料。腈纶用阳离子染料染色，色谱齐全、色泽鲜艳、上染百分率高、给色量好，湿处理牢度和耐晒牢度比较高，但匀染性较差，特别是染浅色时。

阳离子染料腈纶染色，包括腈纶散纤维、长丝束、毛条、膨体针织纱、绒线、粗纺毛毯、腈纶织物等。

阳离子染料轧染主要用于腈纶丝束、腈纶毛条、腈纶混纺织物的染色。轧染液中含有染料、助溶剂、促染剂（如碳酸乙烯酯，腈乙基胺类，尿素 / 甘油等）、酸式强酸弱碱盐（常用醋酸加硫酸铵稳定 pH4 ～ 5）。

阳离子染料也可采用卷染，染液组成及染色工艺与浸染相似。

第五节　印花

印花是借助印花原糊的载递作用，使染料或颜料在织物上印制成花纹图案的加工过程。其对象主要是织物，也可以是裁剪好的衣片，加工好的成衣等。完成印花所采用的加工手段称为印花工艺。印花工艺过程一般包括图案设计、印花工艺选择、花筒雕刻或制版（网）、仿色打样、色浆调制、花纹印制、后处理（蒸化和水洗）等几个工序。

一、印花工艺

1. **直接印花**　直接印花是在白色或浅色织物上将各种颜色的印花色浆直接印制织物上（色浆不与地色染料反应），从而获得花纹图案的印花方法。其特点是工艺简单、成本低廉，适用于各种染料。一般来说，只要能满足花型的原样精神，尽量采用这种印花工艺。目前织物印花中有 80% ～ 90% 采用此法。

2. **拔染印花**　拔染印花是在织物上先进行染色后进行印花的加工方法。印花色浆中含有能破坏地色染料发色的化学物质（称拔染剂），经后处理，印花之处的地色染料被破坏，再经洗涤去除浆料和破坏了的染料，印花处呈白色，称为拔白印花；在含有拔染剂的印花色浆中，加入不被拔染剂破坏的染料，印花时在破坏地色染料的同时使色浆中的染料上染，称为色拔印花。拔染印花能获得地色丰满、花纹细致精密、轮廓清晰，色彩鲜艳的效果。但地色染料需进行选择，印花工艺流程长且工艺复杂，设备占地多，成本高，多用于高档的印花织物。

3. **防染印花**　防染印花是先印花后染色的加工方法。印花色浆中含有能破坏或阻止地色染料上染的化学物质（称防染剂）。防染剂在花型部位阻止地色染料的上染，织物经洗涤，印花处呈白色的工艺称防白印花；若印花色浆中含有不能被防染剂破坏的染料，在地色染料上染的同时，色浆中的染料上染印花之处，使印花处着色的称为色防印花。防染印花所得的花纹一般不及拔染印花精细，但适用的地色染料品种较前者多，印花工艺流程也较拔染印花为短。

4. **防印印花**　防印印花又称防浆印花，是在防染印花的基础上发展起来的，是在印花机上通过罩印地色进行的防染或拔染印花的方法，工艺方法类似于拔染印花或防染印花。防染印花能获得地色一致的效果，且地色的色谱不受限制，丰富了印花地色的花色品种，还可省去染地色的工序，并可避免由于防染剂落入染色液中而产生的疵病。防染印花可获得轮廓完整、线条清晰的花纹。但在印制大面积地色时，所得地色不如防染印花丰满。

选择印花工艺应根据织物类型、染料性质、印花效果、生产成本、产品质量要求等多方面进行综合考虑。

二、印花设备

印花加工根据所使用设备的不同，主要可分为以下几种。

1. **辊筒印花** 辊筒印花又称滚筒印花，是18世纪苏格兰人詹姆士·贝尔发明的，所以又称贝尔机。它是将花纹雕刻成凹纹于铜花筒上，将色浆藏储存于凹纹内，经挤压而印到织物上，所以又称铜辊印花机。辊筒印花机由机头和烘干部分组成，其机头部分如图7-6所示。

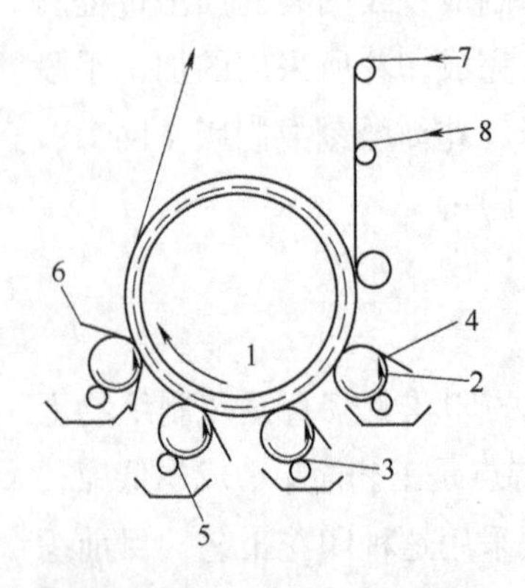

图7-6 辊筒印花机机头示意图
1—承压辊 2—花筒 3—给浆辊 4—印花刮刀 5—浆盘 6—除纱刮刀 7—印花衬布 8—印花布

（1）辊筒印花过程。辊筒印花机印花时，花筒紧压在一只大的承压辊上，承压辊由生铁铸成，它的表面绕有一层一定厚度的橡胶或包有麻毛交织的毛衬布，使其具有一定的弹性。在毛衬布的外面还衬垫一层循环运转的无接头的橡皮衬布，包覆在橡皮衬布（或绕有橡胶的承压辊）上面还有一层棉质的印花衬布，可防止由花筒两端带来的多余色浆沾污橡胶衬布（或承压辊）。

印花时，装在花筒下面的给浆辊将浆盘中的色浆传给花筒，花筒表面的刮刀把花筒平面上的色浆刮除，在花筒与承压辊挤压的过程中，花筒凹纹内的色浆转移到织物上。为防止色浆渗透到织物反面而沾污承压辊，印花时要使用印花衬布。花筒的另一侧装有除纱刮刀（又称小刀或铜刀），以去除黏附在花筒表面的绒毛及防止传色而产生印花疵病。

（2）辊筒印花机的主要特点。印制花纹轮廓清晰、线条精细、层次丰富、生产效率高、生产成本较低，适用于大批量的生产。但印花套色、花型大小、机织物幅宽等受到限制，色泽不够浓艳，劳动强度高，衬布消耗多，机械张力大，不适宜轻薄织物、针织物的印花及小批量的印花。因此，该设备利用率呈逐年下降趋势。

（3）花筒雕刻。辊筒印花前必须先将图案花样雕刻在花筒上，即花筒雕刻。花筒雕刻是将印花图案转移到花筒上，使其成凹陷的斜纹线或网点和交叉斜纹线（用以藏纳色浆）的加工过程。花筒雕刻工艺有缩小雕刻、照相雕刻、钢芯雕刻和电子雕刻四种。生产上以缩小雕刻和照相雕刻应用较为普遍。

2. **筛网印花** 筛网印花是以筛网为印花工具，将花纹刻在筛网上，使有花纹的地方筛网的网眼镂空，而没有花纹图案的地方，网眼全部涂没，印花时色浆从网眼处通过而被印制在材料上，是目前应用较为普遍的印花方法，分平网印花与圆网印花。

（1）平网印花。平网印花即筛网为平面状，其特点是印花灵活性强，设备投资较少，对花型大小及套色限制较少，花纹色泽浓艳，印花时织物所受张力小，印制织物品种适应性广，特别适宜于针织物、丝织物、毛织物、床单及装饰织物的生产。但生产效率较低，适合于小批量，多品种的生产。

平网印花机有三种类型，即手工平网印花机（手工台板）、半自动平网印花机和全自动平网印花机。手工平网印花机一般为网动式平网印花机，半自动平网印花机和全自动平网印花机一般为布动式平网印花机。

①手工平网印花机（图 7–7）。手工平网印花是在平坦、结实而有弹性的台板上进行，印花台板分冷台板和热台板，热台板装在木制或铁制机架上，台板上铺有人造革，在其下面垫有毛毯使之具有一定的弹性，台板内用蒸汽或电加热，防止前后印花时造成色浆搭色。而冷台板在台板下无加热装置。

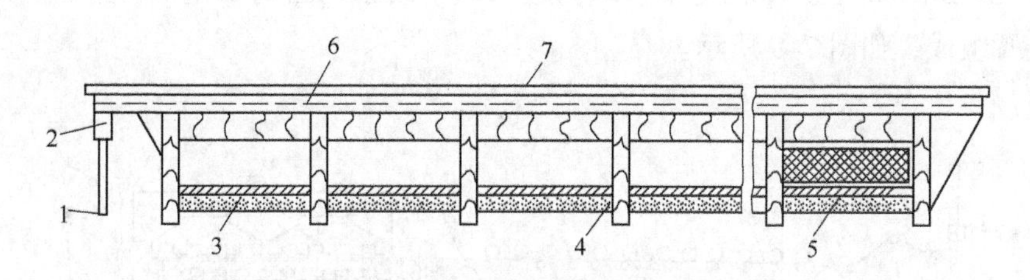

图 7–7　手工平网印花机构造

1—排水管　2—排水槽　3—地板　4—台脚　5—变压器　6—加热层　7—台面

印花前，在台板上用贴布浆平整地贴好织物，筛网框平放在织物上面，把印花色浆倒入筛网框内，用橡胶刮刀在筛网上均匀刮浆，色浆便透过筛网孔印到织物上。待色浆稍干后，再印另一套色。当全部花纹印好后，将印花织物取下，洗净台面，再继续印花。

手工台板印花是手工贴布、人工抬板和刮浆，因此生产效率低、劳动强度高。

②半自动平网印花机。印花时也采用热台板，人工贴布，筛框安装在自动印花装置上，自动印花装置控制筛框移动、升降和刮刀的刮浆。半自动平网印花机劳动强度较手工平网印花低。

③全自动平网印花机（图 7–8）。与半自动筛网印花机的主要区别是：织物随印花导带回转运动而纵向运行，筛网只做上下升降运动。而半自动平网印花机是织物固定在台板上，筛网移动。印花时，导带运行到进布处前，由上浆装置涂上一层贴布浆，然后自动将织物贴

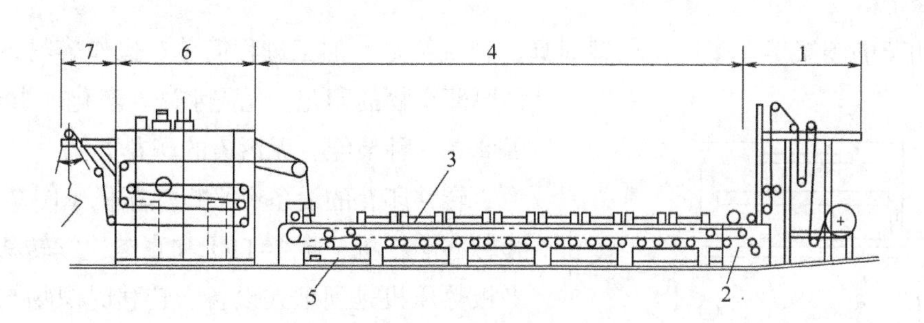

图 7–8　全自动平网印花机示意图

1—进布装置　2—导带上浆装置　3—筛网框架　4—筛网印花部分　5—导带水洗装置　6—烘干设备　7—出布装置

在橡胶导带上。当筛网降落到台板上，刮刀进行刮浆。刮毕，筛网升起，织物随橡胶导带向前运行。织物印花后，进入烘房烘干，而导带转到台板下方，经水洗装置洗去上面的贴布浆和印花色浆。

全自动平网印花机具有劳动强度低、生产效率高的特点，而且花型大小和套色数不受限制，印花时织物基本不受张力。但如采用冷台板，在连续印花时易出现搭色疵病。

（2）圆网印花。圆网印花即筛网做成圆形，圆网印花机按圆网排列的不同，可分为立式、卧式和放射式三种，国内外应用最普遍的是卧式圆网印花机，其基本构成与全自动平网印花机相似，不同之处在于把平版筛网改成圆筒形镍网。印花时，色浆经圆网内部的刮浆刀的挤压而透过圆孔印到织物上。印花完毕，织物进入烘干设备。圆网印花机有进布、印花、烘干和出布等装置组成，如图 7–9 所示。

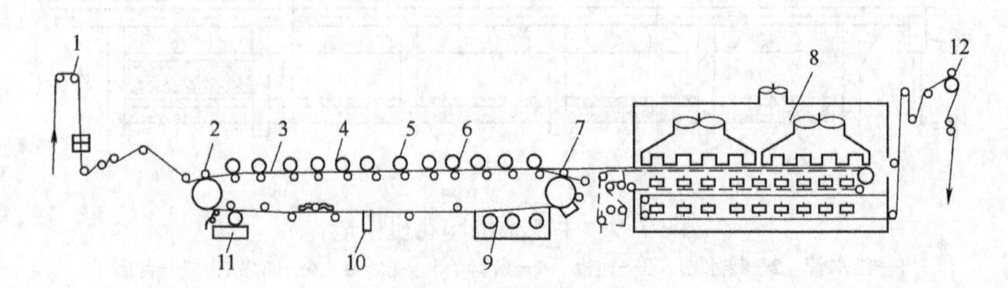

图 7–9　圆网印花机示意图

1—进布架　2—压布辊　3—导带　4—圆网　5—刮刀　6—承压辊　7—织物
8—烘房　9—水洗槽　10—刮水刀　11—水浆槽　12—落布架

圆网印花机具有镍网轻巧、操作方便、劳动强度低，生产效率高、对织物适应性强等优点。能获得花型活泼、色泽鲜艳的效果，但对云纹、雪花等结构的花型受到一定的限制，印制精细线条时效果还不十分理想，花型大小也受到圆网周长的限制。

3. **转移印花**　转移印花是先将染料印在转移印花纸上，而后在一定温度和压力条件下使转印纸上的染料转移到织物上的印花方法。利用热量使染料从转印纸上升华而转移到织物上去的方法叫气相转移法（也叫升华转移法）；利用一定温度、压力和溶剂的作用，使染料从转印纸上剥离下来而转移到织物上去的方法叫湿转移法，湿转移法由于要消耗大量有机溶剂，实际中很少使用。目前常用的转移印花法是利用分散染料升华性质的气相转移印花法，主要用于涤纶织物的印花。

转移印花的图案丰富多彩，花型逼真，花纹细致，加工过程简单，操作容易，适合于各种厚薄织物的印花。无需水洗、蒸化、烘干等工序，因此是一种节能、无污染的印花方法。

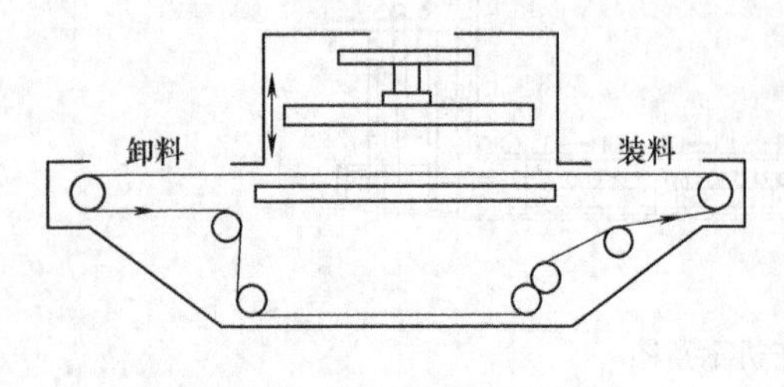

图 7–10　平板热压机示意图

转移印花的设备有平板热压机（图 7–10）、连续转移印花机（图 7–11）和真空连续转移印花机。平板热压机是间歇式设备、转移时织物与转移印花纸正面相贴放在平台上，热板下压，一定时间后热板升起。

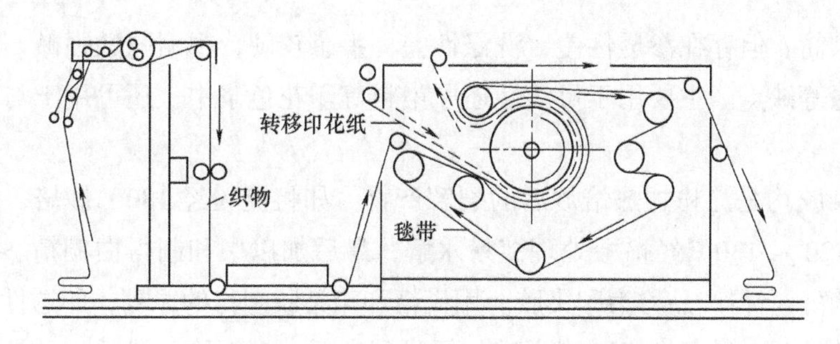

图 7-11 连续式转移印花机示意图

连续式转移印花机能连续生产，机上有旋转加热辊筒和耐热的循环毯子，织物与转移纸正面相贴一起进入加热滚筒和循环毯子中间。

4. *数码印花* 数码喷射印花（简称数码印花，又称喷墨印花）是20世纪90年代出现的继滚筒印花、筛网印花和转移印花之后的全新印花方法，是对传统印花技术的一次重大突破。

数码印花是通过各种数字化输入手段如扫描仪、数码相机传输的数字图像，把所需图案输入计算机，经过计算机印花分色系统（CAD）编辑处理后，再由专用软件驱动芯片控制喷印系统将染料直接喷印到织物或其他介质上，从而获得所需的印花产品。数码印花按其印花的原理可分为连续喷墨印花和按需滴液喷墨印花两种。数码印花省去了制胶片、制网、雕刻等一系列复杂工序及相应设备，使印花工序简单化，工艺自动化程度高，生产灵活性强，特别适合小批量、多品种、个性化、及时化的生产。通过计算机能很方便地设计、核对花样和图案，并不受图案的颜色套数限制。但目前，数码印花机存在着设备投资大、印制速度慢、油墨价格高等缺点。

三、印花原糊

染色和印花虽然在染料的上染机理方面是相同的，但却不能简单地将染料的水溶液直接用于印花。在印花过程中，必须在染液中加入增稠性糊料，这样染料才能借助于糊料在织物上形成五彩缤纷的花纹图案。印花原糊是由亲水性高分子化合物制成，可分为天然高分子化合物及其衍生物、合成高分子化合物、无机化合物和乳化糊等几类。

原糊在印花过程中具有以下作用：一是使印花色浆具有一定的黏度和一定的黏着力，以保证花纹轮廓的光洁度；二是原糊作为染料和助剂的分散介质和稀释剂，作为染料的传递剂，起到载体的作用；三是作为汽蒸时的吸湿剂、润湿剂、染料的稳定剂和保护胶体。

糊料种类很多，其性能各异，因此，不同的染料要选用不同的糊料进行印花，以达到最佳的印制效果和最优的经济效益。

1. *淀粉及其衍生物* 淀粉按来源可分为小麦淀粉和玉米淀粉等。淀粉难溶于水，在煮糊过程中，发生溶胀、膨化而成糊。

淀粉的主要特点是：煮糊方便，成糊率和给色量都较高，印制花纹轮廓清晰，蒸化时无渗化，不黏附烘筒。但存在渗透性差，洗涤性差，手感较硬，不耐强酸强碱，大面积印花给色均匀性不理想等缺点。主要用于可溶性还原染料等印花色浆中。还可用于与合成龙胶等原糊的混用。

糊精和印染胶均是淀粉加热焙炒后的裂解产物。如将淀粉经 180℃炒焙，加稀酸处理得到黄糊精，在 120 ~ 130℃经稀酸处理淀粉水解，最后加以中和制得白糊精。淀粉经 200 ~ 270℃的高温裂解，所得产品称为印染胶。用糊精和印染胶制得的原糊，印透性较好，印制花纹均匀，吸湿性较强，易于洗涤，耐强碱。但成糊率低，表面给色量低，且具有还原性，蒸化时易渗化，一般常与淀粉糊拼混，互相取长补短。

2. **海藻酸钠** 海藻酸钠又称海藻胶。由海水中生长的马尾藻中提取海藻酸，经烧碱处理即可成海藻酸钠。海藻酸由 *β*–1，4–*d*– 甘露糖醛酸剩基和 *β*–*l*– 古罗糖醛酸剩基所组成。在海藻酸钠分子中羧基负离子与活性染料阴离子有相斥作用，不会发生反应，这就是活性染料用海藻酸钠糊得色率高的原因，所以海藻酸钠糊是活性染料的首选原糊。制备时，在海藻酸钠（6% ~ 8%）中慢慢加入六偏磷酸钠并搅拌，充分搅拌至无颗粒为止，加足量水，再用纯碱调至 pH 为 7 ~ 8，过滤备用。

硬水中的钙、镁离子能使海藻酸钠糊生成海藻酸钙或镁沉淀，大大降低羧酸的阴荷性，也使原糊分子与染料间相互排斥的作用降低，染料的给色量也会降低。海藻酸钠遇重金属离子会析出凝胶。故在原糊调制时，加入 0.5% 六偏磷酸钠，以络合重金属离子并软化水。

海藻酸钠糊具有流动性和渗透性好，得色均匀，易洗除，不黏花筒和刮刀，手感柔软，可塑性好，印制花纹轮廓清晰，制糊方便等优点。海藻酸钠的 pH 在 6 ~ 11 时较稳定，pH 高于或低于此范围均有凝胶产生。

3. **合成龙胶** 羟乙基皂荚胶俗称合成龙胶，是由槐树豆粉醚化而制成。它的主要成分为甘露糖和半乳糖的多糖类高分子化合物。

合成龙胶成糊率高，印透性、均匀性好，对各类糊料相容性好，印花得色均匀，印后易从织物上洗除，对酸碱的适应范围较广。适宜于调制印地科素色浆和酸性染料色浆，色基色浆在印制精细花纹时也常用合成龙胶。

4. **乳化糊** 乳化糊是利用两种互不相溶的液体，在乳化剂的作用下，经高速搅拌而成的乳化体。其中一种液体成为连续的外相，而另一种液体成为不连续的内相，分油 / 水型乳化体和水 / 油型乳化体两大类。为了保证乳化糊的稳定性，常加入羧甲基纤维素、海藻酸钠、合成龙胶等保护胶体。用于印花的乳化糊以油 / 水型为宜。乳化糊不含有固体，烘干时即挥发，得色鲜艳，手感柔软，渗透性好，花纹轮廓清晰、精细，但乳化糊制备时，需采用大量火油，烘干时挥发，但会造成环境污染。主要作为涂料印花糊料，由于黏着率低，用于一般染料印花糊料时有渗化现象，故多与其他原糊拼混制成半乳化糊使用。

四、直接印花

根据花型的不同要求，直接印花可以得到三种效果，即白地、满地和色地。白地即印花部分的面积小，白地部分面积大；满地花则是织物的大部分面积都印有颜色；色地花是先染好地色，然后再印上花纹，这种印花方法又叫罩印。染地罩印工艺适宜花色与地色是同类色调的姐妹色，以浅地深花为多，否则叠色处花色萎暗。下面分别介绍几种染料的直接印花。

1. **活性染料的直接印花**　活性染料直接印花具有工艺简单，色谱齐全，色泽鲜艳，湿处理牢度较好，拼色方便，印花成本低，印制效果好等优点，是印花中应用最普遍的染料之一。缺点是一些活性染料的耐氯漂牢度和耐气候牢度较差，后处理不当容易产生白地不白的疵病。

活性染料印花工艺分一相法和二相法。一相法即为色浆中同时含有固色的碱剂，适于反应性较低的活性染料；二相法是色浆中不含有碱剂，印花后经各种方式进行碱剂固色处理，适于反应性较高的活性染料。

2. **酸性染料直接印花**　酸性染料（其中主要是弱酸性浴染色的酸性染料）是蚕丝织物和锦纶织物直接印花的常用染料，其色谱齐全，色泽鲜艳，牢度也较好，也可用于毛织物的印花。

蚕丝织物印花选用酸性染料时，要注意掌握染料的最高用量，否则浮色增多，水洗时易造成白地不白和花色暗淡。硫酸铵是释酸剂，也可以用其他释酸剂如酒石酸或草酸铵等，氯酸钠用于抵抗汽蒸时还原物质对染料的破坏，尿素和硫代双乙醇作为助溶剂帮助染料溶解。印花原糊常用白糊精、黄糊精或海藻酸钠和乳化糊的混合糊等。

织物印花烘干后，采用圆筒蒸化箱蒸化，蒸化时蒸汽压力为 8.84×10^4Pa（$0.9kg/cm^2$），蒸化时间为 30 ~ 40min，为了提高色牢度，可用固色剂 Y 进行固色。如印浆中含有淀粉糊，织物必须经 BP-7658 淀粉酶退浆处理，再充分水洗。还应采用机械张力小的设备，以免擦伤织物。

酸性染料在锦纶织物上的直接印花，其印花工艺和蚕丝织物印花基本相同。但在印花后固色时，可采用单宁酸、吐酒石处理，其固色效果较固色剂 Y 显著。

3. **分散染料直接印花**　分散染料是涤纶织物印花的主要染料。涤纶印花织物主要有涤纶长丝织物和涤棉混纺织物。分散染料选择时要考虑耐升华牢度、耐日晒牢度、匀染性、固色率等因素，以保证印花质量。涤棉混纺织物采用分散染料印花时，一般用量控制在 1% 以下，否则易产生“银丝”现象。

涤 / 棉织物印制深色花纹时，需用两种染料拼混印花，常用的工艺是分散染料和活性染料同浆印花。印花时，将分散染料、活性染料、碱剂、助剂和原糊调制成色浆，印在织物上，烘干后先经热溶使分散染料上染涤纶，然后再汽蒸，使活性染料在棉纤维上固色。在染料选择上要注意的主要问题是两种染料是否相互沾色。

4. **阳离子染料直接印花**　阳离子染料是腈纶织物印花的主要染料。在腈纶上阳离子染料可获得其他染料难以达到的非常浓艳的花色。阳离子染料色谱齐全，色泽鲜艳，各项牢度均较好。印花原糊采用合成龙胶及其混合糊。由于阳离子染料对腈纶的直接性较高、扩散性较差，所以印花后汽蒸时间较长，应采用松式汽蒸设备，防止腈纶织物在加热下受张力变形。

5. **涂料直接印花**　涂料印花是借助黏合剂在织物上形成透明、坚韧的树脂薄膜，将不溶性的颜料机械地黏附在纤维上的印花方法。涂料印花不存在对纤维的直接性问题，因此适于各种纤维织物和混纺织物的印花。涂料印花工艺简单，色谱齐全，拼色方便，得色较深，花纹轮廓清晰，无需水洗，能减少印染废水，因此涂料印花的使用日益增多。但涂料印花耐摩擦牢度、耐刷洗牢度不够理想，印制大面积花纹时手感欠佳，色泽鲜艳度不够。

涂料印花色浆由涂料、黏合剂、交联剂、增稠剂等组成。

五、拔染印花和防染印花

1. **拔染印花** 在有地色的织物上用含有拔染剂的色浆印花的工艺称为拔染印花。拔染印花可得到拔白和色拔两种效果。

拔染印花的原理是用拔染剂通过化学作用，破坏织物上地色染料的发色基团，使其消色，再将破坏的地色染料的分解产物从织物上除去。拔染印花通常采用还原剂作为拔染用剂。常用的拔染剂有羟甲基亚磺酸钠（俗称雕白粉）、氯化亚锡、二氧化硫脲等。雕白粉适于碱性和中性介质，大量用于纤维素纤维织物的拔染印花。氯化亚锡适应于酸性介质，用于合成纤维和蛋白质纤维织物的拔染印花。二氧化硫脲可用于各类纤维织物。

现以不溶性偶氮染料拔染印花工艺为例：

不溶性偶氮染料分子中含有偶氮基，它在还原拔染剂（雕白粉）的作用下被还原成两个氨基化合物，从而破坏了不溶性偶氮染料的分子结构（发色基团），消失了原有的色泽。

雕白粉的用量根据地色深浅、地色拔染的难易程度、花型面积的大小而定。对于难以拔除的地色，色浆中还需加入适量的助拔剂，如蒽醌等，以助拔白。

不溶性偶氮染料拔染印花工艺流程为：

打底→烘干→显色→轧氧化剂→烘干→印花→汽蒸→氧化→后处理

拔染印花工艺，如采用辊筒印花设备，由于花筒表面的印花色浆很难洗净，没有花纹处也会沾有少量雕白粉，经过蒸化会破坏地色染料，产生浮雕疵病。为了防止这种现象产生，印花前的织物可先浸轧氧化剂，如防染盐 S，其用量一般为 2 ~ 3g/L。易拔的或大面积花纹时增加到 5 ~ 6g/L。

2. **防染印花** 防染印花色浆中要加入防染剂，防染剂有化学防染剂和物理防染剂两类。化学防染剂是和地色染料染色性能相反的药剂，如活性染料在碱性条件下才能固色，因此，可采用酸性物质作防染剂。化学防染剂的选择必须根据地色染料的性能来决定。物理机械防染剂只能机械性地阻止染料的上染，不参与化学反应。一般常将两种防染剂混合使用，以提高防染效果。

如大多数活性染料只有在碱性条件下才能在纤维素纤维上固着，可选用不挥发性的酸或酸性盐做防染剂，印花后再染地色，花纹上的酸性物质中和了染液中的碱剂，使染料和纤维不能作用，从而达到了防染的目的。

防染印花过程是先印含有防染剂的色浆，再叠印地色色浆，两种色浆叠印处防染剂破坏了地色色浆中的发色基团而达到防染目的。常见的有涂料防印活性染料、涂料防印不溶性偶氮染料、不溶性偶氮染料之间的防印等，其防印原理与防染印花相同。

六、特种印花

1. *烂花印花*　烂花印花是利用各种纤维不同的耐酸性能，在混纺织物上印制含有酸性介质的色浆，使花型部位不耐酸的纤维（如棉纤维、黏胶纤维等）发生水解，而耐酸的纤维（如涤纶、锦纶、蚕丝、丙纶等）则保留下来，经水洗在织物上形成透空网眼的花型效果。

烂花织物常见的有烂花涤/棉织物，较多采用涤棉包芯纱及涤棉混纺纱织物，包芯纱一般采用涤纶长丝为内芯，外面包覆棉纤维。通过印酸、烘干、焙烘或汽蒸，棉纤维被酸水解炭化，而涤纶不受损伤，再经过松式水洗，印花处便留下涤纶，形成半透明的花纹织物。

还有一种烂花丝绒。它的坯布底纹是真丝或锦纶，绒毛是黏胶长丝，在这种织物上印酸，再经过干热处理，将黏胶绒毛水解或炭化去除，而真丝因耐酸而不被破坏，经过充分洗涤，获得印花部位下凹、未印花处仍保持原来绒毛的烂花织物。

酸介质一般为硫酸、硫酸铝、氯化铝和硫酸氢钠等，目前使用最多的是硫酸，其成本较低，去除纤维素纤维较安全。原糊应选用耐酸的，常采用白糊精和合成龙胶。印浆中加入分散染料上染涤纶，可获得彩色花纹（着色烂花）。但分散染料必须是耐酸性的高温型（S 型）或中温型（SE 型）品种。

2. *印花泡泡纱*　印花泡泡纱是通过印花的方法，利用一种能使纤维收缩的化学药剂（如烧碱），使织物印花处收缩，无花纹处卷缩、起绉成泡，形成凹凸差异有规则的花纹。

3. *发泡印花*　发泡印花是采用热塑性树脂和发泡剂混合，经印花后，采用高温处理，发泡剂分解，产生大量气体，使印浆膨胀，产生立体花纹效应，并借助树脂将涂料固着，获得各种色泽。

4. *金粉和银粉印花*　金粉印花是将铜锌合金与涂料印花黏合剂混合调制成色浆，印到织物上。为了降低金粉在空气中的氧化速度，还要加入抗氧化剂，防止金粉表面生成氧化物而使色光暗淡或失去光泽。常用的抗氧剂有对甲氨基酚（商品名称为米吐尔）、苯骈三氮唑等，渗透剂为扩散剂 NNO 等，有助于提高印花后花纹的亮度，可提高仿金效果。

第三代金粉印花浆由晶体包覆材料制成，这种金粉印花浆长期暴露在空气中不会氧化发暗，产品和手感也较铜锌合金粉好。

银粉印花所用的银粉有两类：一类是铝粉，色浆中也需加防氧化剂以防铝粉长期暴露在空气中失去“银光”；另一类为云钛银光粉，印制到织物上后非常稳定，各项牢度优良，并能保持长久的银色光芒。

印花轧光后可以进一步增加光泽。

第六节　织物整理

织物整理从广义上讲，是从纺织品离开（编）织机到印染成品前所经过的全部加工过程。但在实际生产中，整理就是指织物在完成前处理、染色和印花以后，通过物理的、化学的或物理化学两者兼有的方法，改善织物外观和内在品质，提高织物的服用性能或赋予织物某种特殊功能的加工过程。由于整理工序常安排在整个染整加工的后道，故常称为后整理。

一、织物整理概述

1. **织物整理的内容** 按其目的大致可归纳为以下几个方面。

（1）使织物的幅宽整齐划一，尺寸和形态稳定。如定（拉）幅、机械或化学防缩、防皱和热定形等。

（2）改善织物的手感。采用化学、物理机械方法或两者共同处理，使织物获得或加强诸如柔软、丰满、滑爽、硬挺、轻薄等综合性触摸感觉，如柔软、硬挺整理等。

（3）改善织物外观。提高织物的白度和光泽，增强或减弱织物表面的绒毛。如轧光、轧纹、电光、起毛、剪毛和缩呢等。

（4）增加织物的耐用性能。主要采用化学的方法，防止日光、大气或微生物对纤维的损伤和侵蚀，延长织物的使用寿命。如防霉、防蛀等整理。

（5）赋予织物特殊服用功能。主要采用一定的化学方法，使织物具有诸如阻燃、防毒、防污、拒水、抗菌、抗静电和防紫外线等功能。

（6）改变织物的表面性能。主要采用涂层整理方法，在织物表面均匀涂一薄层或多层高聚物等物质，使织物涂层面具有不同的性能。如抗紫外线窗帘布和太阳伞面料等。

2. **加工方法** 为了达到以上整理目的，加工方法按整理加工的工艺性质可分为以下三种。

（1）物理机械性整理。利用水分、热量、压力或其他机械作用达到织物整理的目的。这种整理方法的工艺特点是：组成织物的纤维在整理过程中不与任何化学药剂发生化学反应。如拉幅、轧光、起毛、磨毛、机械预缩等。

（2）化学整理。采用一定的化学药剂以特定的方法施加在织物上，从而改变织物的物理或化学性能的整理。这种整理方法的工艺特点是：组成织物的纤维在整理过程中与整理剂发生化学结合。如阻燃、拒水、防霉等。

（3）综合性整理。即物理机械及化学联合整理，织物同时得到两种方法的整理效果。这种整理的工艺特点是，组成织物的纤维在整理过程中既受到物理机械作用，又受到化学作用，是两种作用的综合。如耐久性轧花、仿麂皮、耐久性硬挺等。纺织品整理除按照上述方法分类外，还有按照被加工织物的纤维种类分类，如棉织物整理、毛织物整理、合成纤维及混纺织物整理等；按照整理要求或用途分类，如一般整理、防皱整理、仿真整理、功能整理等。但是，不管哪一种分类方法，都不能把纺织品的整理划分得十分清楚。有时一种整理方法可以获得多种整理效果，如纤维素纤维织物经防皱整理后，除了提高织物的弹性、防皱性能外，还提高了织物的尺寸稳定性。有时织物整理还与染色、印花等工艺结合进行。

3. **整理效果** 按整理效果的耐久性不同，织物整理可分为以下三种。

（1）暂时性整理。纺织品仅能在较短时间内保持整理效果，经水洗或在使用过程中，整理效果很快降低甚至消失。如上浆、暂时性轧光或轧花整理等。

（2）半耐久性整理。纺织品能够在一定时间内保持整理效果，即整理效果能耐较温和及较少次数的洗涤，一般耐 15 次温和洗涤。当洗涤条件不适当或洗涤次数过多时，整理效果便会消失。这种保持织物整理效果时间居中等水平的整理称半耐久性整理。如含磷阻燃剂及锑—钛络合物对织物进行的阻燃整理。

（3）耐久性整理。纺织品能够较长时间保持整理效果，即整理效果能耐多次洗涤或较长时间使用而不易消失。如棉织物的防皱整理、反应性柔软剂的柔软整理、树脂和轧光或轧纹联合的耐久性轧光、轧纹整理等，都属于耐久性整理。

二、柔软整理

棉及其他天然纤维都含有脂蜡状物质，化学纤维上施加有一定量的油剂，因此都具有一定的柔软性。但织物在练漂、染色及印花加工过程中纤维上的脂蜡质、油剂已去除，使织物失去了柔软的手感，或因工艺控制不当，使染料等物质印染在织物上，使手感粗糙发硬，故往往需对织物进行柔软整理。

织物柔软整理方法有机械整理法和化学整理法两种。机械柔软整理通常是使用三辊橡胶预缩机，适当降低操作温度、压力，加快车速，可获得较柔软的手感；也可通过轧光机进行柔软整理，但这种方法不理想；化学柔软整理主要利用柔软剂来减少织物内纤维、纱线之间的摩擦力和织物与人手之间的摩擦力，提高织物的柔软性。石蜡、油脂、硬脂酸、反应性柔软剂、有机硅均可作为织物柔软整理的助剂。目前多数采用柔软剂进行整理。

石蜡及油脂、硬脂酸这类柔软剂成本低，使用方便，但不耐水洗，效果不持久。反应性柔软剂，如柔软剂 VS、防水剂 PF，这类柔软剂的反应性基团和纤维素羟基起反应，使疏水基的脂肪链通过反应性基团和纤维发生共价键结合，其柔软作用不但耐洗，而且还有拒水作用。有机硅柔软剂是一类性能好、效果显著、应用广泛的柔软剂，在织物柔软整理中起了很重要的作用。特别是氨基改性有机硅，它可以改善硅氧烷在纤维上的定向排列，大大提高织物的柔软性，被称为超级柔软剂。无论哪一类柔软剂，用量都应适度，用量过多将产生拒水性及油腻发粘的手感。

三、硬挺整理

硬挺整理是利用具有一定黏度的高分子物质制成的浆液，浸轧在织物上，使其在织物上形成薄膜，从而赋予织物平滑、厚实、丰满、硬挺的感觉。硬挺整理也称上浆整理。

硬挺整理剂有天然浆料和合成浆料两大类。天然浆料有淀粉或淀粉衍生物，如可溶性淀粉、糊精等。采用淀粉上浆的织物，手感光滑、厚实、丰满。可溶性淀粉或糊精易渗透织物内部，对色布上浆不会产生光泽萎暗现象。但采用天然浆料作为硬挺剂的效果不耐洗涤。采用合成浆料硬挺整理，可以获得较耐洗的硬挺效果。如用醇解度较高、聚合度为 1700 左右的聚乙烯醇作为棉织物的硬挺剂，手感滑爽、硬挺，并有较好的洗涤性。对合成纤维，选用醇解度和聚合度较低的聚乙烯醇为宜。

用浆料对织物进行硬挺整理时，整理液中除浆料外，一般还加入填充剂，用以增加织物重量，填塞布孔，使织物具有滑爽、厚实感。应用较多的有滑石粉、膨润土和高岭土等。为防止浆料腐败，还加入甲醛、苯酚等防腐剂。染色布上浆时，为了调整和改善上浆后织物的光泽常加入着色剂。

四、拉幅整理

织物在印染加工过程中，经向受到的张力较大、较持久，而纬向受到的张力较少，这样迫使织物的经向伸长，纬向收缩，产生如幅宽不匀、布边不齐、纬斜等问题。为了使织物具有整齐、均一、稳定的幅宽，并纠正上述缺点，织物出厂前都需要进行拉幅整理。

拉幅整理是根据棉纤维在潮湿状态下，具有一定的可塑性的性质，缓缓调整经纬纱在织物中的状态，将织物幅宽拉至规定尺寸，达到均匀一致、形态稳定的效果。拉幅只能在一定的尺寸范围内进行，过分拉幅将导致织物破损，而且勉强拉幅后缩水率也达不到标准。除棉纤维外，毛、麻、丝等天然纤维以及吸湿性较强的化学纤维在潮湿状态下都有不同程度的可塑性，也能通过类似的作用达到拉幅目的。

棉织物的拉幅多采用布铗拉幅机，毛织物、丝织物、化学纤维织物及混纺织物的拉幅多采用针板拉幅机。布铗拉幅机用热风加热，其拉幅效果较好，而且可以同时进行上浆整理和增白整理。全机由轧车、整纬装置、单柱烘筒、热风拉幅烘房与落布装置等组成。轧车有两辊和三辊两种形式，可作给湿或浸轧整理剂用。

布铗拉幅机的拉幅部分安装在热烘房内，其结构与布铗丝光机扩幅部分相同，织物的伸幅应有一定的限度，整理后的幅宽控制在成品幅宽公差的上限。

针板拉幅机的机械结构基本与布铗拉幅机相同，其区别在于以针板代替布铗。该设备的特点是能够超速喂布，使织物在拉幅过程中减少经纱张力，有利于扩幅，同时又使织物经向得到一定的回缩。如提高热烘房温度，还可用于树脂整理及合成纤维混纺织物的拉幅及热定形工艺。

五、机械预缩整理

织物在湿、热状态下会产生收缩。织物在温水中发生的尺寸收缩称为缩水。以织物按试验标准洗涤前后的经向或纬向的长度差，占洗涤前长度的百分率来表示该织物经向或纬向的缩水率。即：

$$缩水率=\frac{L_0-L}{L_0}\times 100\%$$

式中：L_0——洗涤前织物经向（或纬向）的长度；

L——洗涤后织物经向（或纬向）的长度。

由于织物在织造和染整加工过程中，经纬纱受到不同的张力作用，积累了内应力。织物再度润湿时，随内应力的松弛，纤维或纱线的长度发生收缩，造成织物缩水，使织物发生变形，这个过程称为织缩调整引起的缩水。但内应力松弛只是织物缩水的原因之一，织物缩水的主要原因在于纤维的异向溶胀，直径的增大比长度的增大大得多，如棉纤维湿润后直径增加 14%，长度只增加 1.1% ~ 1.2%。纱线必然随纤维溶胀而缩短，但直径增大更多，迫使纱线以增加织缩来取得平衡，导致织物发生收缩。当织物自然干燥后，虽然纤维溶胀消失，但纱线之间由于摩擦牵制作用，仍使织物保持收缩状态。织物缩水还与其结构以及纤维的特性有关。

织物缩水导致服装变形走样，影响服用性能，给消费者带来损失。因此，需要对织物进行必要的防缩整理。织物防缩整理的方法包括机械预缩整理和化学防缩整理两种。机械预缩整理就是利用物理机械方法调整织物的收缩，以消除或减少织物的潜在收缩，达到防缩的目的。化学防缩整理是采用某些化学物质对织物进行处理，降低纤维的亲水性，使纤维在润湿时不能产生较大的溶胀，从而使织物不会产生严重的缩水现象。常使用树脂整理剂或交联剂处理织物，以降低纤维亲水性。

织物机械预缩多在压缩式预缩机上完成。主要设备有橡胶毯压缩式预缩整理机和毛毯压缩式预缩整理机。

六、轧光、电光和轧纹整理

轧光、电光和轧纹整理均属于改善和美化织物外观的整理。

1. **轧光整理** 一般可分为普通轧光、叠层轧光和摩擦轧光。

纤维在织物表面排列的整齐程度直接影响着织物的表面光泽。织物经练漂、染色及印花加工后，纱线弯曲程度加大，起伏较多。另外，织物表面附有绒毛，使表面不光滑，对光线呈漫反射状态，因此织物不具有良好的光泽。轧光整理正是借助于棉纤维在湿热状态下具有一定的可塑性的特点，在机械压力下，使纱线被压扁压平，竖立的绒毛被压伏，从而使织物表面变得平滑光洁，对光线的漫反射程度降低，达到提高织物光泽的目的。

叠层轧光是利用多层织物通过同一轧点相互压轧，从而获得柔和的光泽和柔软的手感，并且使织物纹路更加清晰。故叠层轧光也可用于机械柔软整理。

摩擦轧光是利用摩擦辊的传动线速度大于织物通过轧点的线速度这一特点，使加工织物得到磨光效果，以获得强烈的光泽。摩擦轧光机由三只辊筒组成，上下两只辊筒为硬辊筒，上面的辊筒可以加热，称摩擦辊筒。中间一只为软辊筒。上面的摩擦辊一般比下面的两根辊筒超速30% ~ 300%。加工时，摩擦辊筒通过过桥齿轮驱动，使转速随变换齿轮的齿数而变化，给予织物很强的极光，布面极光滑，手感挺爽，通常也称为油光整理。

2. **电光整理** 电光整理的原理及加工过程与轧光整理基本相似。主要区别是电光整理不仅将织物轧平，而且能在织物表面轧出平行整齐的斜纹线。因而对光线产生规则的反射，获得如丝绸般的高光泽表面。电光整理机的构造及工作原理与轧光机相类似，由一硬一软两只辊筒组成，硬辊筒中空可加热，辊筒表面刻有平行的斜纹线，斜纹的密度和角度应根据加工织物的品种要求而不同。斜向应与织物的主要纱线的捻向一致，否则会影响织物的光泽和强力。

3. **轧纹整理** 又称轧花整理。与轧光、电光整理相似，也是利用棉纤维在湿热条件下的可塑性，通过轧纹机的轧压作用，使织物表面产生凹凸的花纹。轧纹机由一只可加热的硬轧辊和一只软轧辊组成，硬轧辊上刻有阳纹花纹，软轧辊上刻有与硬轧辊相对应的阴纹花纹，两者相互吻合，织物经压轧后，即产生凹凸花纹。轻式轧纹整理又称拷花，与轧纹整理的主要区别是软轧辊上无相对应的阴纹花纹，压力较小，因此织物上花纹的凹凸程度较浅，有隐花之感。

无论轧光、电光或轧纹整理，如仅采用机械加工方法，效果均不能持久，一经下水，光泽花纹等都将消失，如与树脂整理联合加工，则可获得耐久性的整理效果。

七、增白整理

织物经过漂白后，往往带有微量黄褐色色光，不易达到纯白的程度。为了提高织物的白度，常采用增白整理，常用增白方法有上蓝增白和荧光增白两种。

1. **上蓝增白法** 即用少量蓝色或紫色染料或涂料使织物着色，使织物的反射光中蓝紫色光稍偏重。此法虽然看起来白度提高，但总反射率下降，织物有微暗感，因此使用较为局限。

2. **荧光增白法** 该法采用荧光增白剂上染纤维，在日光下荧光增白剂能吸收紫外线而发出明亮的蓝紫色荧光，与织物本身反射出来的微量黄褐色光混合成白光，因此除白度增加外，反射光的总强度提高，亮度有所增加。荧光增白剂的用量不宜过高，否则会使织物略呈黄色。

荧光增白剂是一种近似五色的染料，纤维素纤维常用荧光增白剂 VBL 或 VBU，它们的化学结构类似于直接染料。荧光增白剂 VBU 较为耐酸，pH 为 2 ~ 3 时仍可使用，故能使增白和树脂同浴进行。

八、树脂整理

纯棉织物、黏胶纤维织物及其混纺织物具有许多优良特性，但织物弹性较差、易变形、易产生折皱等。为了克服上述缺点，常需要经过树脂整理。

1. **树脂整理原理** 所谓树脂整理就是利用树脂来改变织物及纤维的物理和化学性能，提高织物防缩、防皱性能的整理工艺，即利用树脂整理剂能够与纤维素分子中的羟基结合而形成共价键，或者沉积在纤维分子之间，和纤维素大分子建立氢键，限制大分子链间的相对滑动，从而提高了织物的防缩、防皱性能。

棉织物树脂整理在一般防缩防皱整理的基础上，经历了免烫（洗可穿）及耐久压烫整理（简称 PP 或 DP 整理）等发展阶段，除用于棉及黏胶织物外，还用于涤棉、涤黏等混纺织物的整理。

2. **树脂整理剂** 树脂整理剂的种类很多，以前以 *N*–羟甲基酰胺类化合物使用最多，如二羟甲基脲（脲醛树脂，简称 UF）、三聚氰胺甲醛树脂（氰醛树脂，简称 TMM）、二羟甲基次乙烯脲树脂（简称 DMEU）、二羟甲基二羟基乙烯脲（简称 DMDHEU 或 2D）。该类整理剂的缺点是加工过程中和整理后的织物上有游离甲醛释放，在生产和服用过程中会对人体造成潜在的危害。为了降低游离甲醛的危害，可对现有整理剂进行改性或开发新的无甲醛整理剂。

3. **树脂整理工艺** 根据纤维素纤维在发生交联反应时含湿程度不同，树脂整理工艺可分为干态交联工艺、含潮交联工艺、湿态交联工艺和分步交联工艺。目前，树脂整理工艺多采用干态交联工艺，此工艺易控制、重现性好、连续、快速，但织物断裂强力、撕破强力及耐磨性下降较多。

干态交联树脂整理工艺流程为：

浸轧树脂整理液→预烘→热风拉幅烘干→焙烘→皂洗→后处理（如柔软、轧光或拉幅烘干）

九、防水和拒水整理

防水整理是指在织物表面涂上一层不溶于水的连续性薄膜，这种织物不透水，也不透气，不宜用作一般衣着用品，但适用于工业上的防雨篷布、遮盖布等。

拒水整理是通过改变纤维表面性能，使纤维表面由亲水性转变为疏水性，而织物中纤维间和纱线间仍保留大量孔隙，使织物既能保持透气性，又不易被水润湿。这种织物具有防水、透气的效果，适于制作风雨衣及其他衣用面料等。

拒水整理有铝皂法、耐洗性拒水整理及透湿、透气的拒水整理等方法。

1. **铝皂法**　铝皂法是用石蜡、肥皂、醋酸铝及明胶等制成工作液，在常温下浸轧织物，再经烘干即可。铝皂法操作简便、成本低廉，但不耐水洗与干洗。

2. **耐洗性拒水整理**　耐洗性拒水整理可用含脂肪酸长链的化合物，如经防水剂PF浸轧后，焙烘时能与纤维素纤维反应而固着在织物上，具有耐久的拒水性能。

织物整理用的有机硅常制成油溶性液体或是30%乳液，使用较为方便。织物进行整理以后，除了获得耐久的拒水性能外，还具有丰满的弹性风格。

3. **透湿、透气的拒水整理**　将聚氨酯溶于二甲基甲酰胺（DMF）中，涂在织物上，然后浸在水中，此时聚氨酯凝聚成膜。而DMF溶于水中，在聚氨酯膜上形成许多微孔。这样，既可透湿透气，又有拒水性能，是风雨衣类的理想织物。

十、阻燃整理

阻燃整理是指织物不易被燃烧，或离开火焰后即能自行熄灭，不发生阴燃。阻燃织物适用于冶金及消防工作服、军用纺织品、舞台幕布、地毯及儿童服装等。

阻燃整理可采用织物浸轧相应的阻燃整理剂或将阻燃整理剂加入纺丝液生产阻燃纤维，通过在高温条件下隔绝氧气、释放难燃气体、降低燃烧温度以及减少可燃性气体的释放等达到阻燃目的。阻燃整理剂有含磷阻燃剂、含卤素阻燃剂、硼衍生物阻燃剂、氧化铝、氧化锌、滑石粉以及一些含有结晶水的化合物等。

不同的纤维材料及整理剂其作用原理不同。以棉织物为例，可分为普通阻燃整理、半耐久性阻燃整理和耐久性阻燃整理。

1. **普通的阻燃整理**　它是利用水溶性无机盐作阻燃剂，采取浸渍、浸轧、涂刷或喷雾等简单方法，利用稀释可燃性气体和将纤维与火源、空气隔绝的原理进行的。但用这种方法整理后的织物不耐洗，属暂时性整理。如用由硼砂：硼酸：磷酸氢二铵（按质量）为7∶3∶5配成的处理液，均匀地施加于织物上，经烘干即可使用。

另一种是用水溶性聚磷酸铵溶液，均匀地施加于织物上，烘干后增重在规定的范围内，以保证良好的阻燃效果。这种方法适用于干态使用的棉织物，如墙布、地毯等，经整理后的织物增重率达到 10% ~ 15% 时才能得到比较好的效果。

2. **半耐久性阻燃整理** 织物经过整理后，能耐用 15 次左右温和洗涤的阻燃整理称为半耐久性阻燃整理。这种整理工艺常用于窗帘、室内装饰用布如沙发布等。目前，这类阻燃剂多应用磷酸和含氮化合物混合制成。阻燃剂在高温下能使纤维素变成纤维磷酸脂，从而起到阻燃作用。

3. **耐久性阻燃整理** 大多采用有机磷为基础的阻燃整理剂，阻燃剂与棉纤维之间通过反应达到耐洗持久的阻燃效果，一般能耐水洗 50 次以上，主要用于消防服、防护服等。

十一、卫生整理

卫生整理的目的是抑制和消灭纺织物上附着的微生物，使纺织物具有抗菌、防臭、防霉的功能。卫生整理产品可用于日常生活用织物，如衣服、床上用品、医疗卫生用品、袜子、鞋垫以及军工用缝布。

1. **卫生整理剂** 主要采用美国道康宁公司研制的抗微生物药剂 Dow.Corning 5700（简称 DC-5700），它是一类有机硅季铵盐化合物，可在纤维表面形成薄膜，从而产生耐久的卫生整理效果。

2. **卫生整理工艺** DC-5700 的整理工艺较简单，既可采用浸轧法也可采用浸渍法。将被处理的织物充分洗净，浸渍或浸轧整理液后，在 80 ~ 120℃下烘干，水和甲醇蒸发后，DC-5700 就会在纤维表面产生缩聚或与纤维结合，一般不需要进行特殊的后整理。

十二、抗静电整理

合成纤维具有疏水性，因此纯合纤及合纤组分高的混纺织物因吸湿性差，往往因摩擦而易产生静电，从而产生吸附尘埃、易污、易起毛起球等现象。在一些易爆场所还会因静电火花导致爆炸事故。

1. **抗静电整理剂** 印染产品后整理的抗静电整理剂分非耐久性抗静电整理剂和耐久性抗静电整理剂两大类。非耐久性抗静电整理剂对纤维的亲和力小，不耐水洗，但整理剂挥发性低，毒性小，而且不易泛黄，腐蚀性较小，常用于合成纤维的纺丝油剂以及如地毯类不常洗涤织物的非耐久性抗静电整理。这类整理剂的主要成分是表面活性剂，如烷基磷酸酯类化合物是应用性能较好的一类阴离子型抗静电剂，常用的抗静电剂就是烷基磷酸酯和三乙醇胺的缩合物。耐久性抗静电整理剂是含有离子性和吸湿性基团的高分子化合物，或者通过交联作用在纤维表面形成不溶性聚合物的导电层。在生产中应用较广泛的是非离子型和阳离子型整理剂。

2. **抗静电** 整理工艺流程为：浸轧整理剂→烘干→高温处理（180 ~ 190℃，30min）

十三、其他整理

1. **防紫外线整理** 可以通过增强织物对紫外线的吸收能力或反射能力来减少紫外线的

透过量，从而减少紫外线对皮肤的伤害。因此，选用紫外线吸收剂和反光整理剂进行整理都是可行的，若将两者结合起来效果会更好。紫外线吸收剂的整理方法主要有高温高压吸尽法、常压吸尽法、浸轧或轧堆法以及涂层法。

2. **涤纶及涤/棉的仿真丝整理** 经碱减量处理后的涤纶织物及经硫酸作用后的涤/棉织物，透气性和纤维的相对滑移性增加，重量减轻，悬垂性改善，柔软、滑爽，呈现出类似真丝织物的风格。

3. **羊毛的防蛀处理** 羊毛及其制品的防蛀方法很多，目前主要采用防蛀剂法。即防蛀剂通过对羊毛纤维织物的吸附作用固着在纤维上产生防蛀作用。

4. **涂层整理** 即在织物表面涂布一层或多层能形成薄膜的化学物质，改变织物的外观、性能及风格，增加织物的功能。

5. **高吸水性整理** 高吸水性纺织材料虽然可以直接选用高吸水性纤维来制得，但通常应用的方法是用高吸水性树脂整理来达到。一般来说，高吸水性树脂通常是网状结构的高分子电解质，应同时具备两个功能，一是吸水的功能；二是保住水的功能。为了能吸水，必须具备三个条件，即被水润湿、毛细管吸水和较大的渗透压。

思考题

1. 织物进行染整加工的目的是什么？
2. 练漂的目的是什么？
3. 棉织物的练漂包括哪些工序？各工序的作用是什么？
4. 作为染料一般要具备哪些条件？
5. 不同的纤维应选用哪些相应的染料进行染色？
6. 染色牢度的种类有哪些？
7. 什么是印花？印花方法根据印花工艺和印花设备来分有哪些类型？
8. 什么是后整理？织物整理的内容有哪些方面？
9. 常用的整理项目有哪些？各有什么作用？

第八章　纺织产品

本章知识点

1. 纺织品的分类。
2. 常见棉型织物的性质特征。
3. 纱线与织物品质评定方法。
4. 纺织产品的应用。

第一节　纺织产品及其分类

纺织产品是人们日常生活的必需品，种类繁多，用途广泛。人们头上戴的、身上穿的、手上套的、脚上穿的都离不开纺织品。现代纺织产品不但外护人们的肢体，而且还可以内补脏腑。既能上飞重霄，又能下铺地面。有的薄如蝉翼，有的轻如鸿毛，有的重比铁石，有的柔胜橡胶。把这众多的纺织品区以门类划分则是纱线、机织物、针织物、非织造布、编织物等。

一、纱线的分类

纱线是由纺织纤维制成，细而柔软，并具有一定的力学性质的连续长条，是纱和线的统称。

纱——将许多短纤维或长丝排列成近似平行状态，并沿轴向旋转加捻，组成具有一定强力和线密度的细长物体。

线——由两根或两根以上的单纱捻合而成的股线。

1. **按结构和外形分**　纱线可分为长丝纱、短纤纱、复合纱三种。

（1）长丝纱。由长丝构成的纱，又分为普通长丝和变形丝两大类。

①普通长丝。有单丝、复丝、捻丝和复合捻丝等。

②变形丝。根据变形加工的不同，有高弹变形丝、低弹变形丝、空气变形丝、网络丝等。

（2）短纤纱。由短纤维通过纺纱工艺加工而成的纱。由于纺纱的方法不同，又可分为环锭纺短纤纱、新型纺短纤纱。

①环锭纺短纤纱。是采用传统的环锭纺纱机纺纱方法纺制而成的纱。根据纺纱系统可分为普（粗）梳纱、精梳纱和废纺纱，常见的品种有单纱、股线、竹节纱、花式股线、花式纱线、紧密纱等。

②新型纺短纤纱。是指采用不同于传统的环锭纺纺出的纱线。常用的新型纺短纤纱有转

杯纺纱、喷气纺纱、摩擦纺纱、涡流纺纱、静电纺纱和嵌入式系统定位纺纱等。

（3）复合纱：由短纤纱（或短纤维）与长丝通过包芯、包缠或加捻复合而成的纱。常见的品种有包芯纱、包缠纱、长丝短纤复合纱等。

2. **按原料分**　纱线可分为纯纺纱线和混纺纱线。

（1）纯纺纱线。由一种纤维纺成的纱线，如棉纱线、毛纱线、涤纶纱线等。

（2）混纺纱线。由两种或多种不同纤维混纺而成的纱线，如涤纶与棉的混纺纱、羊毛与黏胶的混纺纱等。

3. **按纤维长度分**　纱线可分为棉型纱线、毛型纱线和中长型纱线。

（1）棉型纱线。用棉纤维或棉型化学纤维，在棉纺设备上加工而成的纱线。

（2）毛型纱线。用毛纤维或毛型化学纤维，在毛纺设备上加工而成的纱线。

（3）中长型纱线。用中长型化学纤维，在棉纺设备或中长纤维专用设备上加工而成的纱线。

4. **按纱线粗细分**　纱线可分为粗特纱、中特纱、细特纱或特细特纱等。

（1）粗特纱。粗特纱是指线密度为32tex以上的纱。此类纱适用于粗厚织物，如粗花呢、粗平布等。

（2）中特纱。中特纱是指线密度为21～32tex的纱。此类纱线适用于中厚织物，如中平布、华达呢、卡其等。

（3）细特纱。细特纱是指线密度为11～32tex的纱。此类织物适用于细薄织物，如细布、府绸等。

（4）特细特纱：特细特纱指线密度为10tex及以下的纱。此类纱适用于高档精细面料，如高支衬衫、精纺贴身羊毛等。

5. **按纺纱工艺分**　纱线可分为棉纱、毛纱、麻纺纱、绢纺纱等。

（1）棉纱。包括纯棉纱线和棉型纱线，是指用纯棉纤维或棉型纤维纺制而成的纱线。

（2）毛纱。包括纯毛纱线和毛型纱线，是指用纯毛纤维或毛型纤维纺制而成的纱线。

（3）麻纺纱。包括纯麻纱线和麻混纺纱线，是利用麻纺设备纺制而成的纱线。

（4）绢纺纱。将绢纺材料在绢纺设备上纺制而成的纱线。

6. **按纺纱方法分**　纱线可分为环锭纺纱和新型纺纱。

（1）环锭纺纱。在环锭纺纱机上采用传统的纺纱方法纺制而成的纱线。

（2）新型纺纱。采用新型的纺纱方法（如转杯纺、喷气纺、平行纺、赛络纺等）纺制而成的纱线。

7. **按纱线质量分**　纱线可分为精纺纱、粗纺纱和废纺纱等。

（1）精纺纱。也称精梳纱，是指通过精梳工序纺成的纱，包括精梳棉纱和精梳毛纱。纱中纤维的平行伸直度高，条干均匀，纱身光洁，但成本较高，纱支较高。精梳纱主要用于高级织物及针织品，如细纺、华达呢、花呢、羊毛衫等。

（2）粗纺纱。也称粗梳毛纱或普梳棉纱，是通过一般的纺纱系统进行梳理，不经过精梳工序纺成的纱。粗纺纱中短纤维含量较多，纤维平行伸直度差，结构松散，毛茸多，纱支较低，品质较差。此类纱多用于一般织物和针织品，如粗纺毛织物、中特以上棉织物。

（3）废纺纱。是指用纺织下脚料（废棉）或混入低级原料纺成的纱。纱线品质差，纱身柔软，条干不匀，含杂多，色泽差，一般用于织粗棉毯、厚绒布等低级织品。

二、机织物的分类

1. 按使用原料分类 机织物根据其纤维原料组成情况不同可分为纯纺织物、混纺织物、交织织物和混并织物。

（1）纯纺织物。纯纺织物是指经、纬均用同一种纤维的纱线所织制的织物。如纯棉织物、全毛织物、纯涤纶长丝织物等。

（2）混纺织物。混纺织物是指经、纬用两种或两种以上不同种类的纤维混合纺制的纱线所织制的织物。混纺织物所用经、纬纱有天然纤维与天然纤维、天然纤维与化学纤维、化学纤维与化学纤维混纺的各种纱线。用不同种类纤维进行混纺，可以发挥纤维各自的优良性能，开拓织物品种，满足各种用途的不同要求。如涤棉混纺织物，经纬向均为涤棉混纺纱线。

（3）交织织物。交织织物是指经、纬用两种不同纤维的纱线交织成的织物，它可利用各种纤维的不同特性，改善织物的使用性能和取得某些特殊外观效应，满足各种不同要求，如棉经与涤/棉纬交织的闪光府绸等。

（4）混并织物。混并织物是用不同种类纤维的单纱并捻成线织制的织物。可利用各种纤维不同的染色性能，通过染整形成仿色织效应。如涤/黏、涤纶混并哔叽，经纬均用涤/黏中长纱与涤纶长丝并捻线织制。

2. 按纤维的长度和细度分类 按纤维的长度和细度不同，可分为棉型织物、中长型织物、毛型织物和长丝型织物。

（1）棉型织物。棉型织物是用棉型纱线织成的织物，这类织物通常手感柔软，光泽柔和，外观朴实、自然。如棉府绸、浮/棉布、堆/棉布等。

（2）中长型织物。中长型织物是用中长型纱线织成的织物，中长织物大多加工成仿毛风格。如涤/黏中长纤维织物、涤/腈中长纤维织物等。

（3）毛型织物。毛型织物是用毛型纱线织成的织物，这类织物通常具有蓬松、柔软、丰厚的特征，给人以温暖感。如全毛华达呢、毛/涤/黏哔叽、毛/涤花呢等。

（4）长丝型织物。长丝型织物是用长丝织成的织物，这类织物表面光滑、无毛羽、光泽明亮、手感柔滑、悬垂好、色泽艳丽，给人以华丽感。如真丝电力纺、美丽绸、尼龙绸等。

3. 按纺纱工艺和方法分类

（1）按纺纱工艺分类。按纺纱工艺不同，棉织物可分为精梳棉织物、粗（普）梳棉织物、废纺棉织物，分别用精梳棉纱、粗梳棉纱和废纺棉纱织成。毛织物分为精纺毛织物（精纺呢绒）、粗纺毛织物（粗纺呢绒），分别用精梳毛纱和粗梳毛纱织成。

（2）按纺纱方法分类。按纺纱方法的不同可分为环锭纺纱织物和新型纺纱织物。

4. 按所用纱线情况分类

（1）根据经纬向所用纱线不同分类。

①纱织物。经纬向均采用单纱织成的织物。如纱府绸、各类平布等织物。

②半线织物。经向用股线、纬向用单纱织成的织物。如半线卡其、毛派力司等织物。

③线织物。经纬向均采用股线织成的织物。如线卡其、毛华达呢等织物。

（2）根据纱线的结构形态分类。可分为普通纱线织物、变形纱线织物、花式线织物、包芯纱织物等。

5. 按织物组织分类

（1）三原组织织物。平纹织物、斜纹织物和缎纹织物。

（2）其他组织织物。变化组织织物、联合组织织物和复杂组织织物。

6. 按织物染色情况分类

（1）本色坯布。本色坯布是指未经任何印染加工而保持纤维原色的织物。如纯棉粗布、中平布等，外观较粗糙，显本白色。

（2）漂白织物。漂白织物是由本色坯布经漂白加工而成的织物。

（3）染色织物。染色织物是由本色坯布经染色加工成单一颜色的织物。

（4）印花织物。印花织物是经印花加工而成的表面具有花纹图案，颜色在两种或两种以上的织物。

（5）色织物。色织物是先将纱线全部或部分染色整理，然后按照组织和配色要求织成的织物。此类织物的图案、条格立体感强，清晰牢固。

（6）色纺织物。先将部分纤维或纱条染色，再将原色（或浅色）纤维或纱条与染色（或深色）纤维或纱条按一定比例混纺或混并制成纱线所织成的织物称色纺织物。色纺织物具有混色效应，如毛派力司、啥味呢、法兰绒等。

7. 按织物用途分

（1）服装用织物。服装用织物是用来制作如外衣、衬衣、内衣、袜子、鞋帽等的织物。

（2）装饰用织物。装饰用织物是用来制作如被单、床罩、毛巾、桌布、窗帘、家具布、壁布、地毯等的织物。

（3）产业用织物。产业用织物是用来制作如传送带、帘子布、篷布、过滤布、绝缘布、医药用布、人造血管、降落伞、宇航用布、土工用布、人造草坪等的织物。

三、针织物的分类

1. 按使用原料分类 针织物根据原料不同可分为纯纺针织物、混纺针织物和交织针织物。纯纺针织物如纯棉针织物、纯毛针织物、纯丝针织物、纯化纤针织物等。混纺针织物如棉/腈、毛/腈、涤/腈、毛/涤、棉/麻等针织物。交织针织物如棉纱与涤纶低弹丝交织，涤纶低弹丝与锦纶网络丝交织，氨纶丝与其他纱线交织的针织物等。

2. 按下机产品的形状分类 针织物从针织机上取下后，其外形即为某类产品的称成形针织品，如袜类、手套、羊毛衫等；针织物下机后为筒状或片状的针织品称坯布针织品，如汗布、棉毛布、罗纹布、经编布等，此类坯布如同机织物一样需要经裁剪和缝制才能加工成各种针织服装和内衣。

3. **按纱线结构和外形分类** 根据纱线的结构和外形不同，针织物可分为普通纱线针织物、变形纱线针织物和花式线针织物。

4. **按生产方法分类** 根据生产方法不同，针织物可分为纬编针织物和经编针织物两大类。纬编针织物的特点是它的横向线圈由同一根纱线按顺序弯曲成圈而成。纬编针织物大多为服用织物，如内衣、袜子、手套等。经编针织物的组织特点是它的横向线圈由一组或几组平行排列的经纱一次成圈相互串套而成。经编针织物少量用于服装，大多用于装饰（如窗帘、汽车内部装饰）或工业生产中。

5. **按用途分类** 根据用途不同，针织物可分为生活用针织物如内衣、外衣、袜子、围巾、手套、帽子等，产业用针织物如水龙带、滤管、人造血管、医药用布等。

四、非织造布的分类

1. 按产品的用途分

（1）服装用非织造布。服装用非织造布主要包括服装衬布、保暖絮片和服装面料等，其中以服装衬布和絮片材料的产量和用量最大。

（2）装饰用非织造布。装饰用非织造布目前主要包括室内装饰材料和汽车装饰材料。室内装饰材料包括地毯、贴墙材料、家具材料和窗帘等。汽车用装饰材料包括衬垫材料、覆盖材料和加固材料等。

（3）产业用非织造布。产业用非织造布主要包括土工建筑材料、过滤材料、绝缘材料、医疗卫生材料、合成革、工农业用布、汽车用布等。

2. 按产品使用时间分

（1）用即弃型非织造布。用即弃型是指只使用一次或几次就不再使用的产品，如擦布、卫生用布、医疗用布、过滤用布以及防护用布等。

（2）耐用型非织造布。耐用型是指能维持一般程度的重复使用时间的产品。如服装衬里、地毯、抛光布和土工布等。

3. 按产品的厚度分

（1）厚型非织造布。如土工布、喷胶棉、针刺地毯、合成革、过滤材料、屋顶防水材料等。

（2）薄型非织造布。如黏合衬、医疗卫生用布、电气绝缘布、贴墙布、农业用布、水泥包装布等。

4. 按纤维网的形成方式分

（1）干法成网。短纤维在干燥状态下经过梳理设备或气流成网设备制成单向的、双向的或三维结构的纤维网，然后经过机械固结、化学黏合或热黏合的方法制成的非织造布。机械加固法中又分为针刺法、缝编法、水刺法等。

（2）聚合物挤压成网。主要有纺丝成网法（又称纺黏法）和熔喷成网法。纺丝成网法是指聚合物由喷丝头喷出后，直接铺放成网，然后经过热黏合、化学黏合或机械方法固结而成的非织造布。熔喷成网法是指聚合物由喷丝头喷出后，靠高速热空气流喷吹成超细短纤维，并喷至移动的帘网上，靠纤维本身的余热黏结而成的非织造布。

（3）湿法成网。与造纸原理相似，是将天然或化学纤维悬浮于水中，达到均匀分布，当纤维和水的悬浮体流到一张移动的滤网上时，水被滤掉而纤维均匀地铺在上面，形成纤维网，再通过压榨、黏结、烘燥成卷而制成的非织造布。

第二节　纺织产品的性质特征

一、机织产品的性质特征

1. 棉型织物

亦称棉布，是以棉纱线为原料织制的机织物。随着化学纤维的发展，出现了棉型化纤，其长度、细度等物理性状符合棉纺工艺要求，在棉纺设备上纯纺或与棉纤维混纺而成，这类纤维的织物一般称为棉型化纤织物。因此，广义的棉织物包括纯棉和棉型化纤织物。

（1）平布。平布是一种以纯棉、纯化纤或混纺纱织成的平纹织物。它的特点是经纬纱的粗细及经纬纱的密度相等或接近，具有组织简单、结构紧密、表面平整的特征。

平布按其使用纱线线密度的不同，可分为粗平布、中平布和细平布三类。粗平布又称粗布，用32tex及以上（18英支及以下）的粗特纱织成，具有布面粗糙，手感厚实，坚牢耐用的特征，多用作衬料、包装材料等。中平布又称平布，用20.8 ~ 30.7tex（28 ~ 19英支）的经纬纱织成，具有结构较紧密，布面匀整光洁的特征，用做面粉袋、衬料、被里布等，经印染加工的平布用于服装或装饰布。细平布又称细布，用9.9 ~ 20.1tex（59 ~ 29英支）的经纬纱织成，具有质地细薄，布面匀整，手感柔软等特征。经漂白、染色和印花后，可制作衬衫、内衣、夏装、床上用品等。

（2）府绸。府绸是布面呈现由经纱构成的菱形颗粒效应的平纹织物，其经密高于纬密，比例约为2∶1或5∶3。府绸用纱的线密度较低，具有质地轻薄、结构紧密、颗粒清晰、布面光洁、手感滑爽，并有丝绸感等特点。由于府绸经密比纬密大，经向强度比纬向强度高，府绸面料的服装往往容易出现纵向裂口，即纬纱先断裂的现象。府绸品种较多，有纯棉府绸、涤/棉府绸；纱府绸、半线府绸和全线府绸；普梳府绸、半精梳府绸和全精梳府绸；普通府绸、条子府绸和提花府绸；漂白府绸、印花府绸和色织府绸；防缩府绸、防雨府绸和树脂府绸等。府绸穿着舒适，是理想的衬衫、内衣、睡衣、夏装和童装面料，也可用于手帕、床单、被褥等。

（3）斜纹布。斜纹布是采用$\frac{2}{1}$组织单纱织造的中厚棉织物，也称单面斜纹布，其织物正面呈现清晰的斜纹纹路，倾斜角约为45°，反面纹路不明显。有粗、细斜纹布之分。斜纹布质地较平布紧密厚实，手感比平布柔软，常用做工作服、制服、运动服等。斜纹布经砂洗整理后，质地柔软、松厚，适宜做夹克衫等。

（4）哔叽。哔叽是采用$\frac{2}{2}$斜纹组织织造的中厚双面斜纹棉织物，有全纱哔叽和半线哔叽之分。纱哔叽为左斜纹，半线哔叽为右斜纹。哔叽结构较松，经纬纱的线密度和密度接近，质地柔软。斜纹倾角约为45°，正、反两面纹路方向相反，斜向纹路宽而平。哔叽多用作妇女、儿童服装和被面。

（5）华达呢。华达呢是采用$\frac{2}{2}$斜纹组织织造的双面细斜纹棉织物，有全纱华达呢和半线华达呢两种，全纱华达呢采用$\frac{2}{2}$左斜纹组织，半线华达呢采用$\frac{2}{2}$右斜纹组织。华达呢经密大于纬密，经、纬密度比约为2∶1，织物正反面织纹相同，但斜纹方向相反，斜纹倾斜角约63°。华达呢具有纹路清晰，质地厚实而不硬，耐磨且不易折裂等特点。适宜做各类外衣、风衣面料。

（6）卡其。卡其是棉织物中紧密度最大的一种斜纹织物，布面呈现细密而清晰的倾斜纹路。卡其品种较多，有单面卡其，采用$\frac{3}{1}$斜纹组织，正面有斜向纹路，反面没有；双面卡其，采用$\frac{2}{2}$加强斜纹组织，正反面都有斜向纹路，正面纹路向右倾斜，粗壮饱满，反面纹路向左倾斜，不及正面突出；人字卡其，斜纹线一半左倾，一半右倾，使布面呈现“人”字外观；纱卡其，经纬向均采用单纱，大多为$\frac{3}{1}$斜纹组织，外观与斜纹布相似，但正面纹路比斜纹布粗壮明显。

（7）直贡。直贡是以五枚经面缎纹组织织制的棉织物，或称直贡呢，有纱直贡和半线直贡之分。直贡具有布面光洁、富有光泽、质地柔软厚实，经轧光后与真丝缎有相似的外观效应。一般染色品种以黑、蓝色为主，也有印花品种，适宜于外衣、风衣、鞋面用料及室内装饰等。

（8）横贡。横贡是以五枚纬面缎纹组织制织的棉织物。布面的纬纱浮长很长，且纬密高于经密，横贡表面以纬纱为主，布面润滑而富有光泽，手感柔软。因纱线细洁，纬密高，在光线的照射下，发光较强，比直贡富有丝绸感，故亦称为横贡缎。横贡多为印花加工，又名花贡缎，套色多，花型新，色泽鲜艳，经耐久性电光整理后，不易起毛，是高档棉布衣料，适宜做妇女衣裙、儿童棉衣和羽绒被面料等。

（9）灯芯绒。灯芯绒是布面呈现灯芯状绒条的织物，是用纬纱起毛的组织，由一组经纱与两组纬纱交织而成。其中一组纬纱（称地纬）与经纱交织构成固结绒毛的地组织，另一组纬纱（称绒纬）与经纱交织构成有规律的浮纬，经割绒、刷毛、剪毛等整理后，织物表面呈凸起的绒条。灯芯绒具有手感柔软、丰厚，绒条清晰饱满，耐磨耐穿，保暖性好等特点。根据布面绒条的密度即每2.5cm宽度内的绒条数的多少，又分为阔条（小于6条）、粗条（6～8条）、细条（9～20条）、特细条（20条以上）四种类型。灯芯绒用途广泛，可作为男女服装、衫裙、牛仔裤、童装、鞋帽、家具装饰布等。灯芯绒在洗涤时，不宜用热水揉搓，洗后亦不宜熨烫，避免脱毛和倒毛。

（10）牛津布。又称牛津纺，原为纯棉色织布，即用色经白纬或白经色纬进行交织。采用双经单纬的纬重平组织或双经双纬的方平组织。一般经纱较细，纬纱较粗，使纬组织点凸出布面，由于经纬异色，从而增强了色彩效果，并富有立体感。近年来开发了涤棉混纺纱与纯棉纱交织的牛津布，经染色后呈现色织效应，又称染色牛津布。牛津布的主要特征是色彩效果好、颗粒饱满、手感柔软、滑爽挺括、穿着舒适透气，是较好的衬衫面料。

2. **麻型织物**　麻织物是指采用麻纤维纺织加工而成的织物，包括麻与其他纤维混纺或交织的织物。

麻纤维具有吸湿、散湿速度快，断裂强度高，弹性差，断裂伸长小，手感粗硬等特点，使得麻织物透气凉爽，不贴身。因麻纤维整齐度差，集束纤维多，成纱条干均匀度较差，织物表面有粗节纱和大肚纱，而这种特殊疵点恰构成了麻织物的独特风格。有些仿麻织物特意用粗节花色纱线织造，借以表现麻织物的风格。

（1）夏布。夏布是对手工制织的苎麻布的统称。是用手工将半脱胶的苎麻韧皮撕劈成细丝状，再头尾捻接成纱，然后织成的狭幅苎麻布，是我国传统纺织品之一。因用作夏令服装和蚊帐而得名。夏布以平纹组织为主，有纱细布精的，也有纱粗布糙的。夏布有本色、漂白、染色和印花品种。低特纱的夏布条干均匀，组织紧密，色泽匀净，适宜做衣着用布，穿着时清汗离体，透气散热，挺爽凉快；高特纱的夏布组织疏松，色泽较差，多作蚊帐、滤布和衬料。

（2）纯苎麻布。纯苎麻布多为中、低特纱织造的平纹麻织物，经纬纱常用27.8～18.5tex（36～54公支）。纯苎麻布充分体现了苎麻的特性，具有强度高、手感挺爽、蚕丝般光泽、透气好、吸湿散湿快、良好的服用卫生性能等特点，但也存在易起皱、不耐曲磨，成衣的领口、袖口褶曲处易磨损，洗涤后需要浆烫等问题，一般用做床罩、床单、枕套、台布、餐巾等工艺美术抽绣品及夏令服装。在国际市场上视为高档纺织品。

（3）涤麻（麻涤）混纺布。又称“麻的确良”，是涤纶短纤维与苎麻精梳长纤维的混纺织物。混纺比例中涤纶含量大于麻纤维的称涤/麻布；麻纤维含量大于涤纶的称麻/涤布。涤麻（麻涤）混纺后，可使两种纤维性能取长补短，既保持了麻织物的挺爽感，又克服了涤纶织物吸湿性差的缺点，穿着舒适，易洗快干，是夏令衬衫、上衣及春秋季外衣等的高档衣料。

（4）交织麻织物。交织麻织物是麻纱与棉纱、真丝、人造丝等交织而成的织物统称。通常麻纱作纬纱，其他原料的纱线作经纱，采用匹染或色织。如苎麻或亚麻与棉纱交织的平纹中平布、粗平布；丝与亚麻纱交织的宽条缎面外观的丝麻缎；人造丝与亚麻交织的丝麻绸；还有麻、棉、氨纶包芯弹力纱交织的弹力布等。外观新颖，手感较纯麻织物柔软，坚牢耐用，穿着舒适，适用于各种外衣、工装与休闲装等。

（5）亚麻细布。亚麻细布一般泛指低特、中特亚麻纱制织的麻织物，是相对于厚重的亚麻帆布而言。亚麻细布具有竹节风格，吸湿散湿快，光泽柔和，不易吸附尘埃，易洗易烫等特点，织物透凉、爽滑，服用舒适，较苎麻布松软。主要用于服装、抽绣、装饰和巾类。

3. **毛型织物**　以羊毛或特种动物毛为原料以及羊毛和其他纤维混纺或交织的制品，统称为毛织物，又称呢绒。从广义角度讲，毛织物也包括纯化纤仿毛型织物。

纯毛织物手感柔软，光泽滋润，色调雅致，具有优异的吸湿性，良好的保暖性、拒水性和悬垂性等，而且耐脏、耐用，是一种高档的衣着用料。

（1）精纺毛织物。又称精纺呢绒，是用精梳毛纱制织而成。所用羊毛品质较高，呢面光洁，织纹清晰，手感滑糯，富有弹性，颜色莹润，光泽柔和，男装料紧密结实，女装料松软柔糯。适宜制作春、秋、冬以及夏季服装。

①凡立丁。凡立丁是用精梳毛纱织制的轻薄型平纹毛织物，经纬向均采用股线，纱线较细，捻度较大，织物密度较低。呢面光洁平整，条干均匀，织纹清晰，手感滑爽挺括，富有弹性。多为匹染素色，原料以全毛为主，也有涤/毛、纯化纤等品种，凡立丁适宜做夏令的男女上衣、裤料、裙料等。

②派力司。派力司是采用条染混色精梳毛纱织制的轻薄型平纹毛织物。一般经向用股线，纬向用单纱，色泽以中灰、浅灰为主。呢面呈现不规则的混色雨丝状，质地细洁、轻薄、平挺、爽滑，光泽柔和。除全毛产品外，还有毛涤和纯化纤产品。适于做夏季男女套装、西裤等。

③华达呢。又名轧别丁，是用精梳毛纱织制的，有一定防水性能的紧密斜纹毛织物。华达呢的经、纬纱一般均为股线，密度较高，且经密大于纬密近一倍。华达呢呢面光洁平整，正面斜纹纹路清晰、细密而饱满，斜向角度约63°，其手感挺括结实，质地紧密而富有弹性。以匹染素色为主。华达呢的组织有三种，即采用$\frac{2}{1}\nearrow$组织的单面华达呢，$\frac{2}{2}\nearrow$组织的双面华达呢和采用缎纹变化组织的缎背华达呢。华达呢坚牢耐穿，但在经常摩擦部位易起极光。主要用于制服、西服、套装等面料，经防水整理可制作高档风雨衣。

④哔叽。哔叽是素色的斜纹精纺毛织物，常采用：$\frac{2}{2}\nearrow$组织，经密略大于纬密，倾角约45°，正反面纹路相似，方向相反。与华达呢相比，纹路较平坦，间距较宽，经纬交织点清晰，密度适中，质地丰糯柔软。哔叽品种较多，按呢面分，有光面哔叽和毛面哔叽，市售多为光面哔叽；按用纱粗细和织物重量分，有厚哔叽、中厚哔叽、薄哔叽；按原料分，有全毛哔叽、毛混纺哔叽、纯化纤哔叽等。哔叽可制作西服、套装、学生服、裙料等。

⑤啥味呢。又名春秋呢或精纺法兰绒，是一种有轻微绒面的精纺毛织物。外观特点与哔叽很相似，采用$\frac{2}{2}\nearrow$，倾斜角约45°。主要区别在于哔叽是单一素色，而啥味呢是混色夹花的；哔叽呢面光洁，而啥味呢呢面有绒毛。啥味呢呢面平整，绒毛细短平齐，混色均匀，无散布性长纤维披露在呢面上，光泽柔软，手感软糯丰厚，有弹性，色泽以深、中、浅的混色灰为主。多用于春秋套装、夹克衫、裤料、裙料等。

⑥贡呢。贡呢是紧密细洁的缎纹中厚型毛织物，呢面呈现细斜纹，斜纹角度在63°~76°的称直贡呢，斜纹角度在14°左右的称横贡呢，通常所说贡呢指直贡呢（又称礼服呢）。贡呢呢面平整光滑，身骨紧密厚实，手感滋润柔软，光泽明亮柔和，因经浮线较长，坚实程度较华达呢差，容易起毛。色泽常为元色和藏青色。适宜做大衣、礼服、西装及鞋帽等。

（2）粗纺毛织物。又称粗纺呢绒，是用粗梳毛纱织制而成。织品一般经过缩绒和起毛处理，故呢身柔软而厚实，质地紧密，呢面丰满，表面有或长或短的绒毛覆盖，不露或半露底纹，保暖性好，适宜做秋冬装。

①麦尔登。麦尔登是一种品质较高的粗纺呢绒，因首创于英国麦尔登地区而得名。常用细特羊毛为原料，经重缩绒整理而成。其质地紧密，呢面有细密的毛茸覆盖，具有手感丰厚，富有弹性，成衣挺括，不易折皱，耐磨耐穿，不起球，并有抗水防风的特点。按使用原料不同可分为全毛麦尔登和混纺麦尔登。色泽以藏青、元色或其他深色居多，近年也有中浅色产品，主要用于冬季大衣、制服、中山装、西裤、帽子等。

②海军呢。海军呢为海军制服呢的简称，亦称细制服呢。它使用细特羊毛为原料，用料等级介于麦尔登与制服呢之间，因此海军呢品质比麦尔登稍差。成品紧密厚实，呢面丰满，基本不露底纹，有类似麦尔登的风格特征，手感挺括，有弹性。一般染成藏青及其他深色，主要用作军服、制服、外衣料、裤料等。

③制服呢。亦称粗制服呢。它采用较粗的羊毛为原料，是一种较低级的粗纺呢绒。由于使用了较低品级的羊毛，且纱线粗，故制服呢不及海军呢细腻丰满，其呢面较粗糙，稍露底纹，色泽不匀净，经常摩擦易落毛、露底，影响外观，但价格便宜。一般用作秋冬制服、外套、夹克衫等。

④大衣呢。大衣呢是粗纺呢绒中规格品种较多的一类，质地丰厚，保暖性强，是缩绒或缩绒起毛织物。大衣呢的原料以羊毛为主，可配用部分特种动物毛，如兔毛、羊绒、驼绒、马海毛等，制成兔毛大衣呢、羊绒大衣呢、银枪大衣呢等，根据织物的不同风格，采用不同的组织结构和染整工艺，因而每一类大衣呢都各具特色。根据织物外观和结构，大衣呢可分为平厚大衣呢、立绒大衣呢、顺毛大衣呢、拷花大衣呢、花式大衣呢五种，适宜做各种大衣、风衣、帽子等。

⑤法兰绒。法兰绒是粗纺呢绒大类品种之一，有纯毛及毛混纺两种。传统的法兰绒用纱是将部分原料进行散纤维染色，再掺入部分白纤维，均匀混合后得到混色毛纱，色泽以黑白混色为多，呈中灰、浅灰或深灰色。随着品种的发展，现在法兰绒也有很多素色及条格产品。法兰绒采用平纹或斜纹织成，表面有绒毛覆盖，半露底纹，丰满细腻，混色均匀，手感柔软而富有弹性，身骨较松软，保暖性好，穿着舒适。适宜做秋、冬套装、女裙等。

⑥粗花呢。亦称粗纺花呢，是粗纺呢绒中独具风格的品种。粗花呢用单色纱、混色纱、合股线、花式线等和各种花纹组织配合在一起，形成人字、条格、圈圈、点子、小花纹、提花等各种花型，花色新颖，配色协调。粗花呢表面有呢面、绒面、纹面三类，根据用毛的质量有高、中、低三档之分。产品呢身较粗厚，构型典雅，色彩协调，粗犷活泼，文雅大方，适宜做女时装、女春秋衣裙、男女西服上装、童装等服装面料。

⑦钢花呢。也称“火姆司本”，是粗花呢的传统品种之一。因表面均匀散布红、黄、蓝、绿等彩点，似钢花四溅而得名。钢花呢结构粗松，色彩斑斓，别具风格，宜做男女上装、风衣、大衣等。

⑧海力司。海力司是粗花呢的传统品种之一。其原料为低档粗花呢用料，用纱较粗，多为混色产品。呢面混色均匀，覆盖的绒毛较稀疏，织纹清晰明显，手感挺实，较粗犷。色泽以棕色、灰色为主，适合做各类上衣。

4. **丝织物** 丝织物主要是指用蚕丝（包括桑蚕丝、柞蚕丝）、人造丝、合纤丝等为原料织成的各种织物。丝织物具有柔软滑爽、光泽明亮等特点，穿着舒适、华丽、高贵，是一种高档服装面料。丝织物品种繁多，薄如纱、厚如呢、华如锦。根据我国的传统习惯，结合丝织物的组织结构、加工方法、外观风格，划分为纺、绉、绸、缎、锦、绡、绢、绫、纱、罗、绨、葛、绒、呢14大类。

（1）纺类。纺类是一种质地平整细密，比较轻薄的平纹丝织物，又称纺绸。经纬丝一般不加捻，原料有桑蚕丝、绢丝、黏胶丝、涤纶丝和锦纶丝。

（2）绉类。绉类是运用工艺手段或组织结构，使表面呈现绉纹效应的质地轻薄的丝织物。绉织物外观风格独特，光泽柔和，手感糯爽而富有弹性，抗皱性能良好，但缩水率较大。

（3）绸类。绸是丝织物总称，所有无明显的其他十三大类品种特征的丝织物都可以称为绸。其类型最多，用料广泛，桑蚕丝、柞蚕丝、黏胶丝、合纤丝等都可使用。丝织行业习惯把紧密结实的花、素织物称为绸，如塔夫绸。绸类织物质地细密，较缎稍薄，但比纺稍厚。轻薄型绸类，质地柔软，富有弹性，用于衬衫、裙子等，中厚型绸类，丰满厚实，表面层次感强，可做西服、礼服等。

（4）缎类。缎类织物是指全部或大部分采用缎纹组织，质地紧密柔软，绸面平滑光亮的丝织物。经纬丝一般不加捻（绉缎除外）。缎类品种很多，以原料分有真丝缎、黏胶丝缎、交织缎等；按提花与否，又可分为素缎和花缎。

（5）锦类。锦是采用斜纹或缎纹组织，绸面精致绚丽的多彩色织提花丝织物，是中国传统丝织品之一。锦的特点是外观五彩缤纷、富丽堂皇、花纹精致古朴、质地较厚实丰满，采用的纹样多为龙、凤、仙鹤和梅、兰、竹、菊以及文字“福、禄、寿、喜”、“吉祥如意”等民族花纹图案。锦采用精练、染色的桑蚕丝为主要原料，常与彩色黏胶丝、金银丝交织，纬线一般三色以上。中国传统名锦有蜀锦、宋锦、云锦和妆花缎等。锦类多用做妇女服装面料、少数民族大袍用料及各类装饰用料等。

（6）绡类。绡是采用平纹或透孔组织为地纹，经、纬密度小，质地爽挺、轻薄、透明、孔眼方正清晰的丝织物。原料有真丝、黏胶丝、锦纶丝、涤纶丝、金银丝等。从工艺上可将绡分为：素绡，在绡地上提出金银丝条子或缎纹条子，如建春绡、长虹绡等；花绡，以平纹绡地为主体，提织出缎纹、斜纹和浮经组织的各式花纹图案，或将不提花部分的浮长丝修剪掉，如伊人绡、迎春绡等，还有经烂花加工的烂花绡。绡类丝织物主要用做晚礼服、头巾、连衣裙、披纱等。

（7）绢类。绢是采用平纹或重平组织，经、纬纱先染色或部分染色后进行色织或半色织套染的丝织物。质地较缎、锦类轻薄，绸面细密、平整、挺括，光泽柔和。绢可以用桑蚕丝、黏胶丝纯织，也可用桑蚕丝与黏胶丝及合纤长丝交织。经纬一般不加捻或加弱捻。可用做外衣、礼服、滑雪衣等面料，也可作床罩、毛毯、镶边、领结、帽花、绢花等。常见的产品有塔夫绸、天香绢等。

（8）绫类。以斜纹或变化斜纹为基础组织，表面具有明显的斜向纹路，或以不同斜向组成山形、条格形以及阶梯形等花纹的丝织物。素绫采用单一的斜纹或变化斜纹组织；花绫在斜纹地组织上常织有盘龙、对凤、麒麟、仙鹤、万字、寿团等民族传统纹样。绫类织物光泽柔和，质地细腻，穿着舒适。中型绫织物宜做衬衣、头巾、连衣裙等，轻薄绫宜做服装里子或专供裱装书画经卷及装饰精美的工艺品包装盒用。

（9）纱、罗类。纱、罗是采用纱罗组织织制的丝织物。纱罗组织是纱组织与罗组织的总称。以纱组织织成的织物称为“纱”，其表面具有全部或局部透明纱眼的特征；以罗组织织成的织物称“罗”，外观具有横条或直条形孔眼的特征。

纱罗织物经纬一般以长丝为原料，经纬密度较低，质地轻薄，织纹孔眼清晰，透气舒适，多用作窗帘、蚊帐、妇女晚礼服及装饰用布等。素纱罗在工业上用做筛网过滤等。

二、针织产品的性质特征

1. 纬编针织物

（1）汗布。汗布以纬平针组织织制，质地轻薄，延伸性、弹性和透气性好，能较好地吸附汗液，穿着凉爽舒适，但有卷边、脱散现象。主要用于汗衫、背心、内裤、文化衫、睡衣睡裤、婴儿装等。原料有棉纱、腈纶纱、真丝、涤纶丝和棉/腈、棉/涤、涤/麻纱等。

（2）棉毛布。棉毛布采用双罗纹组织织制，因其主要用于棉毛衫裤，故称棉毛布。棉毛布手感柔软、弹性和横向延伸性较好、厚实保暖、结实耐穿，无卷边现象。宜做春秋冬三季的内衣、棉毛衫裤、运动服及外衣。原料有棉纱、腈纶纱、棉/腈纱、棉/涤（涤/棉）纱、黏/棉纱等。

（3）罗纹布。罗纹布采用正面线圈纵行与反面线圈纵行相间配置的罗纹组织织成，两面都有清晰的直条纹，横向延伸性和弹性较好，无卷边现象，但有逆编织方向脱散性。织物可做罗纹衫、背心、三角裤、游泳裤等，亦可做服装辅料，用于领口、袖口裤口等。

（4）网眼布。网眼布是以集圈组织织制的表面具有网眼效应的针织物。布面是各种网孔花纹，线圈间空隙明显，外观美观，穿着凉爽透气。可做衬衫、裙子、连衣裙、汗衫等。原料采用纯棉纱、涤棉混纺纱和涤纶变形丝等。

（5）涤盖棉。涤盖棉采用双罗纹集圈组织编织。织物一面呈现涤纶线圈，另一面呈现棉纱线圈，中间通过集圈加以连接。织物常以涤纶为正面，棉纱为反面，集涤纶织物的挺括抗皱、耐磨坚牢、良好的覆盖性及棉织物的柔软贴身、吸湿透气等特点为一体，是受欢迎的运动服、夹克衫和休闲装的面料。

（6）起绒针织布。表面覆盖有一层稠密短细绒毛的针织物称为起绒针织布，分单面绒和双面绒两种。单面绒由衬垫组织的针织坯布反面经拉毛处理而形成。双面绒一般是在双面针织物的两面进行起毛整理而形成的。起绒针织布手感柔软，质地丰厚，轻便保暖，舒适感强。主要品种有卫生衫裤和运动衫裤两大类。底布常用棉纱、棉混纺纱、涤纶纱或涤纶丝，起绒纱常用纱线较粗、捻度较低的棉纱、腈纶纱、毛纱或混纺纱。

（7）天鹅绒。天鹅绒是由毛圈针织物加工织成的新兴品种。把毛圈针织物的毛圈织得比一般的高一些，然后把毛圈的顶端剪掉，再把纤维梳理整齐，织品就呈现出丰满、平整、光洁的绒面。为形容织物的高贵，故取名为针织天鹅绒。天鹅绒具有丝绒般丰满的绒面，绒毛紧密而直立，手感柔软、厚实，弹性好，织物坚牢耐磨，外观华丽，穿着舒适。可用于外衣、帽子、衣领、玩具、家具装饰物等。绒面多采用黏胶或腈纶纱，底纱采用锦纶或涤纶。

（8）提花针织布。提花针织布是采用提花组织的纬编针织物。提花针织布花纹清晰，图案丰满，质地较为厚实，结构稳定，延伸性和脱散性较小，手感柔软而有弹性，是较好的针织外衣面料。

（9）长毛绒针织物。长毛绒针织物在编织过程中，纤维同地纱一起喂入织针编织，纤维以绒毛状附在针织物表面，因其绒毛结构和外观都与天然毛皮相似、逼真，可以用来仿制天然毛皮，因此又称为“人造毛皮”。人造毛皮具有比天然毛皮重量轻、柔软、弹性和延伸性好以及保暖、耐磨、防蛀、易洗涤等特点。可用于仿裘皮外衣、防寒服、童装、帽子、夹克、卡通玩具面料等。底布常用棉纱、涤纶纱或混纺纱，绒毛采用腈纶或变性腈纶。

2. **经编针织物**

（1）网眼织物。经编网眼织物是在织物结构中产生有一定规律网孔的针织物。具有结构较稀松、有一定的延伸性和弹性、透气性好、孔眼分布均匀对称等特点。网眼的变化范围很大，小到每个横列上都有孔，大到十几个横列上只有一个孔。网眼形状多且复杂，有方形、圆形、菱形、六角形、垂直柱条形、纵向波纹形等。天然纤维和化学纤维均可织制网眼织物。该织物主要用作男女外衣、内衣、运动衣、蚊帐和窗帘等。

（2）灯芯绒织物。经编灯芯绒织物是指表面具有灯芯条状的经编针织物。织物的弹性和绒毛稳定性较机织灯芯绒为佳，且生产工序简单。经编灯芯绒可采用各种天然和化学纤维纱编织。品种有拉绒灯芯绒和割绒灯芯绒，后者除纵条灯芯绒以外，还可采用不同的色纱穿纱顺序或改变走针方式，织出各种纵条、方格、菱形等凹凸绒面的类似花式灯芯绒织物。该织物可做各种男女外衣。

（3）丝绒织物。经编丝绒织物具有机织丝绒的效应。按绒面性状可分为平绒、横条绒、直条绒和色织绒，且各种绒面可在同一块织物上交替使用，形成复杂美丽的绒面效应。织物的绒纱多采用腈纶、涤纶、羊毛、毛/黏、黏胶和醋酯长丝。底布用纱要求粗细合适，并适用于经编织造，一般天然纤维和化学纤维均可采用。经编丝绒织物常用做外衣面料、装饰布和汽车座位包覆面料。

（4）毛圈织物。经编毛圈织物可以编织成和纬编毛圈织物类似的、表面有环状纱圈覆盖的织物，有单面毛圈和双面毛圈。当采用不同原料或不同颜色时将产生双色毛圈织物，常用色织工艺和印花工艺使毛圈织物花色更加丰富。毛圈织物结构稳定，外观丰满，毛圈坚牢、均匀，具有良好的弹性、保暖性；吸湿性，布面柔软厚实、无折皱，不会产生抽丝现象，有良好的服用性能。主要用做装饰、睡衣裤、运动服、海滩服、毛巾、浴巾、床单、床罩等。该织物如果在后整理加工中把毛圈剪开，可制成经编天鹅绒类织物，作为中高档服装和装饰用布。

（5）弹力织物。经编弹力织物是指有较大伸缩性的经编针织物，编织时加进弹力纱并使之保持一定的弹力和合理的伸长度。目前广泛使用氨纶弹力纱和氨纶弹力包芯纱制织。这类针织物延伸性大，弹性恢复力强，穿着既合体贴身，又运动自如，舒适轻巧，可做紧身衣、胸衣、泳装、体操服、舞蹈服、体育护身用品、军用带、医用卫生带及外衣等。

（6）提花织物。经编提花织物是指在几个横列中不垫纱又不脱圈而形成拉长线圈的经编织物。织物结构稳定，外观挺括，表面有明显的凹凸花纹，立体感强，花型多变，外形美观，悬垂性能好。宜做妇女外衣、内衣、裙料及装饰用品。

（7）花边织物。经编花边织物是指由衬纬纱线在地组织上形成较大衬纬花纹的针织物。花边织物底组织多呈网孔形，质地轻薄，手感软而不疲，柔而有弹性，挺而不硬，悬垂性好，花、底分明，层次清晰。原料以合成纤维和人造纤维为主，也可采用棉纱。花边织物装饰感强，主要用于内衣裤、外衣、礼服、童装的装饰料。

三、非织造布的性质特征

1. **缝编印花织物** 纤网型缝编印花织物可以选用棉、黏胶纤维等纤维素纤维成网，用涤纶长丝以单梳栉编链组织进行交织而成，产品表面粗厚，经印花等整理后的产品富有立体感。纱线层缝编印花织物，选用黏胶短纤纱为纬纱，涤纶短纤纱为衬经纱，涤纶长丝为缝编纱制成。坯布经印花—烂花整理后，产品轻盈飘逸，类似抽纱风格。这些织物性能介于机织和针织物之间，按不同用途选做床罩、台布、浴衣等各种服装或装饰用布。

2. **针刺呢** 针刺呢是利用废毛及化纤的混合纤维，采用针刺和黏合工艺并结合羊毛纤维的毡缩性能的特定工艺制得的类似粗纺呢绒的产品。针刺呢（有衬布）的强力和耐磨性比机织大衣呢、女式呢略高，呢面光滑度、弹性、保暖性与呢绒相同或略好。一般的针刺呢手感较硬、弹性较差，多用于做鞋帽、童装、混纺绒毯及车辆坐垫等。

3. **热熔衬** 又称黏合衬、热熔黏合衬，是一种新型的服装衬里材料。它一般是选用涤纶、涤/黏非织造布为底布，经过涂层工艺，在布面上涂上热熔性树脂而成。其主要作用是加强面料，使面料变得挺括丰满，对服装起成型和支撑骨架的作用。由于非织造布具有质轻价廉、适型和保型好以及优良的柔软性、透湿性和透气性，因此近年来得到令人瞩目的发展。

4. **热熔絮棉** 又称定形棉，是选用涤纶、腈纶等纤维为主体原料，以适量的丙纶、乙纶等低熔点纤维用黏合剂，经开松、混合、成网、热熔定形等工序而制得的产品。热熔絮棉比棉絮轻柔、保暖并可洗涤。可以用于保暖服装和床上用品的絮料。

5. **喷浆絮棉** 又称喷胶棉，与热熔絮棉相似，也是一种新型保暖材料，它是采用液体黏合剂来黏结纤维网。由于喷浆絮棉选用中空或高卷曲涤纶、腈纶等纤维为原料，结构疏松，比热熔絮棉蓬松性更高，同样厚的产品可以少用1/4 ~ 1/3纤维，而且具有弹性好、手感柔软、耐水洗及保暖性良好等特点。是滑雪衫、登山服及其他保暖服装的絮料。

6. **非织造布仿麂皮** 非织造布仿麂皮以海岛型复合短纤维为原料，通过分梳、铺网、层叠成纤维网，然后进行针刺，使纤维之间形成三维结合构造物，经处理将“海”成分除去，“岛”成分形成了0.011 ~ 0.099dtex的超细纤维。将这种针刺毡浸渍聚氨酯溶液，然后导入水中使树脂凝固，形成内部结合点，即制成仿麂皮基布。将仿麂皮基布进行表面磨毛处理形成绒毛，再进行染色整理，形成酷似天然皮革的仿麂皮。非织造布仿麂皮手感柔软，有麂皮样非常高雅的外观。此外，保暖性、透气、透湿性好，耐洗、耐穿，尺寸稳定性好，不霉、不蛀、无臭味、色泽鲜艳。适合做春秋外衣、大衣、西服、礼服、运动衫等服装。

第三节　纺织产品的品质评定

一、纱线的品质评定

1. **棉纱线的品质评定**　棉纱线实质上是指所有棉型纱线，即包括棉纱、棉型化纤纱线和棉与化纤混纺纱线等。根据我国国家标准，棉本色纱线的品质评定以同品种一昼夜三班的生产量为一批评定，根据内在质量分等，根据外观质量分级。

（1）棉纱线的分等。根据国家标准规定棉纱线的分等依据是重量不匀率、品质指标和重量偏差。根据纱线的重量不匀率和品质指标分别评等，取两者中的最低等，再根据重量偏差是否超出规定范围决定降等与否，最后得出该批棉纱线的评定等。棉纱线的品等分为上等、一等、二等，低于二等为三等。

（2）棉纱线的分级。分级是考核纱线的外观质量，根据条干均匀度和1g棉纱内棉结、杂质粒数分别评级，以两者中较低品级作为该批纱的评定品级。棉股线只根据棉结、杂质粒数评级。棉纱线的分级分为优级、一级和二级，低于二级为三级。

2. **毛纱线的品质评定**　毛纱线实质上是指所有毛型纱线，即包括精梳毛纱、粗梳毛纱、毛型化纤纱线和毛与化纤混纺纱线等。各类毛纱线根据纱批大小，按规定取样试验后，进行品质评定。试验应在标准温、湿度条件下调湿平衡后进行。

（1）精梳毛纱线的品质评定。根据企业标准规定，精梳毛纱的品质评定是根据物理指标（内在质量）评等，根据外观质量评级，另加检验条干一级率。

①精梳毛纱的评等。评等是依据支数标准差、重量不匀率、捻度标准差、捻度不匀率和断裂长度等物理指标。对这些指标分别评等，取其中的最低等作为该批精梳毛纱的评定等。精梳毛纱的品等分为一等、二等，不及二等者为等外品。

②精梳毛纱的评级。评级是依据10块黑板450m长毛纱中的毛粒数和纱疵数以及5000m慢速倒筒的2cm以上纱疵数和5cm以上大肚纱数。对这些指标分别评级，取其中的最低级作为该批毛纱的评定级。精梳毛纱的分级分为一级、二级，不及二级者为级外品。

③条干一级率。将前述10块黑板依次在规定的光线下，用目光与条干标准样照对比。根据其粗节、细节、云斑等情况，分别评定每块黑板的条干均匀度级别。然后计算一级条干所占的百分率，即条干一级率。

（2）粗梳毛纱线的品质评定。根据企业标准规定，粗梳毛纱的品质评定也是根据物理指标（内在质量）评等，根据外观质量评级。

①粗梳毛纱的评等。评等是依据支数标准差、重量不匀率、捻度标准差、捻度不匀率和强力不匀率等物理指标。对这些指标分别评等，取其中的最低等作为评定等。粗梳毛纱的品等分为一等、二等，不及二等者为等外品。

②粗梳毛纱的评级。评级是依据条干均匀度和外观疵点。它与精梳毛纱相似，将纱摇成10块黑板后，依次在规定光线下，用目光与条干标准样对比评定。评定时，条干均匀度与外观疵点结合检验。外观疵点主要指大肚纱、接头不良、小辫子纱、双纱、油纱、羽毛纱、毛粒等。根据10块黑板中的一级条干块数计算条干一级率。

3. **桑蚕丝（生丝）的品质评定**　桑蚕丝品质的优劣是根据物理指标和外观质量的综合结果评定的。分级标准规定，生丝品质分为6A、5A、4A、3A、2A、A、B、C、D、E、F等11个等级。线密度小于20dtex或大于38dtex不设6A级。

生丝的品质分级标准分主要检验项目、辅助检验项目和外观检验三部分。

（1）主要检验项目。主要检验项目有线密度（纤度）偏差、均匀二度变化、清洁、洁净、线密度（纤度）最大偏差五项，对于37.4dtex（34旦）以下的生丝则以前四项为主要检验项目。主要检验项目是确定生丝基本级的质量指标，以其中最低一项的评级来评定生丝的基本级。

（2）辅助检验项目。辅助检验项目有均匀一度变化、均匀三度变化、切断、断裂强度、断裂伸长率、抱合六项，对于36.3dtex（33旦）及以下的生丝，另加线密度（纤度）最大偏差一项。辅助检验项目是生丝品质的附属检验项目，在分级标准中另订有附级标准。在生丝确定基本级后，其中辅助检验项目有一项或一项以上不符合基本级要求者，则该生丝就得按最低一项的附级数将基本级降低。

（3）外观检验。生丝外观质量根据颜色、光泽、手感和疵点评定为良、普通、稍劣三个等级。凡评定为"稍劣"者，应将主要检验项目和辅助检验项目确定的等级，再降低一级。如果主要检验项目和辅助检验项目所定的级已为生丝品质最低等级，而外观质量评为"稍劣"者，则最终评级应降为等外品。

二、棉本色布的品质评定

棉本色布品质评定按照国家标准GB/T 406—2008评定。其质量检验项目有织物组织、幅宽、密度、断裂强力、棉结杂质疵点格率、棉结疵点格率和布面疵点等方面。按照国家标准对棉本色布质量的技术要求，分等规定如下：

1. **棉本色布的品等**　分为优等品、一等品、二等品，低于二等品的为等外品。

2. **棉本色布的评等**　以匹为单位，织物组织、幅宽、布面疵点按匹评等，密度、断裂强力、棉结杂质疵点格率、棉结疵点格率按批评等，以其中最低的一项品等作为该匹布品等。

3. **分等规定**　参见表8-1和表8-2。

表8-1　分等规定

项目	标准	允许偏差		
		优等品	一等品	二等品
织物组织	设计规定要求	符合设计要求	符合设计要求	不符合设计要求
幅宽（cm）	产品规格	+1.2% −1.0%	+1.5% −1.0%	+2.0% −1.5

续表

项目	标准	允许偏差		
		优等品	一等品	二等品
密度（根/10cm）	产品规格	经密：-1.2% 纬密：-1.0%	经密：-1.5% 纬密：-1.0%	经密：超过-1.5% 纬密：超过-1.0%
断裂强力（N）	按断裂强力公式计算	经向：-6% 纬向：-6%	经向：-8% 纬向：-8%	经向：超过-8% 纬向：超过-8%

注 当幅宽偏差超过1.0%时，经密偏差为-2.0%。

表8-2 棉结杂质疵点格率和棉结疵点格率规定

织物分类		织物总紧度（%）	棉结杂质疵点格率（%），不大于		棉结疵点格率（%），不大于	
			优等品	一等品	优等品	一等品
精梳织物		70以下	14	16	3	8
		70～85以下	15	18	4	10
		85～95以下	16	20	4	11
		95有以上	18	22	6	12
半精梳织物		—	24	30	6	15
非精梳织物	细织物	65以下	22	30	6	15
		65～75以下	25	35	6	18
		75及以上	28	38	7	20
	中粗织物	70以下	28	38	7	20
		70～80以下	30	42	8	21
		80及以上	32	45	9	23
	粗织物	70以下	32	45	9	23
		70～80以下	36	50	10	25
		80及以上	40	52	10	27
	全线或半线织物	90以下	28	36	6	19
		90及以上	30	40	7	20

注 1. 棉结杂质疵点格率、棉结疵点格率超过规定降到二等为止。

2. 棉本色布按经、纬纱平均线密度分类：特细织物为10tex以下（60英支以上）；细织物为10～20tex（60英支～29英支）；中粗织物21～29tex（28英支～20英支）；粗织物为32tex及以上（18英支及以下）。

三、棉针织内衣的品质评定

棉针织内衣品质评定按照相关要求评定。

1. **分等规定** 棉针织内衣的质量定等以件为单位，按照内在质量的评等与外观疵点的评等结合定等。品等分优等品、一等品和合格品三个等级。

2. **内在质量评等** 以批为单位，按纵、横向针圈密度、一平方米干燥重量、强度、缩水率及染色牢度定等。内在质量定等以试验结果最低项为该批内在质量指标的品等。

3. **外观疵点评等**　以件为单位，按表面疵点规定，规格尺寸公差和本身尺寸差异定等。在同一件服装上，发现属于不同外观疵点则按最低品等评等。

第四节　纺织产品的应用

一、服装用纺织品

服装的种类很多，由于服装的基本形态、品种、用途、制作方法、原材料的不同，各类服装亦表现出不同的风格与特色，变化万千，十分丰富。不同的分类方法，导致我们平时对服装的称谓也不同。

1. **依据服装的基本形态与造型结构分类**

（1）体形型。体形型服装是符合人体形状、结构的服装，起源于寒带地区。这类服装的一般穿着形式分为上装与下装两部分。上装与人体胸围、项颈、手臂的形态相适应；下装则符合于腰、臀、腿的形状，以裤型、裙型为主。裁剪、缝制较为严谨，注重服装的轮廓造型和主体效果。如西服类多为体形型。

（2）样式型。样式型服装是以宽松、舒展的形式将衣料覆盖在人体上，起源于热带地区的一种服装样式。这种服装不拘泥于人体的形态，较为自由随意，裁剪与缝制工艺以简单的平面效果为主。

（3）混合型。混合型结构的服装是寒带体形型和热带样式型综合、混合的形式，兼有两者的特点，剪裁采用简单的平面结构，但以人体为中心，基本的形态为长方形，如中国旗袍、日本和服等。

2. **根据服装的穿着组合分类**

（1）整件装。上下两部分相连的服装，如连衣裙等因上装与下装相连，服装整体形态感强。

（2）套装。上衣与下装分开的衣着形式，有两件套、三件套、四件套。

（3）外套。穿在衣服最外层，有大衣、风衣、雨衣、披风等。

（4）背心。穿至上半身的无袖服装，通常短至腰、臀之间，为略贴身的造型。

（5）裙。遮盖下半身用的服装，有一步裙、A字裙、圆台裙、裙裤等。

（6）裤。从腰部向下至臀部后分为裤腿的衣着形式，穿着行动方便。有长裤、短裤、中裤。

3. **根据服装的穿着用途分类**

（1）内衣。内衣紧贴人体，起护体、保暖、整形的作用。

（2）外衣。外衣则由于穿着场所不同，用途各异，品种类别很多。又可分为社交服、日常服、职业服、运动服、室内服、舞台服等。

4. **按服装面料与工艺制作分类**　可分为中式服装、西式服装、刺绣服装、呢绒服装、丝绸服装、棉布服装、毛皮服装、针织服装、羽绒服装等。

二、装饰用纺织品

1. *家具包覆类* 主要有沙发外套、座椅外套和家电外套等装饰面料，要求织物耐磨，弹性适当，具有阻燃性能。色和花要有粗犷豪华之感，以提花织物为主，多用大型花卉、缠藤等图案，也有少量用花式纱线织物、静电植绒织物、拷花织物、麂皮绒织物和毛圈类织物等。分全棉和化纤两大类，已逐渐替代皮革作为沙发包覆料。而高级装饰提花绒以染色腈纶纱为经、纬、绒原料，织物绒毛耸立，抗压性能好，弹性优良，花卉图案逼真，色彩鲜艳夺目。

2. *挂帷类* 主要有窗帘、门帘、帷幕、帐幔、屏风和遮篷等。由于室内装潢日趋高档化，在国内形成一股窗帘产销热，它要求面料耐光、防污、阻燃及悬垂性好。窗帘织物有内外层之分，外窗帘用于阻挡视线，质地要求轻薄透明，以浅黄、浅蓝、白色的素纱织物和仿纱织物为主，内窗帘主要用于调节室内光线，内窗帘除用提花织物外，还采用烂花、印花和结子纱织物，并有经编类、机织类和缝编类等多种。而帷幕仍以绒类织物为主，特别以真丝和人造丝交织的乔其绒和棉纱织出的平绒尤为受人喜爱，用金、银线缝制和金、银涂料贴制成豪华的图案，有满堂生辉的效果。

3. *床上用装饰织物* 主要有床单、床罩、被面、枕套和枕芯、抱枕、床垫、毛巾被、毯子等。俗话称“日衣夜被”，表明了床上用品的重要性。床罩是近些年来发展较快的床上用品，它主要起装饰房间和减少床上灰屑的作用，多以光泽明亮的合纤丝和黏胶丝为主，采用缎纹组织，或提花，或绣花，并采用绗缝等技术，做成豪华型，五彩缤纷的产品使室内增添无限光彩，房间让人耳目一新。被面是丝绸的传统产品，由于被套的流行，销量急剧下降，但它的装饰作用是任何其他织物都不能替代的。

4. *墙面装饰织物或艺术墙布、壁挂* 真丝具有很好的隔热和消音作用，因而高级会堂和宾馆多用素雅的小提花织物作为墙面装饰；而壁挂有各种人像、人物、狮、虎等造型，多用提花技术织制而成，是我国丝织像景织物的延伸和发展，丝织像景具有细腻的特征，而棉纱壁挂具有粗犷的风格。近些年来发展起来的印花装饰画以其逼真的造型也深受喜爱。

5. *铺饰类* 主要有地面铺饰和台面铺饰织物。地面铺饰类织物要求有弹性、防滑、阻燃、防静电，如各种地毯，目前尚以化纤织物居多。我国的绢丝地毯以绢丝为原料，特殊的提花和剪绒技术相结合，是外销的传统产品；而织锦、古香台毯早已名闻中外，特别是“百子图”织锦台毯，神态各异的众多孩童，呼唤起人们的童心，室内气氛十分活跃。

6. *卫生盥洗类* 主要有方巾、面巾、浴巾、地巾、擦背巾、浴帘、浴衣、浴帽等，以棉织物和化纤织物为主，而强捻人造丝织成的擦背巾以其良好的保健性能和舒适的洗浴性畅销国内外；尼丝纺经轻薄涂层做成防水性能良好的浴帘，经厚实涂层制成的遮阳帘也广为人们采用。

7. *餐厨杂饰类* 洗碗巾、垫子、围裙、餐具袋、餐巾、茶巾、手套、工作服等，要求易洗、防油污，防烫防热并有阻燃功能，一般多用棉纱织成，以素织物居多。化纤织物价格低廉，但由于其吸湿性差，使用效果不好只能作为低档产品。

三、产业用纺织品

产业用纺织品（国际上又称为技术性纺织品）行业是纺织工业中最具潜力和高附加值的产品，是衡量一个国家纺织工业是否强大的重要标志。发达国家的产业用纺织品在其纤维加工总量中的比重一般占到30%以上，而我国目前仅占17%左右。产业用纺织品涵盖了过滤用、医疗卫生用、土工合成材料、特殊装饰用、农业用、高性能纺织复合材料、交通运输用、建筑用等20多个应用领域。与传统纺织行业不同，产业用纺织品行业具有资本密集、技术含量高、用工量少、劳动力素质要求高等特征。产业用纺织品的广泛应用如下。

1. **建筑用纺织品** 随着人民生活水平的改善和物质要求的提高，各种建筑材料（包括防水材料）方面需求的数量和质量都大大增加，水泥砂浆内渗入的合成短纤维可增大抗拉、抗折强度，减少干缩裂缝，用高性能纤维的增强塑料对土建结构加固方面也有所发展，推广前景广泛。

2. **卫生医疗用纺织品** 它包括一次性手术衣帽、医用敷料、绷带以及一些功能性纤维制品，医疗纤维器材如缝线、人工血管、人工肾、人造关节、人工肺、人工心脏瓣等。目前，国内的高档医疗防护非织造布和口罩、防护服等产品基本依靠进口。高档卫生材料大量依赖国外进口，亟需重点发展。

3. **农业用织物** 我国正从传统的农业向现代农业转变，科技兴农势在必行，农用薄膜、非织造布、输水管道等需求很大，其用于蔬菜可增产，提早上市，覆盖后仍透气、透湿，利于作物光合作用。近年来，我国农用纺织品的数量在逐年递增。农用纺织品可广泛应用于农业各个领域，但是农用非织造保暖材料、纤维基增强膜材料等农业用纺织品的生产和应用尚处于空白。

4. **土工织物** 大规模基础设施和基本建设，改善整个国家的生态环境，江河防洪工程体系的建设和治理都需要大量的土工布。

5. **渔用纺织品** 捕鱼专用工具材料——渔用合成纤维在渔业生产应用中取得了很大的发展。目前使用最多的渔用合成纤维有高密度聚乙烯纤维、尼龙、聚酯纤维、聚丙烯纤维、聚氯乙烯纤维等。

6. **土工合成材料** 土工合成材料是一种由聚合物制成的平面材料，与土壤、岩石或其他种类的土工工程材料共同使用，是一种高档多功能土工复合材料，满足当代建筑的需要。

7. **高性能纺织复合材料** 高性能纺织复合材料是一种用纺织材料作为增强相的复合材料。目前还未突破国产高性能纤维在复合材料中的产业化应用等核心问题。纺织复合材料可广泛应用于风力发电叶片、建筑及土工材料，车身和车内结构件，高速列车头及车厢，飞机轮船等交通工具。

8. **其他** 内饰材料包括汽车附件、蓬帆布、环保用材料等，我国大气污染相当严重，所以对过滤材料的需求将会大幅增加。

思考题

1. 纺织品分为哪六类?
2. 机织物按不同的分类方法，可分为哪些类型?
3. 针织物按不同的分类方法，可分为哪些类型?
4. 非织造布按不同的分类方法，可分为哪些类型?
5. 棉型织物有哪些品种? 各有什么特征?
6. 麻型织物有哪些品种? 各有什么特征?
7. 毛型织物有哪些品种? 各有什么特征?
8. 丝织物有哪些品种? 各有什么特征?
9. 纺织产品可以应用在哪些领域?

参考文献

[1] 刘森，李竹君 . 织造技术［M］. 北京：化学工业出版社，2015.
[2] 周启澄，王璐，程文红 . 纺织染概说［M］. 上海：东华大学出版社，2007.
[3] 李竹君 . 纺织技术导论［M］. 上海：东华大学出版社，2012.
[4] 姚穆 . 纺织材料学［M］. 4 版 . 北京：中国纺织出版社，2015.
[5] 张一心 . 纺织材料［M］. 2 版 . 北京：中国纺织出版社，2009.
[6] 杨乐芳，张洪亭，李建萍 . 纺织材料与检测［M］. 上海：东华大学出版社，2014.
[7] 郁崇文 . 纺纱学［M］. 2 版 . 北京：中国纺织出版社，2014.
[8] 张曙光，耿琴玉，张治 . 现代棉纺技术［M］. 2 版 . 上海：东华大学出版社，2012.
[9] 史志陶 . 棉纺工程［M］. 北京：中国纺织出版社，2004.
[10] 朱苏康，高卫东 . 机织学［M］. 2 版 . 北京：中国纺织出版社，2015.
[11] 张缘 . 最新纺织新技术与生态健康纺织新技术及设备维护应用手册［M］. 北京：中国知识出版社，2007.
[12] 许瑞超，王琳 . 针织技术［M］. 上海：东华大学出版社，2009.
[13] 贺庆玉，刘晓东 . 针织工艺学［M］. 2 版 . 北京：中国纺织出版社，2009.
[14] 柯勤飞，靳向煜 . 非织造学［M］. 2 版 . 上海：东华大学出版社，2010.
[15] 言宏元 . 非织造工艺学［M］. 2 版 . 北京：中国纺织出版社，2009.
[16] 林细姣 . 染整技术：第一册［M］. 北京：中国纺织出版社，2009.
[17] 沈志平 . 染整技术：第二册［M］. 北京：中国纺织出版社，2009.
[18] 王宏 . 染整技术：第三册［M］. 北京：中国纺织出版社，2009.
[19] 林杰 . 染整技术：第四册［M］. 北京：中国纺织出版社，2009.
[20]《纺织品大全》第二版编辑委员会 . 纺织品大全［M］. 2 版 . 北京：中国纺织出版社，2005.
[21] 滑钧凯 . 纺织产品开发学［M］. 2 版 . 北京：中国纺织出版社，2005.
[22] 孟宪文，班中考 . 中国纺织文化概论［M］. 北京：中国纺织出版社，2000.
[23] 中国纺织工业协会 . 中国纺织工业发展报告（历年）［R］. 北京：中国纺织出版社，2004 ~ 2016.